THE SERIES OF TEACHING MATERIALS FOR THE 14TH FIVE-YEAR PLAN OF "DOUBLE-FIRST CLASS" UNIVERSITY PROJECT
"双一流"高校建设"十四五"规划系列教材

U0170609

JIANZHU SHEBEI
YU ZHINENGHUA JISHU

建筑设备
与智能化技术

赵靖 编著

天津大学出版社
TIANJIN UNIVERSITY PRESS

内 容 简 介

本书综合了传统建筑设备工程的基础知识,并结合了最新的智能化、信息化技术在建筑设备工程中的应用及研究热点,融合了对传统工科的传承与现代智能化技术的创新,充分体现了多学科交叉的新工科知识体系。本书包括建筑给水排水工程,供暖、通风及空调工程,建筑电气工程等传统建筑设备工程的相关内容,并增加了建筑设备智能化技术的应用及研究热点内容。

本书可作为高等学校建筑学、土木工程、工程管理专业本科生的教材,也可作为建筑环境与能源应用工程、给水排水工程、电气工程及自动化等专业本科生或研究生的教材或参考书目。

图书在版编目(CIP)数据

建筑设备与智能化技术/ 赵靖编著. --天津：天津大学出版社, 2022.8
"双一流"高校建设"十四五"规划系列教材
ISBN 978-7-5618-7239-0

Ⅰ.①建… Ⅱ.①赵… Ⅲ.①房屋建筑设备－高等学校－教材 Ⅳ.①TU8

中国版本图书馆CIP数据核字(2022)第117773号

出版发行	天津大学出版社
地　　址	天津市卫津路92号天津大学内(邮编:300072)
电　　话	发行部:022-27403647
网　　址	www.tjupress.com.cn
印　　刷	廊坊市海涛印刷有限公司
经　　销	全国各地新华书店
开　　本	185 mm×260 mm
印　　张	15
字　　数	374千
版　　次	2022年8月第1版
印　　次	2022年8月第1次
定　　价	48.00元

前　言

碳达峰、碳中和"30·60"目标开启了低碳新时代,也如同一根具有非凡力量的"指挥棒",正在带动整个社会的巨大热情,并成为社会转型的巨大动力,与此同时,对建筑设备的智能化运行与维护提出了更高的要求。随着人工智能、大数据等技术的发展,建筑设备工程的内涵有了新的拓展,有必要补充建筑设备智能化技术的相关内容。本书作为"天津大学'十四五'规划教材",综合了传统建筑设备工程的基础知识,并结合了最新的智能化、信息化技术在建筑设备工程中的应用及研究热点,融合了对传统工科的传承与现代智能化技术的创新,充分体现了多学科交叉的新工科知识体系,并获得天津大学 2021 年本科教材建设支持项目的支持。

本书包括建筑给水排水工程,供暖、通风及空调工程,建筑电气工程等传统建筑设备工程的相关内容,并增加了建筑设备智能化技术方面的新知识、新内容。本书介绍的建筑设备智能控制技术,是作者作为项目负责人承担的国家自然科学基金"基于模型预测控制的空调系统前馈动态调节理论及控制方法研究"(51678398,2017—2020)和天津市自然科学基金"基于时间序列负荷预测的建筑动态热环境调控机制及方法研究"(18JCQNJC08400,2018—2021)两项科研项目的最新科研成果的直接展现。

本书由天津大学赵靖编著,研究生杨紫岚、秦亚炳、王卓群等参与了部分编写工作。

由于作者水平有限,书中难免存在疏漏和不足之处,恳请广大读者批评指正。

作者
2022 年 7 月

目　　录

第1篇　建筑给水排水工程

第1章　室外给水排水工程

室外给水排水工程的主要任务是为城镇提供数量足够且符合一定水质标准的水,同时把使用后的水(污水、废水)汇集并输送到适当地点进行净化处理,在达到对环境无害化的要求后排入水体,或经进一步净化后再利用。

建筑给水排水工程是给水排水工程学科的主干分支,是研究工业与民用建筑用水供应和污水、废水的汇集、处置,及满足生活、生产需求,并创造卫生、安全、舒适的生活、生产环境的工程学科。

室外给水排水工程与建筑给水排水工程有着非常密切的关系。建筑给水排水工程上接室外给水工程,下连室外排水工程,处于水循环的中间阶段。它将城市给水管网中的水送至用户处,如居住小区、工业企业、各类公共建筑和住宅等,在满足用水要求的前提下,分配到各配水点和用水设备,供人们生活、生产使用;同时将使用后因水质变化而失去使用价值的污水、废水进行汇集、处置,或排入市政管网进行回收,或排入建筑中水的原水系统以备再生回用。

1.1　室外给水工程

室外给水工程是为满足城镇居民生活或工业生产等用水需要而建造相应设施的工程,它所供给的水在水量、水压和水质方面应满足各种用户的不同要求。因此室外给水工程的任务是自水源取水,并将其净化到所要求的水质标准后,经输配水管网系统送往用户。以地面水为水源的给水系统一般包括:水源及取水工程、水处理、输配水工程以及泵站等。

1. 水源及取水工程

给水水源可分为两大类:一类为地表水,如江水、河水、湖水、水库水及海水等;另一类为地下水,如井水、泉水、喀斯特岩溶水等。

一般来说,地下水的物理、化学及细菌性质等均比地表水好,地下水作为水源具有经济、安全及便于维护和管理等优点。因此,应首先考虑将符合卫生要求的地下水作为饮用水水源。但在取(集)地下水时,必须根据确切的水文地质资料,科学地确定地下水的允许开采量,取水量应小于允许开采量,否则将使地下水源遭受破坏,甚至引起陆沉。

取水工程要解决的是从天然水源中取(集)水的方法以及取水构筑物的构造形式等问题。水源的种类决定着取水构筑物的构造形式及净水工程的组成。

地下水取水构筑物的形式与地下水埋深、含水层厚度等水文地质条件有关。管井适用于取水量大,含水层厚度大于 5 m,底板埋深大于 15 m 的情况;大口井适用于含水层厚度在 5 m 左右,底板埋深小于 15 m 的情况;渗渠适用于含水层厚度小于 5 m 的情况;泉室适用于有泉水露层,且厚度小于 5 m 的情况。

地表水取水构筑物的形式有很多。常见的有河床固定式、岸边缆车式、浮船活动式取水构筑物;在山区仅有河流小溪的地方取水时,常用低坝、底栏栅等取水构筑物。

2. 水处理

水源中往往含有各种杂质,如地下水常含有各种矿物盐类,地表水含有泥沙、水草腐殖质、溶解性气体、各种盐类、病原菌等。由于用户对水质有一定的要求,故未经处理的水不能直接送往用户处。水处理的任务就是解决水的净化问题。

水处理方法和净化程度应根据水源的水质和用户对水质的要求而定。生活饮用水净化须符合《生活饮用水卫生标准》(GB 5749—2006)。

工业用水的水质标准和生活饮用水的水质标准不完全相同,如锅炉用水要求水具有较低的硬度,纺织工业对水中的含铁量限制较严,制药工业、电子工业则需要含盐量极低的脱盐水。因此,工业用水应按照生产工艺对水质的具体要求来确定相应的水质标准及净化工艺。

城市自来水厂执行的水质标准应不低于生活饮用水的水质标准。对水质有特殊要求的工业企业应单独建造生产给水系统。当用水量不大且允许自城市给水管网取水时,亦可用自来水作为水源再进一步处理。

地表水的水处理工艺流程应根据水质和用户对水质的要求确定,一般以供给饮用水为目的的工艺流程,主要包括沉淀、过滤、消毒三个部分。沉淀的目的在于除去水中的悬浮物质及胶体物质。由于细小的悬浮杂质沉淀甚慢,胶体物质不能自然沉淀,所以在原水进入沉淀池之前需投加混凝剂,以加速悬浮杂质的沉淀并达到除去胶体物质的目的。沉淀池的形式有很多,常用的有平流式、竖流式、辐流式沉淀池,以及斜板式和斜管式的上向流、同向流沉淀池等,各类澄清池的使用也很普遍。

经沉淀后的水,浑浊度应不超过 20 mg/L。为达到饮用水水质标准所规定的浑浊度要求(即 5 mg/L)尚需进行过滤。常用的滤池有普通快滤池、虹吸滤池及无阀滤池等。

以地下水为生活饮用水源时,当其水质能满足《生活饮用水卫生标准》(GB 5749—2006)时一般只需消毒即可。只有当水中锰、铁含量超标时才应考虑除铁、除锰。

在地表水处理过程中虽然大部分细菌已被除去,但由于地表水的细菌含量较高,残留于处理后的水中的细菌仍为数甚多,并可能有传播疾病的病原菌,故必须进行消毒处理。

消毒的目的:一是消灭水中的细菌和病原菌;二是保证净化后的水在输送到用户处之前不被再次污染。消毒的方法有物理法和化学法:物理法有紫外线法、超声波法、加热法等;化学法有加氧法、臭氧法等。

3. 输配水工程

输配水工程解决的是如何把净化后的水输送到用水地区并分配到各用水点。输配水工程通常包括布设输水管道、配水管网、加压泵站、调节构筑物等。

允许间断供水的给水工程、多水源供水的给水工程或当设有安全贮水池时,可以只设一条输水管;不允许间断供水的给水工程一般应设两条或两条以上的输水管。输水管最好沿现有道路或规划道路敷设,应符合城乡总体规划并尽量避免穿越河谷、公路、山脊、沼泽、重要铁道及因洪水泛滥常被淹没的地区。

配水管网的任务是将输水管送来的水分配给用户,应根据用水地区的地形及最大用户分布情况并结合城市规划布置配水管网。

设置水塔、高地水池和清水池是给水系统的调节措施,其作用是调节供水量与用水量之间的不平衡状况。

清水池与二级泵站可以直接对给水系统起调节作用;清水池也可以同时对一、二级泵站的供水与送水起调节作用。

4. 泵站

泵站是把整个给水系统连为一体的枢纽,是保证给水系统正常运行的关键,主要设备有水泵及其引水装置,配套电动机及配电设备、起重设备等。在给水系统中,通常把水源地处的取水泵站称为一级泵站,把连接清水池和输配水系统的送水泵站称为二级泵站。

一级泵站的任务是把水从水源处抽升至净化构筑物处。

二级泵站的任务是把净化后的水,由清水池中抽出来并送入配水管网供给用户。

1.2　室外排水工程

日常生活使用过的水称为生活污水,其中含有大量有机物及细菌、氮、磷、钾等污染物。工业生产使用过的水称为工业废水,其中污染较轻的称为生产废水,污染较严重的称为生产污水。室外排水工程的内容:收集各种污水、废水并及时输送到适当地点;设置处理厂(站)对污水、废水进行必要的处理。

为系统地排除污水而建设的一整套工程设施称为排水系统,其由排水管网和污水处理系统组成,包括排水设备、检查井、管渠、污水提升泵站等。

排水系统一般分为合流制和分流制两种类型。

合流制排水系统是将生活污水、工业废水和雨水排泄到同一个管渠内排除的系统。最早出现的合流制排水系统将泄入其中的污水和雨水不经处理而直接就近排入水体。由于污水未经处理即行排放,受纳水体遭受了严重污染。为此,在改造合流制排水系统时常采用设置截流干管的方法,把晴天和雨天降雨初期时的所有污水都输送到污水厂,经处理后再排入水体。当管道中的雨水径流量和污水量超过截流干管的输水能力时,则有一部分混合污水自溢流井溢出而直接泄入水体。这就是截流式合流制排水系统,这种系统仍不能彻底消除对水体的污染。

分流制排水系统是将生活污水、工业废水和雨水分别在两个或两个以上各自独立的管渠内排除的系统。排除生活污水、工业废水的系统称为污水排水系统;排除雨水的系统称为雨水排水系统。其优点是污水能得到全部处理,管道水力条件较好,可分期修建;主要缺点是降雨初期的雨水对水体仍有污染。我国新建城镇和工矿区宜采用分流制排水系统。对分期建设的城市可先设置污水排水系统,待城市发展成型后,再增设雨水排水系统。在工业企业中不仅要采取雨、污分流的排水系统,而且要根据工业废水化学和物理性质的不同,分设几种排水系统,以利于废水的重复利用和有用物质的回收。

排水系统的布置形式与地形、竖向规划、污水厂的位置、土壤条件、河流情况以及污水的种类和污染程度等因素有关。在地势向水体方向略有倾斜的地区,排水系统可布置为正交截流式,即干管与等高线垂直相交,而主干管(截流管)敷设于排水区域的最低处,且走向与等高线平行。这样既便于干管污水的自流接入,又可以减小截流管的埋设坡度。

在地势向水体方向有较大倾斜的地区,可采用平行式布置,即主干管与等高线垂直,而干管与等高线平行。这种布置虽然主干管的坡度较大,但可设置为数不多的跌水井来改善干管的水力条件。

在地势高低相差很大的地区,若污水不能靠重力汇集到同一条主干管,可分别在高区和低区敷设备自独立的排水系统。

污水处理厂是处理和利用污水及污泥的一系列工艺构筑物与附属构筑物的综合体。城市污水处理厂一般设置在城市河流的下游地段,并与居民区或城市边界保持一定的卫生防护距离。

污水处理就是采用各种手段和技术,将污水中的污染物质分离出来,或将其转化为无害物质,从而使污水得到净化的过程。污水处理技术按作用原理可分为物理法、化学法和生物法。物理处理法利用物理作用分离污水中的悬浮物质,如筛滤、沉淀、气浮、过滤等;化学处理法利用化学反应分离、回收污水中的污染物质,如中和、混凝、电解、氧化还原及离子交换等;生物处理法利用微生物的生命活动,使污水中溶解、胶体状态的有机物质转化为稳定、无害的物质,可分为好氧生物处理和厌氧生物处理两大类。

生活污水和工业废水中所含的污染物质是多种多样的,一种污水往往要经由几种方法组成的处理系统处理,才能达到所要求的处理程度。对某种污水而言,应根据污水的水质和水量、回收其中有用物质的可能性和经济性、受纳水体的可利用自净容量,并通过调查研究或科学实验和经济比较后决定其处理工艺流程。在城市污水处理典型流程中,物理处理为一级处理,生物处理为二级处理,而污泥处理多采用厌氧生物处理即消化。为缩小污泥消化池的容积,二沉池的污泥在进入消化池前需进行浓缩。消化后的污泥经脱水和干燥后可综合利用,污泥气可作为化工原料或燃料使用。

1.3 城镇给水排水工程规划

1.3.1 城镇给水工程规划纲要

城镇给水工程规划的目的是保证所规划的城镇有良好的供水条件。规划时应考虑城市大量取水后,对区域内其他工业用水、农业用水及河道通航等方面的影响。因此,规划工作必须从整体出发,全面考虑,尽可能做到布局合理,切合实际,以确保城市规划的严肃性和可行性。

给水工程规划是给水工程专业设计的基础,其主要任务是:确定用水量定额,估算城市总用水量,确定给水水源,确定供水方案,选定水厂位置及净水工艺,确定管网布置形式,确定水源卫生防护的技术措施等。

城镇总用水量包括生活用水、工业用水和消防用水三部分,可分别参照室外给水设计规范、单位产品水耗、建筑防火设计规范来确定用水定额并估算总用水量。

选择水源时,应根据城镇的规划要求、水文地质资料、取水点及其附近地区的卫生状况和地方病的发病情况等因素来选定在水质、水量和卫生防护方面均较理想的水源。取水点一般应设于城镇水系的上游。

各水源的选择次序一般按经济技术条件决定。如果水源的水量均能保持相同水平,则先后次序可以是:地下水,流量未经调节的河水、湖水,流量经过调节的河水。

根据用水的要求可能有如下几种情况。

（1）生活用水优先选用地下水,其次为泉水、浅层水和深层水。

（2）工业用水的水质要求较高且用水量较小时,可考虑选用地下水。当地下水的水量不足,且地表水在枯水期流量又很小时,可以并用地下水和地表水,以互相调剂。

（3）对水质要求不高和用水量很大的工业用水,可就近采用地表水。

（4）在沿海城镇,当淡水水源不足时,某些工业用水可用海水作为水源。

工业用水的水源应有 97% 的保证率,生活用水的水源应有 95% 的保证率。

1.3.2　城镇排水工程规划纲要

城镇排水工程规划是城镇总体规划中的重要组成部分。排水工程规划的目的是要保证所规划的城镇具有良好的排水条件,务必使所规划的城镇排水系统方案切实可行并能同时满足社会效益、经济效益、环保效益等方面的要求。

排水工程规划的主要任务是:确定排水量定额和估算总排水量,确定排水制度、排水系统方案、设计规模及设计期限,确定污水和污泥的出路及其处理方法等。

排水工程的规划应遵循下列原则。

（1）认真执行"全面规划,合理布局,综合利用,化害为利,依靠群众,大家动手,保护环境,造福人民"的环境保护方针。"全面规划,合理布局"是保护环境,防患于未然的重要措施。只有在发展工农业生产的同时,安排好工业和农业、城镇和农村、生产和生活等各方面的关系,才能使环境保护与经济发展统一起来,并有可能预防和消除因发展经济而带来的环境污染。这将为污水的治理创造极为有利的条件。"综合利用,化害为利"是发展工业,消除环境污染的最有效途径。"依靠群众,大家动手"搞好污水治理,就可以达到"保护环境,造福人民"的目的。

（2）排水工程的规划应符合区域规划及城市和工业企业的总体规划,二者应协调一致,构成有机整体。

（3）排水工程的规划设计应妥善安排所规划工程的建设分期,以充分发挥投资效益和工程效益。

（4）对城市和工业企业的原有排水工程设施,应从实际情况出发,在满足环境保护的前提下,充分发挥其效能,有计划、有步骤地加以改造,使其逐步被纳入规划所拟定的整体方案。

（5）必须认真贯彻执行国家和地方有关部门制定的现行有关标准、规范或规定,必须实行防治污染设施与主体工程同时设计、同时施工、同时投产的"三同时"规定。

在考虑城镇污水处理时,必须解决工业废水能否与城镇生活污水合并处理的问题。在世界工业发达的国家中,除了大型的集中的工业区采用独立的污水处理设施外,大量的中小型工业企业倾向于采用将与城镇生活污水类似的生产污水直接排入城市排水管道,而将特殊的生产污水经无害化处理后直接排放或经预处理后再与城镇污水合并处理的方法。工厂分别解决各自的特殊水质问题,使其污水水质与城镇污水的水质基本一致,既不损坏下水道,又不破坏生物处理过程而能被微生物降解,同时也不降低污泥的利用价值。之后交由城镇污水处理厂合并处理。其优点是:建设费用省,处理效果好,占地面积小,管理水平高。由此可见,城镇生活污水与工业废水合并处理是可能的,但关键在于严格控制工业废水的水质。

污水处理厂的厂址选择原则如下。

(1)厂址必须位于集中给水水源的下游,并应设在城镇、工厂区及生活区的下游和夏季主导风向的下风向。厂址应与城镇、工厂区、生活区及农村居民点保持 300~500 m 的距离。

(2)厂址应尽可能与回用处理后的污水的主要用户靠近(当处理后的污水主要供工业、城镇重复使用时),或靠近出水口尾渠(当处理后污水直接排入水体时)。

(3)厂址不宜设在雨季易被淹没的低洼处。靠近水体的处理厂应不受洪水侵害。厂址应设在工程地质条件较好的地方,以便于施工,并降低造价。

(4)要充分利用地形,应选择有适当坡度的地区,以满足污水处理构筑物高程布置的需要,并减少土方工程量。如地形允许,可采用污水不经过水泵提升而自流进入处理构筑物的方案,以节省动力费用,降低处理成本。

(5)厂址选择应考虑远期发展的可能,留有扩建余地,并应尽可能少占农田和不占良田。

排水管网的布置应根据地形、排水制度、工程地质、水文地质、工厂和其他建筑物的分布情况、城市用地发展以及和其他管线工程的关系等因素,综合考虑而定。

给水自城镇给水干管引入后,在小区内以枝状管网接入用户,且在进户前应设闸门井。污水则在小区内集中后接入城镇排水管网,并排至污水处理厂处理。妥善地安排各种管道,并合理确定它们之间的水平、垂直距离是总图设计的任务之一,这对节约投资、维护管理以及工程扩建等具有重要意义,也可依此大致决定各建筑物之间的距离。

此外,在总图设计中尚需注意到,埋地管道一般布置在道路两侧。如不能满足水平间距的要求,也可布置在道路下面;无保温措施的生活污水管道或水温和它接近的工业废水管道,其管内底可埋设在冰冻线以上 0.15 m 处,并应保证管道的最小覆土厚度;建筑小区内给水排水管道应平行于建筑物之轴线敷设,一般给水管距轴线 5 m,排水管距轴线 3 m;有建筑分期的工程,第一期工程最好布置在地势较低处,即排水管的第一期工程可以从整个工程的下游段开始施工,以便为二期工程的顺利接管创造良好条件。

随着我国城镇的现代化发展,立体交叉道路兴建被列入规划内容,其规划应根据现场的水文地质条件、立交桥形式和工程特点确定,一般均使用独立排水系统,出水口必须排放可靠。

第2章　建筑给水工程

2.1　给水系统分类与组成

2.1.1　给水系统的分类

根据用户对水质、水压、水量、水温的要求,并结合外部给水系统的情况进行划分,有三种基本给水系统:生活给水系统、生产给水系统、消防给水系统。

1. 生活给水系统

生活给水系统提供人们在日常生活中饮用、烹饪、沐浴、洗涤衣物、冲厕、清洗地面和其他生活用途的用水。近年随着人们对饮用水品质要求的不断提高,在某些城市、地区或高档住宅小区、综合楼等开始实施分质供水,管道直饮水给水系统已进入住宅。

生活给水系统按供水水质又可分为生活饮用水系统、直饮水系统和杂用水系统。生活饮用水系统包括盥洗、沐浴等用水,直饮水系统包括纯净水、矿泉水等,杂用水系统包括冲厕、浇灌花草等用水。生活给水系统的水质必须严格符合国家《生活饮用水卫生标准》(GB 5749—2006)的要求,并应具有防止水质污染的措施。

2. 生产给水系统

生产给水系统提供生产过程中的产品工艺用水、清洗用水、冷却用水、生产空调用水、稀释用水、除尘用水、锅炉用水等。由于工艺过程和生产设备的不同,生产给水系统种类繁多。各类生产用水的水质要求有较大的差异,有的低于生活饮用水标准,有的远远高于生活饮用水标准。

3. 消防给水系统

消防给水系统提供消防灭火设施用水,主要包括消火栓、消防卷盘和自动喷水灭火系统等设施的用水。消防用水用于灭火和控火,即扑灭火灾和控制火势蔓延。

消防用水对水质要求不高,但必须按照建筑设计防火规范要求保证供给足够的水量和水压。

消防给水系统分为消火栓给水系统、自动喷水灭火系统、水幕系统、水喷雾灭火系统等。消防给水系统的选择,应根据生活、生产、消防等各项用水对水质、水量和水压的要求,经技术经济比较或采用综合评判法确定。

上述三种基本给水系统可根据具体情况及建筑物的用途和性质、设计规范等要求,设置独立的某种系统或组合系统,如生活-生产给水系统、生活-消防给水系统、生产-消防给水系统、生活-生产-消防给水系统等。

上述各种给水系统在同一建筑物中不一定全部具有,应根据生活、生产、消防等各项用水对水质、水量、水压、水温的要求,结合室外给水系统的实际情况,经技术经济比较或采用综合评判法确定给水系统。综合评判法是结合工程所涉及的各项因素(如技术、经济、社会、环境等因素），综合考虑的评判方法，对所列的各项因素根据其优缺点进行定性分析，其评判结果易受人为因素影响，带有主观随意性。为使各项因素都能用统一标准衡量，目前均采用模糊变换作为工具，用定量分析进行综合评判，其结果更为正确、合理。近年来模糊综合评判法在各个领域多因素的评判方面已被广泛应用。

2.1.2　给水系统的组成

建筑给水系统一般由引入管、水表节点、给水管网、给水附件、配水设施等组成。

1. 引入管

引入管指将水从室外给水管网的接管点引至建筑物内的管段，一般又称进户管，是室外给水管网与室内给水管网之间的联络管段。引入管上一般设有水表、阀门等附件。

2. 水表节点

水表节点是装设在引入管上的水表及其前后设置的阀门和泄水装置的总称。在引入管上应装设水表，计量建筑物的总用水量，在水表前后装设阀门、旁通管和泄水阀门等管路附件，水表及其前后的附件一般设在水表井中。当建筑物只有一根引入管时，宜在水表井中设旁通管。温暖地区的水表井一般设在室外，寒冷地区为避免水表冻裂，可将水表井设在采暖房间内。

在建筑内部给水系统中，除了在引入管上安装水表之外，在需要计量的某些部位和设备的配水支管上也要安装水表。为利于节约用水，体现"谁消费，谁付费"的原则，住宅建筑每户的进水管上均应安装分户水表。分户水表或者分户水表的数字显示宜设在户门外的管道井中、过道的壁龛内或集中于水箱间，以便于查表。

3. 给水管网

给水管网包括各个用水点、干管、立管、支管和分支管，用于输送和分配用水至建筑内部各个用水点。

（1）干管，又称总干管，是将水从引入管输送至建筑物各区域的管段。

（2）立管，又称竖管，是将水从干管沿垂直方向输送至各楼层、各不同标高处的管段。

（3）支管，又称分配管，是将水从立管输送至各房间内的管段。

（4）分支管，又称配水支管，是将水从支管输送至各用水设备处的管段。目前我国水管可采用钢管、铸铁管、塑料管和复合管等。钢管耐压、抗震性能好、单管长、接头少，且重量比铸铁管轻，有镀锌钢管（白铁管）和非镀锌钢管（黑铁管）之分，前者防腐、防锈性能较后者好。铸铁管性脆、重量大，但耐腐蚀，经久耐用，价格低。近年来，给水塑料管的开发在我国取得很大的进展，有硬聚氯乙烯管、聚乙烯管、聚丙烯管、聚丁烯管和钢塑复合管等。塑料管具有耐化学腐蚀性能好、水流阻力小、重量轻、运输与安装方便等优点，使用塑料管还可节省钢材，节约能源。钢塑复合管兼有钢管和塑料管的优点。

埋地给水管道可用塑料给水管、有衬里的铸铁给水管、经可靠防腐处理的钢管。室内给水管道可采用塑料给水管、塑料和金属复合管、铜管、不锈钢管及经可靠防腐处理的钢管。聚乙烯的铝塑复合管，除具有塑料管的优点外，还有耐压强度好，耐热、可曲挠和美观的优点，可用作连接卫生器具的给水支管。

生产和消火栓给水管一般用非镀锌钢管或铸铁管。

自动喷水灭火系统的给水管应采用镀锌钢管或镀锌无缝钢管,以防管道锈蚀堵塞洒水喷头。

钢管连接方法有螺纹连接、焊接和法兰连接。为避免焊接时锌层破坏,镀锌钢管必须采用螺纹连接或沟槽式卡箍连接。给水铸铁管采用承插连接,塑料管则有螺纹连接、挤压夹紧连接、法兰连接、热熔合连接、电熔合连接和粘接连接等多种方法。

4. 给水附件

给水附件指管道系统中调节水量、水压,控制水流方向,改善水质及关断水流,便于管道、仪表和设备检修的各类阀门和设备。给水附件包括各种阀门、水锤消除器、多功能水泵控制器、过滤器、止回阀、减压孔等管路附件。

常用的阀门有如下几种。

（1）截止阀,关闭严密,但水流阻力较大,因局部阻力系数与管径成正比,故只适用于管径≤50 mm 的管道。

（2）闸阀,全开时水流直线通过,水流阻力小,宜在管径 > 50 mm 的管道上采用,但若有杂质落入阀座易产生磨损和漏水。

（3）蝶阀,阀板在 90° 翻转范围内可起调节、节流和关闭作用,操作扭矩小,启闭方便,结构紧凑,体积小。

（4）止回阀,用以阻止管道中水的反向流动。如:旋启式止回阀,在水平、垂直管道上均可设置,但因启闭迅速,易引起水锤,不宜在压力大的管道系统中采用;升降式止回阀,靠上下游压差使阀盘自动启闭,水流阻力较大,宜用于小管径的水平管道上;消声止回阀,当水向前流动时,推动阀瓣压缩弹簧开启阀门,停泵时在弹簧作用下在水锤到来前即关闭阀门,可消除阀门关闭时的水锤冲击和噪声;梭式止回阀,是利用压差梭动原理制造的新型止回阀,不但水流阻力小,而且密闭性能好。

（5）液位控制阀,用以控制水箱、水池等贮水设备的水位,以免溢流。如浮球阀,水位上升,浮球上升,关闭进水口,水位下降,浮球下落,开启进水口,但有浮球体积大,阀芯易卡住引起溢水等弊病。

（6）液压水位控制阀,水位下降时阀内浮筒下降,管道内的压力将阀门密封面打开,水从阀门两侧喷出,水位上升,浮筒上升,活塞上移,阀门关闭,停止进水,克服了浮球阀的弊病,是浮球阀的升级换代产品。

（7）安全阀,是保安器材,为避免管网、用具或密闭水箱超压破坏,需安装此阀,一般有弹簧式、杠杆式两种。

5. 配水设施

配水设施是指在生活、生产和消防给水系统中,设置在管网终端用水点上的设施。生活给水系统的配水设施主要是指卫生器具的给水配件或配水嘴;生产给水系统的配水设施主要是指与生产工艺有关的用水设备;消防给水系统的配水设施有室内消火栓、消防软管卷盘、自动喷水灭火系统的各种喷头等。

6. 增压和贮水设备

增压和贮水设备是指在室外给水管网压力不足时,给水系统中用于升压、稳压、贮水和调节的设备,包括水泵、水池、水箱、贮水池、吸水井、气压给水设备等。

7. 水表

1）水表的分类

水表按计量元件运动原理分为容积式水表和速度式水表。我国建筑中多采用速度式水表，速度式水表分为旋翼式和螺翼式两类。旋翼式水表又分为单流束和多流束两种；螺翼式水表则又分为水平螺翼式和垂直螺翼式两种。

水表按读数机构的位置分为现场指示型、远传型和远传-现场组合型；按水温分为冷水表和热水表；按计数器的工作状况分为湿式水表、干式水表和液封式水表；按水压分为普通型水表和高压水表。

2）集成电路（Integrated Circuit，IC）卡预付费水表和远程自动抄表系统

IC 卡预付费水表，由流量传感器、电控板和电磁阀三部分组成，以 IC 卡为载体传递数据。用户把预购的水量数据存于水表中，系统按预定的程序自动从用户预存的费用中扣除水费，并显示剩余水量、累计用水量等。当剩余水量为零时，自动关闭电磁阀，停止供水。

分户远传水表仍安装在户内，与普通水表相比增加了一套信号发送系统。各户信号线路均接至楼宇的流量集中积算仪上，各户使用的水量均显示在流量集中积算仪上，并累计流量。远程自动抄表系统可免去逐户抄表，节省了大量的人力、物力，且大大提高了计量水量的准确性。

2.2 给水方式

室内给水方式指建筑内部给水系统的供水方案，是根据建筑物的性质、高度和配水点的布置情况及室内所需水压、室外管网水压和配水量等因素，通过综合评判法决定给水系统的布置形式。合理的供水方案，应综合工程设计的各种因素，如技术因素（供水可靠性、水质对城市给水系统的影响、节水节能效果、操作管理、自动化程序等）、经济因素（基建投资、年经常性费用、现值等）、社会和环境因素（对建筑立面和城市观瞻的影响、对结构和基础的影响、占地对环境的影响、建设难度和建设周期、抗寒防冻性能、分期建设的灵活性、使用带来的影响等），可用综合评判法确定。在初步确定给水方式时，对层高不超过 3.5 m 的民用建筑，给水系统所需压力 H（自室外地面算起），可用以下经验法估算：1 层（$n=1$）为 100 kPa，2 层（$n=2$）为 120 kPa，3 层及以上（$n\geqslant3$）每增加 1 层，增加 40 kPa（即 $H=120+40\times(n-2)$，其中 $n\geqslant3$）。

2.2.1 依靠外网压力的给水方式

1. 直接给水方式

直接给水方式由室外给水管网直接给水，利用室外管网压力供水，为最简单、经济的给水方式，一般单层和层数少的多层建筑采用这种供水方式，如图 2-1 所示。这种供水方式适用于室外给水管网的水量、水压在一天内均能满足用水要求的建筑。

直接给水方式的特点是，可充分利用室外管网水压，节约能源，且供水系统简单，投资省，可减少水质受污染的可能性，但室外管网一旦停水，室内立即断水，供水可靠性差。

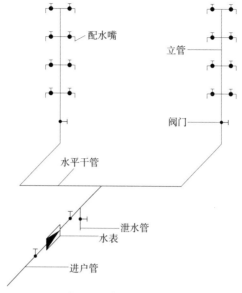

图 2-1 直接给水方式

2. 设水箱的给水方式

　　设水箱的给水方式宜在室外给水管网供水压力周期性不足时采用。低峰用水时，可利用室外给水管网水压直接供水并向水箱进水，水箱贮备水量，如图 2-2（a）所示。高峰用水时，室外管网水压不足，则由水箱向建筑给水系统供水。当室外给水管网水压偏高或不稳定时，为保证建筑内给水系统的良好工况或满足稳压供水的要求，可采用设水箱的给水方式。这种供水方式适用于多层建筑，下面几层与室外给水管网直接连接，利用室外管网水压供水，上面几层则靠高位水箱调节水量和水压，由水箱供水。

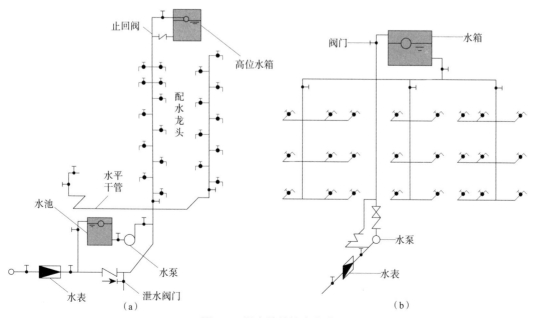

图 2-2 设水箱的给水方式
（a）间接向水箱供水 （b）直接向水箱提供

室外管网直接将水输入水箱,由水箱向建筑内的给水系统供水,如图 2-2(b)所示。这种给水方式的特点是水箱贮备一定量的水,在室外管网压力不足时不中断室内用水,供水较可靠,且充分利用室外管网水压,节约能源,安装和维护简单,投资较省。但需设置高位水箱,增加了结构荷载,给建筑的立面及结构处理带来一定的难度,若管理不当,水箱的水质易受到污染。

2.2.2　依靠水泵升压的给水方式

1. 设水泵的给水方式

设水泵的给水方式宜在室外给水管网的水压经常不足时采用。当建筑内用水量大且较均匀时,可用恒速水泵供水;当建筑内用水不均匀时,宜采用一台或多台水泵变速运行供水,以提高水泵的工作效率。当为充分利用室外管网压力,节省电能,采用水泵直接从室外给水管网抽水的叠压供水时,应设旁通管,如图 2-3(a)所示。当室外管网压力足够大时,可自动开启旁通管的止回阀直接向建筑内供水。因水泵直接从室外管网抽水,会使外网压力降低,影响附近用户用水,严重时还可能造成外网负压,在管道接口不严密时,其周围土壤中的渗漏水会被吸入管网,污染水质。当采用水泵直接从室外管网抽水时,必须征得供水部门的同意,并在管道连接处采取必要的防护措施,以免水质被污染。为避免上述问题,可在系统中增设贮水池,采用水泵与室外管网间接连接的方式,如图 2-3(b)所示。

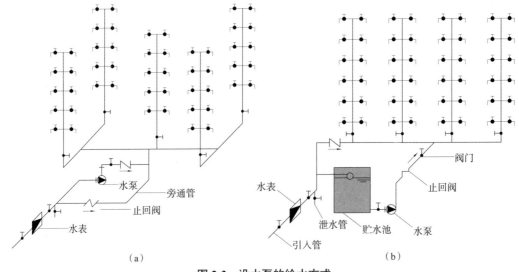

图 2-3　设水泵的给水方式
(a)叠压供水　(b)设贮水池

这种给水方式避免了上述水泵直接从室外管网抽水的缺点,城市管网的水经自动启闭的浮球阀充入贮水池,然后经水泵加压后再送往室内管网。

在无水箱的供水系统中,目前大多采用变频调速水泵,这种水泵与恒速水泵一样也是离心式水泵,不同的是配用变速配电装置,其转速可随时调节。从离心式水泵的工作特性可知,水泵的流量、扬程和功率分别和水泵转速的一次方、二次方和三次方成正比。因此,调节水泵的转速可改变水泵的流量、扬程和功率,使水泵的出水量随时与管网的用水量一致,对不同的流量都可以在较高效率范围内运行,以节约电能。

控制变频调速水泵的运行需要一套自动控制装置,在高层建筑供水系统中,常采取水泵出水管处压力恒定的方式来控制变频调速水泵。其原理是:在水泵的出水管上装设压力检测传送器,将此压力值信号输入压力控制器,并与压力控制器内原先给定的压力值比较,根据比较的差值信号来调节水泵的转速。

这种方式一般适用于生产车间、住宅楼或者居住小区的集中加压供水系统。

2. 设水泵和水箱的给水方式

设水泵和水箱的给水方式宜在室外给水管网低于或经常不满足建筑内给水管网所需水压,且室内用水不均匀时采用,如图 2-4 所示。该给水方式的优点是水泵能及时向水箱供水,可减少水箱的容积,又因有水箱的调节作用,水泵出水量稳定,能保持在高效区运行。

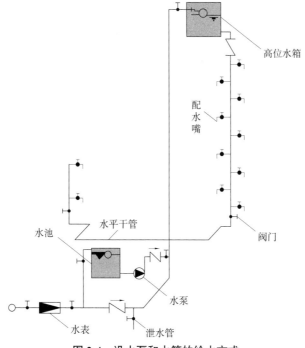

图 2-4　设水泵和水箱的给水方式

这一方式利用水泵将水池中的水提升至高位水箱,用高位水箱贮存调节水量并向用户供水。水箱内的水位继电器控制水泵的开停(水箱内水位低于最低水位时开泵,满至最高设计水位时停泵),为利用市政管网压力,下面几层往往由室外管网直接供水。

由于水池、水箱储有一定水量,这种供水方式在停水停电时可延时供水,供水可靠,供水压力较稳定,但因水泵振动,有噪声干扰,普遍适用于多层或高层建筑。

3. 气压给水方式

气压给水方式即在给水系统中设置气压给水设备,利用该设备的气压水罐内的气体的可压缩性,升压供水。气压水罐的作用相当于高位水箱,但其位置可根据需要设置在高处或低处。该给水方式宜在室外给水管网压力低于或经常不能满足建筑内给水管网所需水压,室内用水不均匀,且不宜设置高位水箱时采用,如图 2-5 所示。由于气压给水装置是利用罐内空气压缩维持工作的,罐体的安装高度可以不受限制。

这种给水方式灵活性大,施工安装方便,便于扩建、改建和拆迁,可以设在水泵房内,且设备紧凑,占地较小,便于与水泵集中管理,供水可靠,且水在密闭系统中流动不会受到污染,但是调节能力小,运行费用通常较高。

地震区建筑、临时性建筑、因建筑艺术等要求不宜设高位水箱或水塔的建筑、有隐蔽要求的建筑都可以采用气压给水方式,但对于压力要求稳定的用户不适宜。

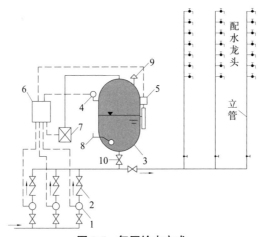

图 2-5　气压给水方式

1—水表;2—止回阀;3—气压水罐;4—压力信号阀;5—液位信号器;6—控制器;7—补气装置;8—安全阀;9—排气阀;10—阀门

4. 分区给水方式

当室外给水管网的压力只能满足建筑物下面几层供水要求时,可采用分区供水方式。室外给水管网水压线以下楼层为低区,由室外管网直接供水,以上楼层为高区,由升压贮水设备供水。可将两区的一根或几根立管相接,在分区处设阀门,以备低区进水管发生故障或外网压力不足时,打开阀门由高区水箱向低区供水。

在高层建筑中常见的分区给水方式有水泵并联分区给水方式、水泵串联分区给水方式和减压阀减压分区给水方式。

1)水泵并联分区给水方式

各给水分区分别设置水泵或调速水泵,各分区水泵用并联方式供水,如图 2-6(a)所示。其优点是供水可靠、设备布置集中,便于维护、管理,省去水箱占用的面积,能量消耗较少;缺点是水泵数量多、扬程各不相同。

2)水泵串联分区给水方式

各分区均设置水泵或调速水泵,各分区水泵采用串联方式供水,如图 2-6(b)所示。其优点是供水可靠,不占用水箱使用面积,能量消耗较少;缺点是水泵数量多,设备布置不集中,维护、管理不便。在使用时,水泵启动顺序为自下而上,各区水泵的能力应匹配。

3)减压阀减压分区给水方式

不设高位水箱的减压阀减压分区给水方式如图 2-6(c)所示。其优点是供水可靠,设备与管材少,投资省,设备布置集中,省去水箱的占用面积;缺点是下区水压损失大,能量消耗多。

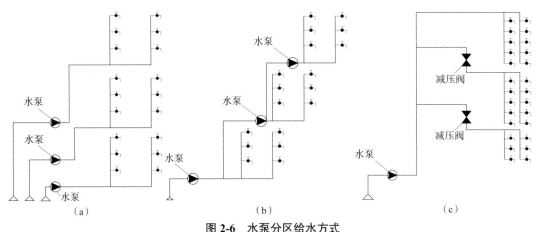

图 2-6　水泵分区给水方式

（a）水泵并联分区　（b）水泵串联分区　（c）减压阀减压分区

我国现行《建筑给水排水设计标准》（GB 50015—2019）规定：分区供水不仅是为了防止损坏给水配件，而且可避免过高供水压力造成不必要的浪费。一般规定卫生器具给水配件承受的最大工作压力不得大于 0.60 MPa；高层建筑生活给水系统各分区最低卫生器具配水点处静水压力不宜大于 0.45 MPa，特殊情况下不宜大于 0.55 MPa。

对静水压力大于 0.35 MPa 的入户管（或配水横管），宜设减压阀或调压措施。对住宅及宾馆类高层建筑，由于卫生器具数量较多，布局分散，用水量较大，用户对供水安全及隔声防振的要求较高，其分区给水压力值一般不宜太高，如高层居住建筑，要求入户管给水压力不应大于 0.35 MPa。对办公楼等非居住建筑，卫生器具数量相对较少，布局较为集中，用水量较小，其分区压力值可允许稍高一些。

在分区中要避免过大的水压，同时还应保证分区给水系统中最不利配水点的出流要求，水压一般不宜小于 0.1 MPa。

此外，高层建筑竖向分区的最大水压并不是卫生器具正常使用的最佳水压，常用卫生器具正常使用的最佳水压宜为 0.3~0.35 MPa。为节省能源和投资，在进行给水分区时要考虑充分利用城镇管网水压，高层建筑的裙房以及附属建筑（洗衣房、厨房、锅炉房等）由城镇管网直接供水对建筑节能有重要意义。

5. 分质给水方式

分质给水方式即根据不同用途所需的不同水质，分别设置独立的给水系统。饮用水给水系统提供饮用、烹饪、盥洗等生活用水，水质符合《生活饮用水卫生标准》（GB 5749—2006）。杂用水给水系统，水质较差，仅符合《城市污水再生利用　城市杂用水水质》（GB/T 18920—2020），只能用于建筑内冲洗便器、绿化、洗车、扫除等。近年来为确保水质，有些国家还采用了饮用水与盥洗、淋浴等生活用水分设两个独立管网的分质给水方式。

2.3　增压和贮水设备

在增压或贮水的给水方式中需要设置水泵和水箱。

2.3.1　离心式水泵(简称离心泵)

离心泵具有结构简单、体积小、效率高、运转平稳等优点,故在建筑设备工程中得到了广泛应用。

1. 离心泵的基本结构、工作原理及工作性能

在离心泵中,水靠离心力由径向甩出,从而得到很高的压力,将水输送到需要的地点。开动离心泵前,要使泵壳及吸水管中充满水,以排除泵内空气。当叶轮高速转动时,在离心力的作用下,叶片槽道(两叶片间的过水通道)中的水从叶轮中心被甩向泵壳,从而获得动能与压能。由于泵壳的断面是逐渐扩大的,所以水进入泵壳后流速逐渐减小,部分动能转化为压能,因而离心泵出口处的水便具有较高的压力,流入压水管。

在水被甩走的同时,离心泵进口处形成负压,由于大气压力的作用,吸水池中的水通过吸水管压向离心泵进口(一般称为吸水),进而流入泵体。由于电动机带动叶轮连续回转,离心泵均匀连续供水,即不断地将水压送到用水点或高位水箱。

离心泵的工作方式有"吸入式"和"灌入式"两种。泵轴高于吸水池水面的为"吸入式"。吸水池水面高于泵轴的为"灌入式",这时不仅可省掉真空泵等抽气设备,而且也有利于离心泵的运行和管理。一般说来,设离心泵的室内给水系统多与高位水箱联合工作。为了减小水箱的容积,离心泵的启停应用自动控制,而"灌入式"最易满足此种要求。

在离心泵中,水仅流过一个叶轮,即仅受一次增压,这种泵称为单级离心泵。为了得到较大的压力,在高层建筑的室内给水系统中常采用多级离心泵,这时,水依次流过数个叶轮,即受多次增压。

为了正确地选用离心泵,必须知道离心泵的基本工作参数。离心泵的基本工作参数主要有如下几个。

(1)流量,在单位时间内通过离心泵的水的体积,以符号 Q 表示,单位为 L/s 或 m³/h。

(2)扬程,当水流过离心泵时,水所获得的比能增值,用符号 H 表示,单位为 kPa 或 mH$_2$O。

(3)轴功率,离心泵从电动机处得到的全部功率,用符号 N 表示,单位为 kW。

当流量为离心泵的设计流量时,效率最高,这种工作状况称为离心泵的设计工况,也叫额定工况,相应的各工作参数称为设计参数或额定参数,离心泵的额定参数应标明于离心泵的铭牌上。

2. 离心泵的选择

选择离心泵时,必须根据给水系统的最大小时设计流量 q 和相当于该设计流量时系统所需的压力 $H_{s.U}$,按离心水泵性能表确定离心泵型号。

具体来说,应使离心泵的流量 $Q \geqslant q$,使离心泵的扬程 $H \geqslant H_{s.U}$,并使离心泵在高效率情况下工作。考虑到运转过程中泵的磨损和能效降低,通常使离心泵的 Q 及 H 稍大于 q 及 $H_{s.U}$,一般采用 10%~15% 的附加值。

2.3.2　水泵房

民用建筑物内设置的生活给水泵房不应毗邻居住用房或在其上层或下层,水泵机组宜设在水池的侧面、下方,单台泵可设于水池内或管道内,其运行的噪声应符合现行国家标准

《民用建筑隔声设计规范》(GB 50118—2010)的规定。设置水泵的房间,应设排水设施,通风应良好,不得结冻。

水泵机组的布置应以管线最短、弯头最少、管路便于连接、布置力求紧凑为原则,并考虑到扩建和发展。水泵机组的布置应符合表 2-1。

表 2-1　水泵机组外轮廓面与墙和相邻机组间的距离

电机额定功率 P(kW)	水泵机组外廓面与墙面之间的最小距离(m)	相邻水泵机组外廓面之间的最小距离(m)
$P \leqslant 22$	0.8	0.4
$22 < P < 55$	1.0	0.8
$55 \leqslant P \leqslant 160$	1.2	1.2

注:1. 水泵侧面有管道时,外廓面计至管道外壁面;
　　2. 水泵机组是指水泵与电动机的联合体,或已安装在金属座架上的多台水泵组合体。

水泵基础高出地面的高度应便于水泵安装,不应小于 0.1 m;泵房内管道管外底距地面或管沟底面的距离,当管径 ≤150 mm 时,不应小于 0.2 m;当管径 ≥200 mm 时,不应小于 0.25 m。

泵房内宜设检修水泵的场地,检修场地尺寸宜按水泵或电动机外形尺寸四周有不小0.7 m 的通道确定,泵房内靠墙安装的落地式配电柜和控制柜前面通道的宽度不宜小于1.5 m;挂墙式配电柜和控制柜前面通道的宽度不宜小于 1.5 m;泵房内宜设置手动起重设备。

建筑物内的给水泵房,应选用低噪声水泵机组;吸水管和出水管上应设置减振装置;水泵机组的基础应设置减振装置。应采用下列减振防噪措施:管道支架、吊架和管道穿墙、楼板处,应采取防止固体传声措施,必要时,泵房的墙壁和天花板应采取隔音吸音处理。

2.3.3　高位水箱

在设水泵-水箱的给水方式及设水箱的给水方式中,或是需要贮存事故备用水及消防贮备水量,或是有恒压供水(如浴室供水)要求时,都需设置高位水箱。

1. 有效容积

水箱有效容积应根据生活调节水量确定:由城镇给水管网夜间直接进水的高位水箱的生活用水调节容积,宜按用水人数和最高日用水定额确定;由水泵联动提升进水的水箱的生活用水调节容积,不宜小于最大用水时水量的 50%。

用于中途转输的水箱,转输调节容积取转输水泵 5~10 min 的流量。

2. 设置高度

水箱的设置高度应保证最不利配水点处有所需的流出水头,通常根据房屋高度、管道长度,管道直径以及设计流量等技术条件,经水力计算后确定。水箱的设置高度(以底板面计)应满足最高层用户的用水水压要求,当达不到要求时,宜采取管道增压措施。

高位水箱箱壁与水箱间墙壁及箱顶与水箱间顶面的净距应符合低位生活贮水池(箱)中的第 2 条规定,箱底与水箱间地面板的净距,当有管道敷设时不宜小于 0.8 m。

3. 水箱间及配管

水箱应设置在便于维护、光线和通风良好且不结冻的地方(如有可能冰冻,水箱应当采用保温措施），一般布置在顶层或闷顶内。为防止污染，水箱应设置盖板，盖板应设有通气孔，大型水箱盖板的通气孔可兼作人孔。设置水箱的房间净高不得低于 2.2 m，设置水箱的承重结构应为非燃烧体，室内温度不低于 5 ℃。

水箱上应配置进水管、出水管、溢流管、泄水管及信号装置等。进水管管径根据不同的给水方式按水泵的供水量或给水管网设计流量确定。溢流管管径应比进水管管径大 1~2 号，溢流管上不得装设阀门。泄水管装在水箱底部，以便排出箱底沉泥及清洗水箱的污水。

2.3.4 （低位）贮水池

建筑物贮水池是贮存和调节水量的构筑物，其有效容积应按进水量与用水量变化曲线经计算确定，当资料不足时，宜按建筑物最高日用水量的 20%~25% 确定。

贮水池（箱）应设置在通风良好不结冻的房间内。池（箱）体应采用独立结构形式，与其他用水水池（箱）并列设置时，应有各自独立的分隔墙，不得共用一道分隔墙，分隔墙与分隔墙之间应有排水措施。池（箱）外壁与建筑本体结构墙面或其他池壁之间的净距，应满足施工或装配的要求。无管道的侧面，净距不宜小于 0.7 m；安装有管道的侧面，净距不宜小于 1.0 m，且管道外壁与建筑本体墙面之间的通道宽度不宜小于 0.6 m；设有人孔的池顶，顶板面与上面建筑本体板底的净空不应小于 0.8 m。贮水池内宜设有水泵吸水坑，吸水坑的大小和深度应满足水泵或水泵吸水管的安装要求。

2.4　设计计算

2.4.1　用水定额

用水定额是指在某一度量单位（单位时间、单位产品等）内被居民或其他用水所消耗的水量。对于生活饮用水，用水定额是指居民每人每天所消耗的水量，它随各地的气候条件、生活习惯、生活水平及卫生设备的情况不同而各不相同。对于生产用水，用水定额主要由生产工艺过程、设备情况和地区条件等因素决定。

各类建筑的生活用水定额及小时变化系数见表 2-2 至表 2-4。

表 2-2　住宅最高日生活用水定额及小时变化系数

住宅类型		卫生器具设置标准	用水定额 [L/（人·d）]	小时变化系数 K_h
普通住宅	I	有大便器、洗涤盆	80~150	2.5~3.0
	II	有大便器、洗脸盆、洗涤盆、洗衣机、热水器和沐浴设备	130~300	2.3~2.8
	III	有大便器、洗脸盆、洗涤盆、洗衣机、集中热水供应（或家用热水机组）和沐浴设备	180~320	2.0~2.5
布局		有大便器、洗脸盆、洗涤盆、洗衣机、洒水栓、家用热水机组和沐浴设备	200~350	1.8~2.3

注：1. 当地主管部门对住宅生活用水定额有具体规定的，应按照当地规定执行；
　　2. 别墅用水定额中含庭院绿化用水和汽车洗车用水。

表 2-3　宿舍、旅馆和公共建筑生活用水定额及小时变化系数

序号	建筑物名称		单位	最高日生活用水定额(L)	使用时数(h)	小时变化系数 K_h
1	宿舍	Ⅰ类、Ⅱ类	每人每日	150~200	24	3.0~2.5
		Ⅲ类、Ⅳ类	每人每日	100~150	24	3.5~3.0
2	招待所、培训中心、普通旅馆	设公用盥洗室	每人每日	50~100	24	3.0~2.5
		设公用盥洗室、淋浴室	每人每日	80~130		
		设公用盥洗室、淋浴室、洗衣室	每人每日	100~150		
		设单独卫生间、公用洗衣室	每人每日	120~200		
3	酒店式公寓		每人每日	200~300	24	2.5~2.0
4	宾馆客房	旅客	每床位每日	250~400	24	2.5~2.0
		员工	每人每日	80~100		
5	医院住院部	设公用盥洗室	每床位每日	100~200	24	2.5~2.0
		设公用盥洗室、淋浴室	每床位每日	150~250	24	2.5~2.0
		设单独卫生间	每床位每日	250~400	24	2.5~2.0
		医务人员	每人每班	150~250	8	2.0~1.5
		门诊部、诊疗所	每病人每次	10~15	8~12	1.5~1.2
		疗养院、修养所住院部	每床位每日	200~300	24	2.0~1.5
6	养老院、托老所	全托	每人每日	100~150	24	2.5~2.0
		日托	每人每日	50~80	10	2.0
7	幼儿园、托儿所	有住宿	每儿童每日	50~100	24	3.0~2.5
		无住宿	每儿童每日	30~50	10	2.0
8	公共浴室	淋浴	每顾客每次	100	12	
		浴盆淋浴	每顾客每次	120~150	12	2.0~1.5
		桑拿浴(淋浴、按摩池)	每顾客每次	150~200	12	
9	理发室、美容院		每顾客每次	40~10	12	2.0~1.5
10	洗衣房		每千克干衣	40~80	8	1.5~1.2
11	餐饮业	中餐酒楼	每顾客每次	40~60	10~12	
		快餐店、职工及学生食堂	每顾客每次	20~25	12~16	1.5~1.2
		酒吧、咖啡馆、茶座、卡拉OK房	每顾客每次	5~15	8~18	
12	商场员工及顾客		每平方米营业厅面积每日	5~8	12	1.5~1.2
13	图书馆		每人每次	5~10	8~10	1.5~1.2
14	书店		每平方米营业厅面积每日	3~6	8~12	1.5~1.2
15	办公楼		每人每班	30~50	8~10	1.5~1.2
16	教学、实验楼	中小学校	每学生每日	20~40	8~9	1.5~1.2
		高等院校	每学生每日	40~50	8~9	1.5~1.2
17	电影院、剧院		每观众每场	3~5	3	1.5~1.2
18	会展中心(博物馆、展览馆)		每平方米展厅面积每日	3~6	8~16	1.5~1.2
19	健身中心		每人每次	30~50	8~12	8~12
20	体育场(馆)		每人每次	30~40	4	3.0~2.0
			每人每场	3	4	1.2

序号	建筑物名称	单位	最高日生活用水定额(L)	使用时数(h)	小时变化系数 K_h
21	会议厅	每座位每次	6~8	4	1.5~1.2
22	航站楼、客运站旅客、展览中心观众	每人次	3~6	8~16	1.5~1.2
23	菜市场地面冲洗及保鲜用水	每平方米每日	10~20	8~10	2.5~2.0
24	停车库地面冲洗水	每平方米每次	2~3	6~8	1.0

注：1. 养老院、托儿所、幼儿园的用水定额中含食堂用水,其他均不含食堂用水；
　　2. 除注明外,均不含员工生活用水,员工用水定额为每人每班 40~60 L；
　　3. 医疗建筑用水已含医疗用水；
　　4. 空调用水另计。

表 2-4　工业企业建筑生活、淋浴用水定额及小时变化系数

用途	用水定额 [L/(班·人)]	小时变化系数 K_h	备注
管理人员与 车间工人生活用水	30~50	2.5~1.5	每班工作时间按 8 h 计
淋浴用水①	40~60		延续供水时间宜按 1 h 计

注：①淋浴用水定额详见《工业企业设计卫生标准》(GBZ 1—2010)。

2.4.2　生活用水量

1. 最高日生活用水量

最高日生活用水量是指在设计规定年限内用水最多一日的用水量,按下式计算：

$$Q_d = mq_d \tag{2-1}$$

式中　Q_d——最高日生活用水量,L/d；

　　　m——用水单位数,即人或床位数等,工业企业建筑为每班人数；

　　　q_d——最高日生活用水定额,L/(人·d)、L/(床·d)或 L/(人·班)。

2. 最大小时用水量

最大小时用水量是指最高日最大用水时段内的小时用水量,按下式计算：

$$Q_h = K_h Q_P = K_h \frac{Q_d}{T} \tag{2-2}$$

式中　Q_h——最大小时用水量,L/h；

　　　Q_P——平均小时用水量,L/h；

　　　T——建筑物的用水时间,工业企业建筑为每班用水时间,h；

　　　K_h——小时变化系数。

2.4.3　设计秒流量

根据实测发现,建筑物中的用水情况在一昼夜内是不均匀的,在设计室内给水管网时,

必须考虑这种"逐时逐秒"变化的情况,以求得最不利时刻的最大用水量。建筑给水管道的设计流量就是设计秒流量,它是确定各管道管径、计算管道水头损失、确定给水系统所需压力的主要依据。

1. 当量

设计秒流量需根据建筑物内卫生器具的类型和数量和这些器具满足使用情况的用水量确定。为了便于计算,引用"卫生器具当量"这一术语。"卫生器具当量"定义为某一卫生器具流量值为当量基数 1,其他卫生器具的流量值与其的比值,即为其他卫生器具各自的当量值,其他某一卫生器具流量包括给水流量和排水流量。具体到卫生器具给水当量基数 1 的某一卫生器具给水流量,我国取 0.2 L/s,其他各种类型卫生器具给水当量值见表 2-5。

表 2-5　卫生器具的给水额定流量、当量、连接管公称管径和最低工作压力

序号	给水配件名称		额定流量(L/s)	当量	公称管径(mm)	最低工作压力(MPa)
1	洗涤盆、拖布盆、盥洗槽	单阀水嘴	0.15~0.20	0.75~0.10	15	
			0.30~0.40	1.50~2.00	20	0.050
		混合水嘴	0.15~0.20(0.14)	0.75~1.00(0.70)	15	
2	洗脸盆	单阀水嘴	0.15	0.75	15	0.050
		混合水嘴	0.15(0.10)	0.75(0.50)	15	
3	洗手盆	单阀水嘴	0.10	0.50	15	0.050
		混合水嘴	0.15(0.10)	0.75(0.50)	15	
4	浴盆	单阀水嘴	0.20	1.00	15	0.050
		混合水嘴(含淋浴转换器)	0.24(0.20)	1.20(1.00)	15	0.050~0.070
5	淋浴器	混合阀	0.15(0.10)	0.75(0.50)	15	0.050~0.100
6	大便器	冲洗水箱浮球阀	0.10	0.50	15	0.020
		延时自闭式冲洗阀	1.20	6.00	25	0.100~0.150
7	小便器	手动或自动自闭式冲洗阀	0.10	0.50	15	0.050
		自动冲洗水箱进水阀	0.10	0.50	15	0.020
8	小便槽穿孔冲洗管(每米长)		0.05	0.25	15~20	0.015
9	净身盆冲洗水嘴		0.10(0.07)	0.50(0.25)	15	0.050
10	医院倒便器		0.20	1.00	15	0.050
11	实验室化验水嘴(鹅颈)	单联	0.07	0.35	15	0.020
		双联	0.15	0.75	15	0.020
		三联	0.20	1.00	15	0.020
12	饮水器喷嘴		0.05	0.25	15	0.050
13	洒水栓		0.40	2.00	20	0.050~0.100
			0.70	3.50	25	0.050~0.100
14	室内地面冲洗水嘴		0.20	1.00	15	0.050
15	家用洗衣机水嘴		0.20	1.00	15	0.050

注:1. 表中括弧内的数值系在有热水供应,单独计算冷水或热水时使用;

　　2. 当浴盆上附设淋浴器或混合水嘴有淋浴转换开关时,其额定流量和当量只计水嘴,不计淋浴器,但水压应按淋浴器计;

　　3. 家用燃气热水器,所需水压按产品要求和热水供应系统最不利配水点所需工作压力确定;

　　4. 绿地的自动喷灌应按产品要求确定;

　　5. 卫生器具给水配件所需额定流量和最低工作压力有特殊要求时,其数值按产品要求确定。

2. 设计秒流量

给水管道设计秒流量的计算方法分为以下三种。

1）住宅建筑

住宅建筑生活给水管道设计秒流量采用概率法,按下式计算:

$$q_g = 0.2UN_g \qquad (2\text{-}3)$$

式中 q_g——计算管道的设计秒流量,L/s;

U——计算管道的卫生器具给水当量同时出流概率,%;

N_g——计算管道的卫生器具给水当量总数;

0.2——1 个卫生器具给水当量的额定流量,L/s。

根据数理统计结果,计算管道卫生器具给水当量的同时出流概率,按下式计算:

$$U = 100 \times \frac{1 + \alpha_c(N_g - 1)^{0.49}}{\sqrt{N_g}}\% \qquad (2\text{-}4)$$

式中 α_c——对应于不同卫生器具的给水当量平均出流概率(U_0)的系数,见表 2-6。

建筑物的卫生器具给水当量最大用水时的平均出流概率参考值见表 2-7。

表 2-6 α_c 与 U_0 之间的关系

U_0（%）	$\alpha_c \times 10^{-2}$	U_0（%）	$\alpha_c \times 10^{-2}$
1.0	0.323	4.0	2.816
1.5	0.697	4.5	3.263
2.0	1.097	5.0	3.715
2.5	1.512	6.0	4.629
3.0	1.939	7.0	5.555
3.5	2.374	8.0	6.489

表 2-7 最大用水时的平均出流概率参考值

建筑物性质	U_0 参考值	建筑物性质	U_0 参考值
普通住宅 I 型	3.4~4.5	普通住宅 III 型	1.5~2.5
普通住宅 II 型	2.0~3.5	别墅	1.5~2.0

2）分散用水型公共建筑

宿舍（ I、II 类）、旅馆、宾馆、酒店式公寓、医院、疗养院、幼儿园、养老院、办公楼、商场、图书馆、书店、航站楼、客运站、会展中心、中小学教学楼、公共厕所等建筑,其生活给水设计秒流量按下式计算:

$$q_g = 0.2\alpha\sqrt{N_g} \qquad (2\text{-}5)$$

式中 q_g——计算管道的给水设计秒流量,L/s;

α——根据建筑物用途确定的系数,见表 2-8,综合楼建筑的值应取加权平均值。

表 2-8　根据建筑物用途而定的系数 α

建筑物名称	α 值
幼儿园、托儿所、养老院	1.2
门诊部、诊疗所	1.4
办公楼、商场	1.5
图书馆	1.6
书店	1.7
学校	1.8
医院、养老院、休养所	2.0
酒店式公寓	2.2
宿舍（Ⅰ、Ⅱ类）、旅馆、宾馆、招待所	2.5
客运站、航站楼、会展中心、公共厕所	3.0

当计算值小于该管道上一个最大卫生器具给水额定流量时,应采用一个最大的卫生器具给水额定流量作为设计秒流量;当计算值大于该管道上按卫生器具给水额定流量累加所得的流量值时,应按卫生器具给水额定流量累加所得的流量值采用。

有大便器延时自闭冲洗的给水管道,大便器延时自闭冲洗的给水当量均以 0.5 计,计算得到 q_g,附加 1.20 L/s 的流量后,为该管道的给水设计秒流量。

3）密集用水型公共建筑

宿舍（Ⅲ、Ⅳ类）、工业企业的生活间、公共浴室、职工食堂或营业餐馆的厨房、体育场馆、剧院、普通理化实验室等建筑,其生活给水管道的设计秒流量按下式计算:

$$q_g = \sum q_0 n_0 b \tag{2-6}$$

式中　q_g——计算管道的给水设计秒流量,L/s;

　　　q_0——同类型的一个卫生器具给水额定流量,L/s;

　　　n_0——同类型卫生器具数;

　　　b——卫生器具的同时使用给水百分数,%,见表 2-9。

当计算值小于管道上一个最大卫生器具给水额定流量时,应采用一个最大的卫生器具给水额定流量作为设计秒流量。大便器自闭冲洗阀应单列计算,当单列计算值小于 1.2 L/s 时,以 1.2 L/s 计;大于 1.2 L/s 时,以计算值计。

表 2-9　宿舍（Ⅲ、Ⅳ类）、工业企业的生活间、公共浴室、体育场馆、剧院等卫生器具同时给水百分数

单位:%

卫生器具名称	宿舍（Ⅲ、Ⅳ类）	工业企业的生活间	公共浴室	剧院	体育场馆
洗涤盆（池）	—	33	15	15	15
洗手盆	—	50	50	50	70（50）
洗脸盆、盥洗槽水嘴	5~100	60~100	60~100	50	80
浴盆	—	—	50	—	—
无间隔淋浴器	20~100	100	100	—	100

卫生器具名称	宿舍（Ⅲ、Ⅳ类）	工业企业的生活间	公共浴室	剧院	体育场馆
有间隔淋浴器	5~80	80	60~80	60~80	60~100
大便器冲洗水箱	5~70	30	20	50（20）	70（20）
大便槽自动冲洗水箱	100	100	—	100	100
大便槽自闭式冲洗阀	1~2	2	2	10（2）	5（2）
小便器(槽)自闭式冲洗阀	2~10	10	10	50（10）	70（10）
小便器(槽)自动冲洗水箱	—	100	100	100	100
净身盆	—	33	—	—	—
饮水器	—	30~60	30	30	30
小卖部洗涤盆	—	—	50	50	50

注:1. 表中括号内的数值系电影院、剧院的化妆间、体育场馆的运动员休息室使用;
　　2. 健身中心的卫生间,可采用本表体育场馆运动员休息室的同时给水百分率。

2.4.4 管网水力计算简介

室内给水管网水力计算的目的,在于确定各管道的管径及此管道通过设计流量时的水头损失。

1. 管径的确定

确定给水管道设计秒流量后,根据下式可求得管径 d:

$$q = \frac{\pi}{4} d^2 v \qquad (2\text{-}7)$$

式中　q——管道设计秒流量,m³/s;

　　　d——管径,m;

　　　v——管道中的流速,m/s。

室内生活给水管道的控制流速可按下述数值选用: DN15~20 选用流速 $v \leqslant 1.0$ m/s; DN25~40 选用流速 $v \leqslant 1.2$ m/s; DN50~70 选用流速 $v \leqslant 1.5$ m/s。干管噪声控制要求较高时,应适当降低流速;生活或生产给水管道内的流速不宜大于 2 m/s;消防给水管道的流速不宜大于 2.5 m/s。

管径的选定应从技术和经济两方面来综合考虑。从经济上看,当流量一定时,管径愈小,管材愈省。室外管网的压力 H_0 愈大,愈应用较小的管径,以便充分利用室外的压力。但当管径太小时,流速过大,这在技术上是不允许的,因为流速过大,当在管网中引起水锤时可能损坏管道并造成很大的噪声,同时使给水系统中龙头的出水量和压力互相干扰,极不稳定。

2. 管网水头损失的计算

管网的水头损失为管网中新确定的计算管路的沿程水头损失和局部损失之和。

管路沿程水头损失的计算式为

$$i = 105 C_\mathrm{h}^{-1.85} d_\mathrm{i}^{-4.87} q_\mathrm{g}^{1.85} \quad\quad (2\text{-}8)$$

$$h_\mathrm{g} = iL \quad\quad (2\text{-}9)$$

式中　i——单位管长的沿程水头损失,kPa/m;

　　　C_h——海澄-威廉系数(各种塑料管、内衬(涂)塑管,C_h =100;铜管、不锈钢管,C_h
　　　　　=130;内衬水泥、树脂的铸铁管,C_h =130;塑料钢管、铸铁管,C_h =100);

　　　d_i——管道计算内径,m;

　　　q_g——计算管道的给水设计秒流量,m³/s;

　　　L——计算管道长度,m;

　　　h_g——计算管道沿程水头损失,kPa。

　　管路的局部水头损失,宜采用管(配)件当量长度法或按管件连接状况以管路沿程水头损失百分数估算。

　　当选定产品型号时,水表水头损失应按该产品生产厂家提供的资料进行计算;若未确定产品型号,可进行估算,即小区引入管水表在生活用水工况时,宜取 0.03 MPa,校核消防工况时,宜取 0.05 MPa。

第3章　建筑消防工程

3.1　火灾类型、建筑物分类及危险等级

建筑消防灭火设施有消火栓灭火系统、消防炮灭火系统、自动喷水灭火系统、水喷雾灭火系统、细水雾灭火系统、泡沫灭火系统、气体灭火系统、干粉灭火系统等。

3.1.1　火灾分类

可燃物与氧化剂作用发生的伴有火焰、发光和(或)发烟现象的放热反应称为燃烧。可燃物、氧化剂和温度(引火源)是火灾发生的必要条件。火灾是由燃烧造成的灾害,根据可燃物的性质、类型和燃烧特性,火灾可分为五类,见表3-1。

表3-1　火灾分类

火灾类型	燃烧物
A类火灾	固体物质,如木材等有机物质
B类火灾	可燃液体或可熔化的固体物质,如汽油、柴油等
C类火灾	气体,如天然气等
D类火灾	金属,如钾、钠、镁等
E类火灾	带电物体

3.1.2　灭火机理

燃烧的充分条件包括一定的可燃物浓度、一定的氧气含量、一定的点火能量和不受抑制的链式反应。灭火就是采取一定的技术措施破坏燃烧条件,终止燃烧的过程。灭火的基本原理是冷却、窒息、隔离和化学抑制,前三种主要是物理过程,后一种为化学过程。

水基灭火剂的主要灭火机理是冷却和窒息等,其中以冷却作用为主。

消火栓灭火系统、消防炮灭火系统、自动喷水灭火系统、水喷雾灭火系统和细水雾灭火系统等,均是以水为灭火剂的灭火系统。消火栓灭火系统、消防水炮灭火系统和自动喷水灭火系统的灭火机理主要是冷却,可扑灭A类火灾;水喷雾灭火系统和细水雾灭火系统,具有冷却、窒息、乳化、稀释等灭火作用,可扑灭A、B和E类火灾。

泡沫灭火机理主要是隔离作用,同时伴有窒息作用,可扑灭A、B类火灾。泡沫灭火系统分为低、中、高三种:低倍数泡沫的发泡倍数是20以下,中倍数泡沫的发泡倍数是21~200,高倍数泡沫的发泡倍数是201~1 000。

常见的气体灭火系统有:七氟丙烷(HFC-227ea)灭火系统、混合惰性气体(IG-541)灭火系统、二氧化碳灭火系统等。气体具有化学稳定性好、易储存、腐蚀性小、不导电、毒性低

的优点,适用于扑救多种类型的火灾。气体灭火系统的灭火机理因灭火剂而异,一般包括冷却、窒息、隔离和化学抑制等机理,可扑灭 A 、B、C 和 E 类火灾。

干粉灭火剂是一种利用干粉基料和添加剂组成的干化学灭火剂,具有干燥性和易流性,可在一定气体压力作用下喷成粉雾状而灭火。干粉灭火剂通常可分为物理灭火和化学灭火两种类型,以磷酸铵盐和碳酸氢盐灭火剂为主。磷酸铵盐适合于扑灭 A 、B 、C 、E 类火灾;碳酸氢盐适合于扑灭 B 、C 类火灾(包括带电的 B 类火灾)。物理灭火主要通过干粉灭火剂吸收燃烧产生的热量,使显热变成潜热,燃烧反应温度骤降不能维持持续反应所需的热量,中止燃烧反应,火焰熄灭。化学灭火机理分为均相和非均相。均相化学灭火机理是燃烧产生的自由基与碳酸氢盐受热分解的产物碳酸盐反应生成氢氧化物;非均相化学灭火机理是碳酸氢盐受热分解,以 Na_2O 或金属 Na 的气体形态出现,进入气相,中断火焰中自由基链式传递,火焰熄灭。

蒸气灭火系统可利用惰性气体,且含高热量的蒸气在与燃烧物质接触时,稀释了燃烧范围内空气中的氧气,缩小燃烧范围,降低燃烧强度。该系统由蒸气源、输配气干管、支管、配气管道、伸缩补偿器等组成,可用于扑灭燃油和燃气锅炉房、油泵房、重油罐区等场所的火灾。

3.1.3　建筑物分类

按使用性质,建筑物可分为厂房、仓库、民用建筑三类。根据建筑构件的燃烧性能和耐火极限,民用建筑和厂房(仓库)的耐火等级分为一至四级。

建筑高度是指建筑物室外地面到其檐口或屋面面层的高度(屋顶上的水箱间、电梯机房、排烟机房以及楼梯出口小间等不计入建筑高度)。按建筑高度,建筑物可分为多层建筑和高层建筑。多层民用建筑是指 9 层及 9 层以下的住宅(包括首层设置商业服务网点的住宅),建筑高度不大于 24 m 的其他民用建筑,建筑高度超过 24 m 的单层公共建筑;高层民用建筑是指 10 层及 10 层以上的住宅(包括首层设置商业服务网点的住宅),建筑高度超过 24 m 的 2 层以及 2 层以上的公共建筑。

多层厂房(仓库)是指建筑高度不大于 24 m 的厂房(仓库),建筑高度超过 24 m 的单层厂房(仓库);高层厂房(仓库)是指建筑高度超过 24 m 的 2 层以及 2 层以上的厂房(仓库);高架仓库是指货架高度超过 7 m 且采用机械操作或自动化控制的货架库房。

建筑物火灾危险等级表明火灾危险性大小、火灾发生频率、可燃物数量、单位时间内释放的热量、火灾蔓延速度以及扑救难易程度。按《建筑设计防火规范(2018 年版)》(GB 50016—2014)分为一类和二类高层建筑,见表 3-2。

表 3-2　一类和二类高层建筑

名称	一类	二类
住宅建筑	建筑高度大于 54 m 的住宅建筑(包括设置商业服务网点的住宅建筑)	建筑高度大于 27 m,但不大于 54 m 的住宅建筑(包括设置商业服务网点的住宅建筑)

名称	一类	二类
公共建筑	1. 建筑高度大于 50 m 的公共建筑 2. 建筑高度 24 m 以上部分任一楼层建筑面积大于 1 000 m² 的商店、展览、电信、邮政、财贸金融建筑和其他多种功能组合的建筑 3. 医疗建筑、重要公共建筑、独立建造的老年人照料设施 4. 省级及以上的广播电视和防灾指挥调度建筑、网局级和省级电力调度建筑 5. 藏书超过 100 万册的图书馆、书库	除一类高层公共建筑外的其他高层公共建筑

3.2　消火栓给水系统及设计计算

消防给水由室外消防给水系统和室内消防给水系统共同组成。室外消防给水系统的主要形式是室外消火栓给水系统，其主要作用是作为室内外消防设备的消防水源。室内消火栓给水系统是室内消防给水系统的主要类型之一。

3.2.1　消火栓给水系统设置场所

1. 室外消火栓给水系统

室外消火栓是城镇、居住区、建（构）筑物最基本的消防设施，在城市、居住区、工厂、仓库等的规划和建筑设计时，必须同时设计消防给水系统，民用建筑、厂房（仓库）、储罐（区）、堆场应设室外消火栓。

耐火等级不低于二级且建筑体积不超过 3 000 m³ 的戊类厂房或居住区人数不超过 500 人，且建筑物不超过 2 层的居住区，可不设消防给水。

2. 室内消火栓给水系统

在下列建筑物中设置室内消火栓给水系统。

（1）建筑占地面积大于 300 m² 的厂房和仓库。

（2）高层公共建筑和建筑高度大于 21 m 的住宅建筑。

（3）体积大于 5 000 m³ 的车站、码头、机场的候车（船、机）建筑、展览建筑、商店建筑、旅馆建筑、医疗建筑、图书馆建筑等单、多层建筑。

（4）特等、甲等剧场，超过 800 个座位的其他等级的剧院、电影院等以及超过 100 个座位的礼堂、体育馆等单、多层建筑。

（5）建筑高度大于 15 m 或体积超过 10 000 m³ 的办公建筑、教学建筑和其他单、多层民用建筑。

国家级文物保护单位的重点砖木或木结构的古建筑，宜设置室内消火栓。

人员密集的公共建筑、建筑高度大于 100 m 的建筑和建筑面积大于 200 m² 的商业服务网点应设置消防软管卷盘或轻便消防水龙。高层住宅建筑的户内宜配置轻便消防水龙。

下列建筑物可不设消火栓给水系统,但宜设置消防软管卷盘或轻便消防水龙。

（1）耐火等级为一、二级且可燃物较少的丁、戊类厂房、库房。

（2）耐火等级为三、四级且建筑体积不超过 3 000 m³ 的丁类厂房和建筑体积不超过 5 000 m³ 的戊类厂房。

（3）粮食仓库、金库、远离城镇且无人值班的独立建筑。

（4）存有与水接触能引起燃烧爆炸的物品的建筑。

（5）室内没有生产、生活给水管道,室外消防用水取自储水池且建筑体积不超过 5 000 m³ 的其他建筑物。

3.2.2　室内消火栓给水系统组成及供水方式

1. 组成

室内消火栓给水系统由水枪、水带、消火栓、管网、水源等组成,当室外管网压力不足时,需设置消防水泵。

水枪是灭火的主要工具,其作用在于收缩水流、增加流速,产生击灭火焰的充实水柱。水枪喷口直径 13 mm、16 mm、19 mm。水带常用的直径有 50 mm、65 mm 两种,两端分别与水枪及消火栓连接。消火栓直径有 50 mm、65 mm 两种,高层建筑消火栓的栓口直径应为 65 mm,水带长度不应超过 25 m,水枪喷嘴口径不应小于 19 mm。

2. 供水方式

室内消火栓给水系统有高压给水系统和临时高压给水系统。常见的供水方式如下。

1）高压给水系统

室外给水管网的水量和水压能满足最不利点灭火设施的需要,可不设高位消防水箱。

2）临时高压给水系统

室外给水管网的水量或水压在平时不能满足灭火设施需要,当火灾发生需消防供水时,临时启动消防水泵加压供水,应设高位消防水箱。高层建筑屋顶应设一个装有压力显示装置的供平时检查使用的消火栓,采暖地区可设在顶层出口处或水箱间内。多层建筑平屋顶宜设屋顶消火栓。

3）高层建筑消防给水系统竖向分区

高层建筑消防给水系统分区原则:消火栓栓口的静水压力不应超过 1.0 MPa,消防给水系统最高压力在运行时不应超过 2.4 MPa。常见的分区形式有四种,即水泵并联（图 3-1 ）、水泵串联（图 3-2 ）、减压阀（图 3-3 ）或减压水箱竖向分区方式。

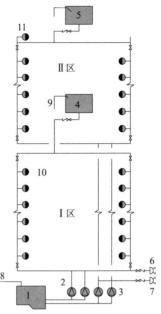

图 3-1 水泵并联分区消防给水系统

1—水池;2—Ⅰ区消防水泵;3—Ⅱ区消防水泵;4、5—高位水箱;6、7—水泵接合器;8—水池进水管;
9—水箱进水管;10—消火栓;11—检查用消火栓

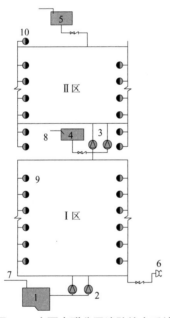

图 3-2 水泵串联分区消防给水系统

1—水池;2—Ⅰ区消防水泵;3—Ⅱ区消防水泵;
4、5—高位水箱;6—水泵接合器;7—水池进水管;
8—水箱进水管;9—消火栓;10—检查用消火栓

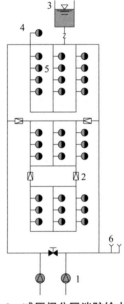

图 3-3 减压阀分区消防给水系统

1—消防水泵;2—减压阀;3—高位水箱;
4—检查用消火栓;5—消火栓;
6—水泵接合器

3.2.3　消火栓的设置与布置

1. 室外消火栓

消火栓应沿道路、建筑周围的消防车道均匀布置;应设置在便于消防车使用的地点,但不宜布置在建筑物一侧。消火栓距路边不应大于 2 m,距房屋外墙不宜小于 5 m。当道路宽度大于 60 m 时,宜在道路两边设置消火栓,并宜靠近十字路口。消火栓的间距不应大于120 m,其保护半径不应大于 150 m;在市政消火栓保护半径 150 m 以内,当室外消防用水量小于或等于 15 L/s 时,可不设置室外消火栓。

甲、乙、丙类液体储罐区和液化石油气储罐区的消火栓,应设置在防火堤或防护墙外。距罐壁 15 m 范围内的消火栓,不应计算在该罐可使用的数量内。

寒冷地区设置市政消火栓、室外消火栓确有困难的,可设置水鹤等为消防车加水的设施,其保护范围根据需要确定。

消火栓宜采用地上式消火栓。地上式消火栓应有一个 DN150 或 DN100 和两个 DN65的栓口。采用室外地下式消火栓时,应有 DN100 和 DN65 的栓口各一个。消火栓应设置相应的永久性固定标识。寒冷地区设置的消火栓应有防冻措施。

2. 室内消火栓

设置室内消火栓的建筑物,除无可燃物的设备层外,各层均应设置消火栓,同一建筑物内应采用统一规格的消火栓、水枪和水带。

消火栓应布置在建筑物明显易见、使用便利的地方,如耐火的楼梯间、走廊及出入口处。

室内消火栓的配置,应保证表 3-3 中规定的水柱股数同时达到室内任何地点。当要求有一股水柱到达室内任何角落且消火栓双排布置时,其布置间距可按下式计算:

$$S = \sqrt{2}R = 1.4R \tag{3-1}$$

$$R = 0.9L + S_K \cos 45° \tag{3-2}$$

式中　S——消火栓布置间距,m;

　　　R——消火栓作用半径,m;

　　　L——水带长度,m;

　　　0.9——考虑到水带转弯曲折的折减系数;

　　　S_K——充实水柱长度,m。

表 3-3　多层民用建筑和工业建筑室内消火栓用水量

建筑名称	高度、层数、体积或座位数	消火栓用水量（L/s）	同时使用系数	每支水枪最小流量（L/s）	每根竖管最小流量（L/s）
厂房	高度 ≤ 24 m,体积 ≤ 10 000 m³	5	2	2.5	5
	高度 ≤ 24 m,体积 > 10 000 m³	10	2	5	10
	24 m < 高度 ≤ 50 m	25	5	5	15
	高度 > 50 m	30	6	5	15

建筑名称	高度、层数、体积或座位数	消火栓用水量（L/s）	同时使用系数	每支水枪最小流量（L/s）	每根竖管最小流量（L/s）
库房	高度≤24 m，体积≤5 000 m³	5	1	5	5
	高度≤24 m，体积>5 000 m³	10	2	5	10
	24 m<高度≤50 m	30	6	5	15
	高度>50 m	40	8	5	15
科研楼、试验楼	高度≤24 m，体积≤10 000 m³	10	2	5	10
	高度≤24 m，体积>10 000 m³	15	3	5	10
车站、码头、机场建筑物和展览馆等	5 001~25 000 m³	10	2	5	10
	25 001~50 000 m³	15	3	5	10
	>50 000 m³	20	4	5	15
商店、病房楼、教学楼等	5 001~25 000 m³	5	2	2.5	5
	25 001~50 000 m³	10	2	5	10
	>50 000 m³	15	3	5	10
剧院、电影院、俱乐部、礼堂、体育馆等	801~1 200 座	10	2	5	10
	1 201~5 000 座	15	3	5	10
	5 001~10 000 座	20	4	5	15
	>10 000 座	30	6	5	15
住宅	7~9 层	5	2	2.5	5
其他建筑	≥6 层或体积≥10 000 m³	15	3	5	10
国家级文物保护单位的重点砖木或木结构的古建筑	体积≤10 000 m³	20	4	5	10
	体积>10 000 m³	25	5	5	15

注：1. 丁、戊类高层工业建筑室内消火栓的用水量可按本表减少 10 L/s，同时使用水枪数量可按本表减少 2 支；

　　2. 消防软管卷盘或轻便消防水龙及住宅楼梯间中的干式消防立管上设置的消火栓，可不计入消防用水量。

18 层及 18 层以下的单元住宅，18 层及 18 层以下且每层不超过 8 户、建筑面积不超过 650 m² 的塔式住宅，消火栓宜设置在楼梯间的首层和各层休息平台上，当设两根消防竖管有困难时，可设一根竖管（采用双阀双出口型消火栓）。干式消火栓竖管应在首层靠出口部位设置以便于消防车供水的快速接口和止回阀。

消防电梯前室应设消火栓，该消火栓可作为普通室内消火栓使用并计算在室内消火栓布置数量内。

室内消火栓应设置在位置明显且易于操作的部位。大房间或大空间的消火栓应首先考虑设置在疏散门的附近；车库内消火栓的设置位置不应影响汽车的通行和车位的设置；剧院、礼堂等的消火栓应布置在舞台口两侧和观众厅内，在休息室内不宜设消火栓，以利于发生火灾时人员的疏散；冷库内的消火栓应设置在常温穿堂或楼梯间内。

严寒地区非采暖库房的室内消火栓可采用干式系统，但在进水管道上应设快速启闭装置，管道最高处应设排气阀。

高层厂房(仓库)和高位消防水箱静压不能满足最不利点消火栓水压要求的其他建筑,应在每个室内消火栓处设置直接启动消防水泵的按钮,并应有保护设施。

设有屋顶直升机停机坪的公共建筑,应在停机坪出入口处或非用电设备机房处设消火栓,且距停机坪的距离不应小于 5 m。

3.2.4　消防管网及附件的设置要求

1. 室外消防管网

室外消防给水管道的最小直径不应小于 DN100,应布置成环状,当室外消防用水量小于 15 L/s 时,可布置成枝状。向环状室外消防给水管网输水的进水管不应少于两根,并宜从两条市政给水管道引入,当其中一条进水管发生故障时,其余进水管应仍能保证全部用水量。环状管道应用阀门分成若干独立段,每段内消火栓的数量不宜超过 5 个,环状管网的节点处宜设置必需的阀门。室外消防管道宜采用球墨铸铁管、钢丝网骨架塑料复合管和加浸防腐的钢管等管材。

2. 室内消防管网

室内消防竖管直径不应小于 DN100。当室内消火栓不超过 10 个且室外消防用水量不大于 15 L/s 时可采用支状管网。高层建筑、人防工程、汽车库及修车库消火栓多于 10 个、多层建筑消火栓多于 10 个且室外消防用水量大于 15 L/s 时,室内消防给水管道应布置成环状;室内消防给水环状管网的进水管和区域高压或临时高压给水系统的引入管不应少于两根,当其中一根发生故障时,其余的进水管或引入管应能保证满足消防用水量和水压的要求。室内消防给水管道为环状管网时,应采用阀门将其分成若干独立段。阀门的设置应保证检修时其余的消火栓仍可以满足灭火的要求。阀门应保持常开,并应有明显的启闭标志或信号。

室内消火栓系统管道应采用钢管或采用热浸锌钢管、钢塑复合管。当系统工作压力大于 1.2 MPa 时宜采用无缝钢管。当系统压力或消火栓口压力大于规定值时,应设减压阀。

设置室内消火栓且层数超过 4 层的厂房(库房)、设置室内消火栓且层数超过 5 层的公共建筑、高层民用建筑应设水泵接合器。水泵接合器应设在室外便于消防车使用和接近的地点,距人防工程出入口不宜小于 5 m,距室外消火栓或消防水池的距离宜为 15~40 m。水泵接合器数量应按照室内消防用水量经计算确定,每个水泵接合器的流量宜按 10~15 L/s 计算,水泵接合器数量不宜少于 2 个。

3.2.5　消火栓给水系统设计用水量

建筑的全部消防用水量应为其室内外消防用水量之和。

1. 室外消防用水量(城市、居住区)

城市、居住区的室外消防用水量与人口数量、建筑密度、建筑物规模等因素有关。城市、居民区在同一时间内发生火灾的次数根据人口数量确定,不应小于表 3-4 的规定。

表 3-4　城市、居住区同一时间内的火灾次数和一次灭火用水量

人数 N（万人）	同一时间内的火灾次数	一次灭火用水量（L/s）	人数 N（万人）	同一时间内的火灾次数	一次灭火用水量（L/s）
≤1.0	1	10	30<N≤40	2	65
1.0<N≤2.5	1	15	40<N≤50	3	75
2.5<N≤5	2	25	50<N≤60	3	85
5<N≤10	2	35	60<N≤70	3	90
10<N≤20	2	45	70<N≤80	3	95
20<N≤30	2	55	80<N≤100	3	100

2. 室内消火栓用水量

1）多层民用建筑和工业建筑室内消火栓用水量

多层民用建筑和工业建筑室内消火栓用水量参见表 3-3。

建筑物内同时设置室内消火栓系统、自动喷水灭火系统、水喷雾灭火系统、泡沫灭火系统或固定消防炮灭火系统时，其室内消防用水量应按需要同时开启的上述系统的用水量之和计算；当上述多种消防系统需要同时开启时，室内消火栓用水量可减少 50%，但不得小于 10 L/s。

消防用水与其他用水合用的室内管道，当其他用水达到最大小时用水量时，应仍能保证供应全部消防用水量。

2）高层民用建筑室外、室内消火栓给水系统用水量

高层民用建筑的消防用水总量应按室内外消防用水量之和计算。高层民用建筑内设有消火栓、自动喷水、水幕、泡沫等灭火系统时，其室内消防用水量应按需要同时开启的灭火系统的用水量之和计算。高层民用建筑室外、室内消火栓给水系统用水量的规定见表 3-5。

表 3-5　高层民用建筑室外、室内消火栓给水系统的用水量

高层建筑类别	建筑高度（m）	消防栓用水量（L/s）		每根竖管最小流量（L/s）	每支水枪最小流量（L/s）
		室外	室内		
普通住宅	≤50	15	10	10	5
	>50	15	20	10	5
1. 高级住宅 2. 医院 3. 二类建筑的商业楼、展览楼、综合楼、财贸金融楼、电信楼、商住楼、图书馆、书库 4. 省级以下的邮政楼、防灾指挥调度楼、广播电视楼、电力调度楼 5. 建筑高度不超过 50 m 的教学楼和普通的旅馆、办公楼、科研楼、档案楼等	≤50	20	20	10	5
	>50	20	30	15	5

高层建筑类别	建筑高度（m）	消防栓用水量（L/s）		每根竖管最小流量（L/s）	每支水枪最小流量（L/s）
		室外	室内		
1. 高级旅馆 2. 建筑高度超过 50 m 或每层建筑面积超过 1 000 m² 的商业楼、展览楼、综合楼、财贸金融楼、电信楼 3. 建筑高度超过 50 m 或每层建筑面积超过 1 500 m² 的商住楼 4. 中央和省级（含计划单列市）广播电视楼 5. 网局级和省级（含计划单列市）电力调度楼 6. 省级（含计划单列市）邮政楼、防灾指挥调度楼 7. 藏书超过 100 万册的图书馆、书库 8. 重要的办公楼、科研楼、档案楼 9. 建筑高度超过 50 m 的教学楼和普通的旅馆、办公楼、科研楼、档案楼等	≤50 >50	30 30	30 40	15 15	5 5

注：1. 建筑高度不超过 50 m,室内消火栓的用水量超过 20 L/s,且设有自动喷水灭火系统的建筑物,其室内外消防用水量可按本表减少 5 L/s;

　　2. 增设的消防软管卷盘设备,其用水量可不计入消防用水量。

3.2.6　消防水池、消防水箱及消防水泵

1. 消防水池

市政给水管道或天然水源不能满足消防用水量,或市政给水管道为枝状或只有 1 根进水管时,应设置消防水池。

消防水池有效容积可按下式计算:

$$V_f = 3.6(Q_n + Q_w - Q_b)T_b \tag{3-3}$$

式中　V_f——消防水池的有效容积,m³;

　　　3.6——单位换算系数;

　　　Q_n——室内消防用水量,L/s;

　　　Q_w——室外给水管网不能保证的室外消防用水量,L/s;

　　　Q_b——在火灾延续时间内室外给水管网可连续补充给消防水池的进水量,L/s;

　　　T_b——火灾延续时间, h,高层民用建筑（商业楼、展览楼、综合楼以及一类建筑的财贸金融楼、图书馆、重要档案楼、科研楼和高级宾馆）应按 3.0 h 计算,低层、多层民用建筑不应小于 2.0 h。

总容量超过 500 m³ 时,应分成两个能独立使用的消防水池。

2. 消防水箱

设置临时高压给水系统的建筑物应设置消防水箱（包括气压水罐、水塔、分区给水系统的分区水箱）。消防水箱应储存 10 min 的消防用水量,有效容积可按下式计算:

$$V_x = 0.6Q_x \tag{3-4}$$

式中　V_x——消防水箱内储存的消防用水量,m³;

0.6——单位换算系数；

Q_x——室内消防用水总量，L/s。

高层民用建筑消防水箱有效容积：一类公共建筑不应小于 18 m³；二类公共建筑和一类居住建筑不应小于 12 m³；二类居住建筑不应小于 6 m³。并联给水方式的分区消防水箱容量应与高位消防水箱相同。

工业建筑和多层民用建筑消防水箱应储存 10 min 的消防用水量。当室内消防用水量小于等于 25 L/s，经计算水箱消防储水量大于 12 m³ 时，仍可采用 12 m³；当室内消防用水量大于 25 L/s 时，经计算消防水箱所需消防储水量大于 18 m³ 时，仍可采用 18 m³。

消防水箱应布置在建筑物的最高部位，依靠重力自流供水。其设置高度应保证最不利点消火栓静水压力，当建筑高度不超过 100 m 时，高层建筑最不利点消火栓静水压力不应低于 0.07 MPa；当建筑高度超过 100 m 时，高层建筑最不利点消火栓静水压力不应低于 0.15 MPa。

当消防水箱不能满足上述静水压力要求时，应设置增压设施。增压水泵的出水量，对消火栓给水系统不应大于 5 L/s；对自动喷水灭火系统不应大于 1 L/s。气压水罐的调节水容量宜为 450 L。

3. 消防水泵及泵房

消防水泵的设计流量不应小于该消火栓给水系统的设计灭火用水量。当消防给水管网与生产、生活给水管网合用时，其流量不小于生产、生活最大小时用水量与消防设计用水量之和。消防水泵的扬程，应满足各系统最不利点灭火设备所需水压。

独立建造的消防泵房，其耐火等级不应低于二级。附设在建筑物内的消防泵房，应采用耐火极限不低于 2.0 h 的隔墙和 1.5 h 的楼板与其他部位隔开。消防泵房的门应采用甲级防火门。消防泵房应设置与本单位消防队直接联络的通信设备（设在楼层的耐火等级为二级的泵房外）。消防泵房应选择在远离要求安静的房间的位置，并应采用适宜的消声隔振措施。消防泵房应设计排水、供暖、起重、通风、照明、通信等设施。

3.3　自动喷水灭火系统及设计计算

自动喷水灭火系统是一种能自动喷水并自动发出火警信号的消防系统，为了及时扑灭初期火灾，在火灾危险性较大的建筑物内常设置自动喷水灭火系统。

3.3.1　系统分类

1. 湿式自动喷水灭火系统

湿式自动喷水灭火系统由闭式喷头、湿式报警阀、报警装置、管系和供水设施等组成。日常系统报警阀上下管道内均充满有压水，在发生火情，室温升高到设定值时，喷头自动打开而喷水。这种系统灭火速度快、安装简单，适用于室温经常保持在 4~70 ℃ 的场所。

2. 干式自动喷水灭火系统

干式自动喷水灭火系统由自动喷头、干式报警阀、报警装置、管系、充气设备和供水设施组成。这种类型系统日常报警阀上部管系内充满压力气体，适用于室温低于 4 ℃ 或高于

70 ℃的场所。因其发生火灾时系统灭火速度慢,不宜用于火势燃烧速度快的场所。

3. 预作用自动喷水灭火系统

预作用自动喷水灭火系统由火灾探测器、闭式喷头、预作用阀、报警装置、管系、供水设施等组成。当安装闭式喷头场所发生火灾时,闭式喷头受热到一定规定值会开启,同时火灾探测器会传送信号至火灾信号控制器而自动开启预作用阀,压力水会很快由喷头喷出。这类系统不受安装场所温度限制,不会因误喷而造成水灾。

4. 雨淋喷水灭火系统

雨淋喷水灭火系统由火灾探测器、开式喷头、雨淋阀、报警装置、管系和供水设施等组成。当装置开式喷头的场所发生火灾时,火灾报警装置会自动报警同时雨淋阀自动开启而在管系内充水灭火。这类系统适用于火灾蔓延速度快、危险性大的场所。

5. 水幕系统

水幕系统由开式水幕喷头、控制阀、管系、火灾探测器、报警设备及供水设施等组成,作用是防止火焰蹿过门、窗等孔洞蔓延,也可在无法设置防火墙的地方用于防火隔断。比如,在同一厂房内由于生产类别不同或工艺过程要求不允许设置防火墙时,可采用水幕设备作为阻火设施;在剧院舞台口上方设置水幕,阻止舞台火势向观众厅蔓延。

6. 水喷雾系统

水喷雾系统与雨淋喷水系统类同,除采用喷雾喷头外,其他组成部分与雨淋系统相同。在水压作用下利用喷雾喷头将水流分解成细小雾状水滴后喷向燃烧物质表面,适用于存放或使用易燃液体和电器设备的场所,主要用于火灾危险性大、火灾扑救难度大的设施,如柴油发电机房、燃油锅炉房、变压器等,具有用水量少、水渍造成损失小的优点。

7. 自动喷水-泡沫联用系统

自动喷水-泡沫联用系统是在自动喷水灭火系统中配置可供给泡沫混合液的设备,既可喷水又可喷泡沫的固定灭火系统。它具有灭火、预防和控制火灾的功能。系统根据喷水先后可分为两种类型:一种是先喷泡沫后喷水,即前期喷泡沫灭火,后期喷水冷却防止复燃;另一种是先喷水后喷泡沫,即前期喷水控火,后期喷泡沫强化灭火效果。

3.3.2　系统主要组件

自动喷水灭火系统由喷头、报警装置等组成。

1. 喷头

闭式喷头可用于湿式系统、干式系统、预作用系统。在喷头的喷口处设有定温封闭装置,当环境温度达到其动作温度时,该装置可自动开启。为防误动作选择喷头时,要求喷头的公称动作温度比使用环境的最高温度高 30 ℃。

开式喷头是不安装感温元件的喷头,用于雨淋系统。水幕喷头不直接用于灭火,用于水幕系统可喷出一定形状的幕帘起阻隔火焰穿透、吸热和隔烟等作用。

水喷雾喷头用于水喷雾系统及自动喷水-泡沫联用系统,可使一定压力的水经过喷头后,形成雾状水滴并按一定的雾化角度喷向设定的保护对象以达到冷却、抑制和灭火目的。

特殊喷头如快速反应洒水喷头用于对启动时间有要求的场所,启动时间短可及时喷水灭火。

　　大水滴洒水喷头适用于高架库房等火灾危险等级高的场所,喷出的大水滴具有较大的冲击力。

　　扩大覆盖面洒水喷头可降低系统造价,单个喷头的保护面积可达 30~36 m²。

　　2. 报警装置

　　报警阀的作用是开启和关断管网的水流,传递控制信号至控制系统并启动水力警铃直接报警。湿式报警用于湿式自动喷水灭火系统;干式报警用于干式自动喷水灭火系统;干-湿式报警用于干式和湿式交替应用的自动喷水灭火系统;雨淋式报警网用于雨淋式、预作用式、水幕式、水喷雾式自动喷水灭火系统。

　　水流报警装置有水力警铃、水流指示器和压力开关。水流指示器是用于自动喷水灭火系统中将水流信号转换成电信号的一种报警装置,其最大工作压力为 1.2 MPa,一般有 20~30 s 的延迟时间才会报警。压力开关是一种压力型水流探测开关,安装在延迟器和水力警铃之间的报警管路上,报警阀开启后,压力开关在水压的作用下接通电触点,发出电信号。

　　延迟器为罐式容器,安装于报警阀与水力警铃(或压力开关)之间,其作用是防止因水源压力波动引起误报警,一般延迟时间在 15~90 s,可调。

　　3. 供水设备和管道及设计参数

　　供水设备包括水泵、气压供水设备、水池和高位水箱、水泵接合器等。采用临时高压给水系统的自动喷水灭火系统,宜设置独立的消防水泵(喷淋系统),并应设置备用泵。当与消火栓系统合用消防水泵时,系统管道应在报警前分开。

　　采用临时高压给水系统的自动喷水灭火系统,应设高位消防水箱,其储水量应按有关规范确定。消防水箱的供水应满足系统最不利点处喷头的最低工作压力和喷水强度,其设置高度不能满足系统最不利点处喷头的最低工作压力时,系统应设置增压稳压设施。无法设置高位消防水箱时,系统应设气压供水设备。

　　自动喷水灭火系统应设水泵接合器,其数量应按系统的设计流量确定,每个水泵接合器的流量宜按 10~15 L/s 计算。

　　自动喷水灭火系统的管材应使用热镀锌钢管、钢塑复合管或氯化聚氯乙烯(PVC-C)塑料管。

　　4. 火灾危险等级及设计基本参数

　　自动喷水灭火系统设置场所的火灾危险等级,根据其用途、容纳物品的火灾荷载及室内空间条件等因素进行划分(表 3-6),其设计基本参数见表 3-7。

表 3-6　自动喷水灭火系统设置场所火灾危险等级划分

设置场所危险等级	轻危险级	中危险级	严重危险级	仓库危险级
等级	不分级	Ⅰ	Ⅰ	Ⅰ
		Ⅱ	Ⅱ	Ⅱ
		—	—	Ⅲ

表 3-7 民用建筑和工业厂房的系统设计参数

火灾危险等级		净空高度（m²）	喷水强度[L/(min·m²)]	作用面积（m²）	喷头工作压力（MPa）
轻危险级		≤8	4	160	1.0
中危险级	I		6		
	II		8		
严重危险级	I		12	260	
	II		16		

3.4 其他灭火系统及设备

3.4.1 灭火器

1. 危险等级及适用条件

建筑灭火器配置场所的危险等级,根据其使用性质、人员密集程度、用电用火情况、可燃物数量、火灾蔓延速度、扑救难易程度等因素确定。

根据灭火器内填充的灭火剂性质不同可分为五类,包括水型、干粉型、泡沫型、二氧化碳型、卤代烷型。

建筑灭火器的适用条件见表 3-8。

表 3-8 建筑灭火器的适用条件

火灾类别	水型	干粉型		泡沫型		二氧化碳型	卤代烷型
		磷酸铵盐	碳酸氢钠	机械泡沫	抗溶泡沫		
A 类火灾	适用 水能冷却并穿透固体燃烧物质而灭火,并可有效防止复燃	适用 粉剂能附着在燃烧物的表面层,起到窒息火焰的作用	不适用 碳酸氢钠对固体可燃物无黏附作用,只能控火,不能灭火	适用 具有冷却和覆盖燃烧物表面与空气隔绝的作用	—	不适用 灭火器喷出的二氧化碳无液滴,全是气体,对A类火灾基本无效	适用 具有扑灭A类火灾的效能
B 类火灾	不适用 水射流冲击油面,会激溅油火,致使火势蔓延,灭火困难	适用 干粉灭火剂能快速窒息火焰,具有中断燃烧过程的能力		适用 扑救非极性溶剂和油品火灾,覆盖燃烧物表面使其与空气隔绝	适用于扑救极性溶剂火灾	适用 二氧化碳靠气体堆积在燃烧物表面,稀释并隔绝空气	适用 洁净气体灭火剂能快速窒息火焰,抑制燃烧连锁反应而终止燃烧
C 类火灾	不适用 灭火器喷出的细小水流对气体火灾作用很小,基本无效	适用 喷射干粉灭火剂能迅速扑灭气体火焰,具有中断燃烧过程的能力		不适用 泡沫对可燃液体的平面灭火有效,但对扑救可燃气体火灾基本无效		适用 二氧化碳窒息灭火,不留残渍,不损坏设备	适用 洁净气体灭火剂能抑制燃烧连锁反应而终止燃烧

续表

火灾类别	水型	干粉型		泡沫型		二氧化碳型	卤代烷型
		磷酸铵盐	碳酸氢钠	机械泡沫	抗溶泡沫		
E类火灾	不适用	适用	适用于带电的E类火灾	不适用		适用于带电的E类火灾	适用

2. 设置条件

灭火器应设置在位置明显和便于取用的地点,且不得影响安全疏散。对有视线障碍的灭火器设置点,应设置指示其位置的发光标志。灭火器的摆放应稳固,其铭牌应朝外。手提式灭火器宜设置在灭火器箱内或挂钩、托架上,其顶部离地面高度不应大于1.50 m;底部离地面高度不宜小于0.08 m。

灭火器不宜设置在潮湿或强腐蚀性的地点,当必须设置时,应有相应的保护措施。灭火器设置在室外时,应有相应的保护措施。灭火器不得设置在超出其使用温度范围的地点。

灭火器配置的设计与计算应按计算单元进行。灭火器最小需配灭火级别和最少需配数量的计算值应进位取整。一个计算单元内配置的灭火器数量不得少于2具。灭火器设置点的位置和数量应根据灭火器的最大保护距离确定,并应保证最不利点至少在1具灭火器的保护范围内。每个设置点的灭火器数量不宜多于5具。当住宅楼每层的公共部位建筑面积超过100 m² 时,应配置1具1A手提式灭火器;每增加100 m²,增配1具1A手提式灭火器。

A类火灾场所设置的灭火器,其最大保护距离应符合表3-9的规定。

表3-9　A类火灾场所设置的灭火器最大保护距离

危险等级	灭火器形式	
	手提式灭火器(m)	推车式灭火器(m)
严重危险级	15	30
中危等级	20	40
轻危等级	25	50

B、C类火灾场所设置的灭火器,其最大保护距离应符合表3-10的规定。

表3-10　B、C类火灾场所设置的灭火器最大保护距离

危险等级	灭火器形式	
	手提式灭火器(m)	推车式灭火器(m)
严重危险级	9	18
中危等级	12	24
轻危等级	15	30

D类火灾场所,目前无适用的定型产品。

E 类火灾场所,通常伴随 A 类或 B 类火灾而同时存在,可参考 A 类或 B 类火灾场所设置灭火器的要求,但不能低于其规定的要求。

3.4.2　泡沫灭火系统

1. 系统分类及适用条件

低倍数泡沫灭火系统适用于加工、储存、装卸、使用甲(液化烃除外)、乙、丙类液体场所的火灾,但不适用于船舶、海上石油平台等场所设置的泡沫灭火系统的设计。

高倍数、中倍数泡沫灭火系统适用于木材、纸张、橡胶、纺织品等 A 类火灾,汽油、煤油、柴油、工业苯等 B 类火灾,封闭的带电设备场所的火灾,控制液化石油气、液化天然气的流淌火灾;但不得用于硝化纤维、炸药等在无空气的环境中仍能迅速氧化的化学物质与强氧化剂火灾,钾、钠、镁、钛和五氧化二磷等活泼性的金属及化学物质火灾,未封闭的带电设备火灾。

2. 泡沫灭火剂

泡沫灭火剂是指与水混溶并通过化学反应或机械方法产生灭火泡沫的灭火药剂。它一般由发泡剂、泡沫稳定剂、降粘剂、抗冻剂、助溶剂、防腐剂及水组成。

按泡沫液的性质,泡沫灭火剂分为:化学泡沫灭火剂,由发泡剂、泡沫稳定剂、添加剂和水组成,有蛋白泡沫型、氟蛋白泡沫型、水成膜泡沫型、抗溶泡沫型等,主要用于充填 100 L 以下的小型泡沫灭火器;空气泡沫灭火剂,泡沫液与水通过专用混合器合成泡沫混合液,经泡沫发生器与空气混合产生泡沫,适用于大型泡沫灭火系统。

按泡沫液发泡倍数,泡沫灭火剂分为:低倍数泡沫(发泡倍数一般在 20 倍以下),中倍数泡沫(发泡倍数一般在 21~200 倍),高倍数泡沫(发泡倍数在 201~1 000 倍)。

按用途,泡沫灭火剂分为:普通泡沫灭火剂,适用于扑救 A 类火灾、B 类非极性液体火灾;抗溶泡沫灭火剂,适用于扑救 A 类火灾、B 类极性液体火灾。

3.4.3　气体灭火系统

1. 设置条件

气体灭火系统可扑救电气火灾、液体火灾或可熔化的固体火灾,灭火前可切断气源的气体火灾、固体表面火灾。不能用于扑救的火灾有含氧化剂的化学制品及混合物(如硝化纤维、硝酸钠等)、活泼金属(钾、钠、镁、钛等)、金属氢氧化物(氢氧化钾、氢氧化钠等)、能自行分解的化学物质(如过氧化氢、联氨等)。

2. 二氧化碳灭火系统

CO_2 具有灭火性能好、热稳定性及化学稳定性好、灭火后不污损保护物等优点。灭火机理包括:①窒息作用, CO_2 被喷放出来后,分布于燃烧物周围,稀释周围空气中的氧含量,使燃烧物产生的热量减小,当小于热散失率时,燃烧就会停止;②冷却作用, CO_2 灭火剂被喷放出来后由液相迅速变为气相,会吸收周围大量的热量,使周围温度急剧下降。

CO_2 灭火剂适用于:气体火灾,甲、乙、丙类液体火灾和一般固体物质火灾;油浸变压器室、充油高压电容器室、多油开关室、发电机房等火灾;通信机房、大中型电子计算机房、电视发射塔的微波室、精密仪器室、贵重设备室火灾;图书馆、档案库、文物资料室、图书馆的珍藏室等火灾;加油站、油泵间、化学试验室等火灾。

按贮罐内压力,二氧化碳灭火系统分为:低压二氧化碳灭火系统,储存容器储存压力为 2 MPa;高压二氧化碳灭火系统,储存容器储存压力不小于 15 MPa。

按应用形式,二氧化碳灭火系统分为:全淹没灭火系统,二氧化碳设计浓度不应小于灭火浓度的 1.7 倍,并不得低于 34%,二氧化碳的喷放时间不应大于 1 min,当扑救固体深位火灾时,喷放时间不应大于 7 min,并应在前 2 min 内使二氧化碳的浓度达到 30%;局部应用灭火系统,二氧化碳储存量应取设计用量的 1.4 倍与管道蒸发量之和,二氧化碳喷射时间不应小于 0.5 min,对于燃点温度低于沸点温度的液体和可熔化固体的火灾,二氧化碳的喷射时间不应小于 1.5 min。

高压二氧化碳灭火系统有全淹没和局部应用两种形式。按使用方法不同又分为:组合分配系统和单元独立系统。CO_2 灭火系统由探测装置、报警控制装置、灭火装置(储气瓶、驱动装置、功能阀等)、管网和喷嘴等组成。

3. 七氟丙烷灭火系统

七氟丙烷灭火剂分子式为 CF_3CHFCF_3,代号 HFC-227ea。其灭火原理是灭火剂喷洒在火场周围,因化学作用,惰性火焰中的活性自由基使氧化燃烧的链式反应中断从而达到灭火的目的。它具有无色、无味、不导电、无污染的特点。对臭氧层的耗损潜能值(Ozone Depleting Substances, ODP)为零,其毒副作用比卤代烷灭火剂更小,是卤代烷灭火剂替代物之一。七氟丙烷灭火剂效能高,速度快,对设备无污损。设计灭火浓度为 8%~10%,储存压力为 2.4 MPa 和 4.2 MPa 两种。

七氟丙烷灭火系统适用于计算机房、配电房、电信中心、图书馆、档案馆、珍品库、地下工程等 A 类表面火灾,B、C 类火灾及电器设备火灾。

七氟丙烷灭火系统主要由储气瓶、瓶头、启动气瓶、启动瓶阀、液体单向、气体单向、安全阀、压力信号器、喷嘴、管道系统等组成。

3.4.4 固定消防炮灭火系统

1. 分类及适用条件

消防炮是以射流形式喷射灭火剂的装置,灭火剂的水、泡沫混合液流量大于 16 L/s,或干粉喷射率大于 7 kg/s。按其喷射介质分为:消防水炮、消防泡沫炮和消防干粉炮。按安装形式分为:固定炮、移动炮等。按控制方式分为:手控炮、电控炮、液控炮、气控炮等。

消防炮流量大(16~1 333 L/s),射程远(50~230 m),主要用来扑救石油化工企业、炼油厂、贮油罐区、飞机库、油轮、油码头、海上钻井平台和贮油平台等可燃易燃液体集中、火灾危险性大、消防人员不易接近的场所的火灾。同时,当工业与民用建筑某些高大空间、人员密集场所无法采用自动喷水灭火系统时,也需设置固定消防炮等灭火系统。

以下场所应设置固定消防炮等灭火系统:建筑面积大于 3 000 m² 且无法采用自动喷水灭火系统的展览厅、体育馆观众厅等人员密集场所;建筑面积大于 5 000 m² 且无法采用自动喷水灭火系统的丙类厂房。泡沫炮系统适用于甲、乙、丙类液体、固体可燃物火灾场所;干粉炮系统适用于液化石油气、天然气等可燃气体火灾场所;水炮系统适用于一般固体可燃物火灾场所。

下列场所的固定消防炮灭火系统宜选用远控炮系统:有爆炸危险的场所;有大量有毒气体产生的场所;燃烧猛烈,产生强烈辐射热的场所;火灾蔓延面积较大,且损失严重的场所;高度超过 8 m,且火灾危险性较大的室内场所;发生火灾时,灭火人员难以及时接近或撤离特定消防炮位的场所。

2. 消防水炮灭火系统

消防水炮灭火系统是以水作为灭火介质,以消防炮作为喷射设备的灭火系统,工作介质包括清水、海水、江河水等,适用于一般固体可燃物火灾的扑救,主要应用在石化企业、展馆仓库、大型体育场馆、输油码头、机库(飞机维修库)、船舶等火灾重点保护场所。

消防水炮灭火系统由消防水炮、管路及支架、消防泵组、消防炮控制系统等组成。

3. 消防泡沫炮灭火系统

消防泡沫炮灭火系统是以泡沫混合液作为灭火介质,以消防炮作为喷射设备的灭火系统,工作介质包括蛋白泡沫液、水成膜泡沫液等,适用于甲、乙、丙类液体、固体可燃物火灾的扑救。在石化企业、展馆仓库、输油码头、机库船舶等火灾重点保护场所有着广泛的应用。

消防泡沫炮灭火系统由消防泡沫炮、管路及支架、消防泵组、泡沫液贮罐、泡沫液混合装置、消防炮控制系统等组成。

4. 消防干粉炮灭火系统

消防干粉炮灭火系统是以干粉作为灭火介质,以消防干粉炮作为喷射设备的灭火系统,适用于液化石油气、天然气等可燃气体火灾的扑救。在石化企业、油船油库、输油码头、机场机库等火灾重点保护场所有着广泛的应用。

消防干粉炮灭火系统由消防干粉炮、管路及支架、干粉贮罐、干粉产生装置、消防炮控制系统等组成。火灾发生时,开启氮气瓶组。氮气瓶组内的高压氮气经过减压阀减压后进入干粉贮罐。其中,部分氮气被送入贮罐顶部与干粉灭火剂混合,另一部分氮气被送入贮罐底部对干粉灭火剂进行松散。随着系统压力的建立,混合有高压气体的干粉灭火剂积聚在干粉炮阀门。当管路压力达到一定值时,开启干粉炮阀门,固气两相的干粉灭火剂高速射流被射向火源,切割火焰,破坏燃烧链,从而起到迅速扑灭或抑制火灾的作用。消防炮能够做水平或俯仰回转以调节喷射角度,从而提高灭火效果。

第4章　建筑排水工程

4.1　排水系统分类和组成

4.1.1　排水系统的分类

建筑排水系统的任务是排除居住建筑、公共建筑和生产建筑内的污水。按所排除的污水性质,建筑排水系统可分为如下三种。

（1）生活污水管道:排除人们日常生活中所产生的洗涤污水和粪便污水等。此类污水多含有有机物及细菌。

（2）生产污（废）水管道:排除生产过程中所产生的污（废）水。因生产工艺种类繁多,所以生产污水的成分很复杂。有些生产污水被有机物污染,并带有大量细菌;有些含有大量固体杂质或油脂;有些具有强的酸、碱性;有些含有氰、铬等有毒元素。对于生产废水中仅含少量无机杂质而不含有毒物质,或是仅升高了水温的（如一般冷却用水、空调制冷用水等）,经简单处理就可循环或重复使用。

（3）雨水管道:排除屋面雨水和融化的雪水。

上述三种污水是采用合流还是分流排出,要视污水的性质、室外排水系统的设置情况及污水的综合利用和处理情况而定。一般来说,生活粪便污水不与室内雨水道合流,冷却系统的废水则可排入室内雨水道;被有机杂质污染的生产污水,可与生活粪便污水合流;至于含有大量固体杂质的污水、浓度较大的酸性污水和碱性污水及含有毒物或油脂的污水,则不仅要考虑设置独立的排水系统,而且要经局部处理达到国家规定的污水排放标准后,才允许排入城市排水管网。

4.1.2　排水系统的组成

建筑排水系统一般由卫生器具、排水管道及附件、通气管、清通设备、污水抽升设备、污水局部处理设备与设施等组成,如图4-1所示。

1.卫生器具

卫生器具是室内排水系统的起点,接纳各种污水排入管网系统。污水从器具排出口经过存水弯和器具排水管流入横支管。

卫生器具是用来满足日常生活中洗浴、洗涤等卫生要求以及收集排除生活、生产中产生的污水的一种设备。卫生器具要求不透水、耐腐蚀、表面光滑易于清洗,由陶瓷、搪瓷生铁、塑料、水磨石、不锈钢等材料制造。

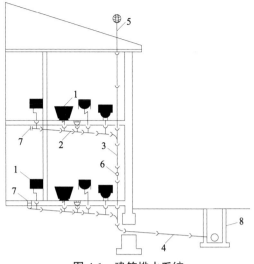

图 4-1　建筑排水系统

1—卫生器具;2—横支管;3—立管;4—排出管;5—通气管;6—检查口;7—清扫口;8—检查井

1)便溺卫生器具

坐式大便器有冲洗式、虹吸式和干式三种。冲洗式大便器本身构造包括存水弯,多装设在家庭、宾馆、旅馆、饭店等建筑内。冲洗设备一般多用低水箱。虹吸式大便器是一种新型坐便器,运用了特殊的管道施釉技术,内壁光滑平整,增强了排污能力,不挂垢不藏污。其内部有一个完整的形状呈侧倒状 S 的管道,使其排污强、选净面大。干式大便器通过空气循环作用消除臭味并将粪便脱水处理,很适合用于无条件用水冲洗的特殊场所。

蹲式大便器多装设在公共卫生间、旅馆等建筑内,多使用高水箱进行冲洗。

小便器装设在公共男厕所中,有挂式和立式两种。挂式小便器悬挂在墙上;立式小便器装设在对卫生设备要求较高的公共建筑,如展览馆、大剧院、宾馆等公共厕所男厕所内,多为两个以上成组装置。小便器可采用自动冲洗水箱或自闭式冲洗,每个小便器均应设存水弯。

冲洗设备是便溺卫生器具中的一个重要设备,必须具有足够的水压、水量以便冲走污物,保持清洁卫生。冲洗设备可分冲洗水箱和冲洗阀。冲洗水箱多应用虹吸原理设计制作,具有冲洗能力强、构造简单、工作可靠且可控制、自动作用等优点。利用冲洗水箱作为冲洗设备,由于储备了一定的水量,因而可减少给水管径。冲洗阀形式较多,一般均直接装在大便器的冲洗管上,距地板面高 0.8 m。按动手柄,冲洗管内部的通水口被打开,于是强力水流经过冲洗管道进入大便器进行冲洗。

2)盥洗、沐浴卫生器具

洗脸盆形状有长方形、半圆形及三角形等,按架设方式分为墙架式、柱脚式和台式。盥洗槽通常设置在集体宿舍及工厂生活间,多用水泥或水磨石制成,造价较低。

浴盆在住宅、宾馆、旅馆、医院等建筑物的卫生间内,设有冷、热水龙头或混合龙头以及固定的莲蓬头或软管莲蓬头。

淋浴器占地少、造价低、清洁卫生,因此在工厂生活间及集体宿舍等公共浴室中被广泛采用。淋浴室的墙壁和地面需用易于清洗和不透水材料如水磨石或水泥建造。

3）洗涤用卫生器具

洗涤用卫生器具主要有污水盆、洗涤盆、化验盆等。通常污水盆装设在公共建筑的厕所、卫生间及集体宿舍盥洗室中，供刷扫厕所、洗涤拖布及倾倒污水之用；洗涤盆装设在居住建筑、食堂及饭店的厨房内供洗涤碗碟及菜蔬食物之用。

2. 排水管道及附件

1）横支管

横支管的作用是把各卫生器具排水管流来的污水排至立管。横支管应具有一定的坡度。

2）立管

立管接受各横支管排出的污水，然后再排至排出管。为了保证污水畅通，立管管径不得小于 50 mm，也不应小于任何一根接入的横支管的管径。

3）排出管

排出管是室内排水立管与室外排水检查井之间的连接管段，它接受一根或几根立管流来的污水并排至室外排水管网。排出管的管径不得小于与其连接的最大立管的管径，连接几根立管的排出管，其管径应由水力计算确定。

4）地漏

在卫生间、浴室、洗衣房及工厂车间内，为了排除地面上的积水须装设地漏。地漏一般为铸铁制成，本身都包含有存水弯。地漏的选用应根据使用场所的特点和所承担的排水面积等因素确定。地漏一般设置在地面最低处，地面做成 0.005~0.01 坡度坡向地漏，地漏箅子顶面应比地面低 5~10 mm。

5）存水弯

存水弯是一种弯管，在里面存有一定深度的水，即水封。水封可防止排水管网中产生的臭气、有害气体或可燃气体通过卫生器具进入室内。因此每个卫生器具的排出支管上均需装设存水弯（附设有存水弯的卫生器具除外）。存水弯的水封深度一般不小于 50 mm。

3. 通气管

通气管的作用是：①使污水在室内外排水管道中产生的臭气及有毒有害气体能排到大气中去；②使管系内在污水排放时的压力变化尽量稳定并接近大气压力，因而可保护卫生器具存水弯内的存水不致因压力波动而被抽吸（负压时）或喷溅（正压时）。

对于层数不多的建筑，在排水横支管不长、卫生器具数量不多的情况下，采取将排水立管上部延伸出屋顶的通气措施即可。排水立管上延部分称为通气管。一般建筑物内的排水管道均设通气管。仅设一个卫生器具或虽接有几个卫生器具但共用一个存水弯的排水管道，以及建筑物内底层污水单独排除的排水管道，可不设通气管。

对于层数较多及高层建筑，由于立管较长而且卫生器具设备数量较多，可能同时排水的机会多，更易使管道内压力产生波动而将器具水封破坏。故在多层及高层建筑中，除了伸顶通气管外，还应设环形通气管或主通气立管等。当层数在 10 层及 10 层以上且承担的设计排水流量超过排水立管允许负荷时，应设置专用通气立管，排水立管与专用通气立管每隔两层设共轭管相连接。对于使用要求较高的建筑和高层公共建筑亦可设置环形通气管、主通气立管或副通气立管。对卫生、安静要求较高的建筑物，生活排水管道宜设器具通气管。

通气管的管径一般与排水立管管径相同或减小一级,但在最冷月平均气温低于 −2 ℃的地区,且在没有采暖的房间内,从顶棚以下 0.15~0.2 m 起,其管径应较立管管径大 50 mm,以免管中结冰霜而缩小或阻塞管道断面。

4. 清通设备

为了疏通排水管道,在室内排水系统中需设置如下三种清通设备。

(1)检查口。设在排水立管上及较长的水平管段上,为一带有螺栓盖板的短管,清通时将盖板打开。其装设规定为立管上除建筑最高层及最低层必须设置外,当立管水平拐弯或有乙字弯时,在该层立管拐弯处和乙字弯的上部应设检查口,可每隔二层设置一个,若为二层建筑,可在底层设置。检查口的设置高度一般距地面 1 m 并应高于该层卫生器具上边缘 0.15 m。

(2)清扫口。当悬吊在楼板下面的污水横管有两个及两个以上的大便器或三个及三个以上的卫生器具时,宜在横管的起端设置清扫口,可采用带螺栓盖板的弯头、带堵头的三通配件做清扫口。

(3)检查井。对于不散发有害气体或大量蒸汽的工业废水的排水管道,在管道转弯、变径处和坡度改变及连接支管处,可在建筑物内设检查井。在直线管段上,排除生产废水时,检查井的距离不宜大于 30 m;排除生产污水时,检查井的距离不宜大于 20 m。对于生活污水排水管道,在建筑物内不宜设检查井。

5. 污水抽升设备

在工业与民用建筑的地下室、人防地道和地下铁道等地下建筑物中,卫生器具的污水不能自流排至室外排水管道时,需设水泵和集水池等局部抽升设备,将污水抽送到室外排水管道中去,以保证生产的正常进行和保护环境卫生。

6. 污水局部处理设备与设施

当个别建筑内排出的污水不允许直接排入室外排水管道时(如呈强酸性、强碱性,含大量汽油、油脂或大量杂质的污水),则要设置污水局部处理设备,使污水水质得到初步改善后再排入室外排水管道,此外,当设有室外排水管网或有室外排水管网但没有污水处理厂时,室内污水也需经过局部处理后才能排入附近水体、渗入地下或排入室外排水管网。根据污水性质的不同,可以采用不同的污水局部处理设备,如沉淀池、隔油池、化粪池、中和池及其他含毒污水等局部处理设备。其中最常见的是化粪池。

化粪池的主要作用是使粪便沉淀并发酵腐化,污水在上部停留一定时间后排走,沉淀在池底的粪便污泥经消化处理后定期清掏。

化粪池的形式有圆形和矩形两种,通常使用矩形化粪池。为了改善处理条件,较大的化粪池往往用带孔的间壁分为 2~3 个隔间。

化粪池多设置在居住小区内建筑物背面靠近卫生间的地方,因在清理淘粪时不卫生、有臭气,不宜设在人们经常停留活动之处。化粪池池壁距建筑物外墙不宜小于 5 m,如受条件限制时,可酌情减少,但不得影响建筑物基础。化粪池距离地下水取水构筑物不得小于 30 m,池壁、池底应防止渗漏。

4.2　管道布置与敷设

建筑排水管道的布置与敷设应符合排水畅通、水力条件好;使用安全可靠,不影响室内环境卫生;施工安装、维护管理方便;总管线短,工程造价低;占地面积小、美观等设计要求。

1. 改善管内水力条件,保障排水畅通

排水管道系统应能将卫生器具排出的污、废水以最短距离迅速排出室外,尽量避免管道转弯;排水立管宜靠近排水量最大的排水点。

为避免管道堵塞,室内管道的连接应符合下列规定:卫生器具排水管与排水横支管垂直连接时,宜采用 90° 斜三通;横管与立管连接时,宜采用 45° 斜三通或 45° 斜四通和顺水三通或顺水四通;立管与排出管端部连接时,宜采用两个 45° 弯头、弯曲半径不小于 4 倍管径的 90° 弯头或 90° 变径弯头;立管应避免在轴线偏置;当受条件限制时,宜用乙字管或两个 45° 弯头连接;支管、立管接入横干管时,应在横干管管顶或其两侧 45° 范围内,采用 45° 斜三通接入。

为保证水流畅通,室外排水管的连接应符合下列要求:排水管与排水管之间应设检查井连接。若由于排出管较密集无法直接连接检查井,可采用管件连接后接入检查井,但应设置清扫口;室外排水管除有水流跌落差外,宜采用管顶平接;排出管管顶标高不得低于室外接户管管顶标高;连接处的水流偏转角不得大于 90°。当排水管管径不大于 300 mm 且跌落差大于 0.3 m 时,可不受角度的限制。当建筑物沉降可能导致排出管倒坡时,应采取防倒坡措施。

2. 应符合安全、环境等方面的基本要求

排水管道不得敷设在对生产工艺或卫生有特殊要求的生产厂房内,以及食品及贵重商品仓库、通风小室、电气机房和电梯机房内;不得穿越住宅客厅、餐厅,并不宜靠近与卧室相邻的内墙;不宜穿越橱窗、壁柜;不得穿越生活饮用水池部位的上方;不得穿越卧室;不得布置在遇水会引起燃烧、爆炸或损坏的原料、产品和设备上面。

排水管道外表面如有可能结露,应根据建筑物性质和使用要求采取防结露措施;排水管穿过地下室外墙或地下构筑物的墙壁处,应采取防水措施。厨房与卫生间的排水立管应分别设置。

3. 保证管道不受外力、腐蚀、热烤等破坏,系统运行稳定可靠

排水管道不得穿过沉降缝、伸缩缝、变形、烟道和风道,当排水管道必须穿越沉降缝、伸缩缝、变形缝时,应考虑采用橡胶密封管材(球形接头、可变角接头和伸缩节)和管件优化组合,以适应建筑变形、沉降后的管坡度,满足正常排水的要求。排水埋管不得布置在可能受重物压坏处或穿越生产设备基础;排水管道在穿越楼层设套管且立管底部架空时,应在立管底部设支墩或其他固定措施。地下室与排水横管转弯处也应设置支墩或固定措施。

塑料排水管应符合以下要求:塑料排水立管应避免布置在易受机械撞击处,如不能避免时应采取保护措施;塑料排水管应远离热源,当不能避免,并导致管道表面温度大于 60 ℃ 时,应采用隔热措施。塑料排水管与家用灶具边缘净距不得小于 0.4 m;塑料排水管道应根据管道的伸缩量设置伸缩节,宜设在汇合配件处(如三通)。当排水管道采用橡胶密封配件

时,可不设伸缩节;室内外埋地管可不设伸缩节,以避免由于立管或横支管伸缩使横支管或器具排水管产生错向位移,保证排水管道运行。建筑塑料排水管穿越楼层、防火墙、管道井壁时,应根据建筑物的性质、管径和设置条件以及穿越部位防火等级等要求设置阻火装置。

4. 防止污染室内环境卫生

用于贮存饮用水、饮料、食品等卫生要求高的设备和容器,其排水管不得与污、废水管道系统直接连接,应采用间接排水,即卫生设备或容器的排水管与排水系统之间应有存水弯隔气,并留有空气间隙。间接排水口最小空气间隙可采用: ≤ DN25 时,取 50 mm; DN32~50 时,取 100 mm; > DN50 时,取 150 mm。饮料用贮水箱的间接排水口最小空气间隙不得小于 150 mm。

以下容器和设备的配管应采用间接排水:生活饮用水贮水箱(池)的泄水管和溢流管;开水器、热水器排水;医疗灭菌消毒设备的排水;蒸发式冷却器、空调设备冷凝水的排水;贮存食品或饮料的冷藏库房的地面排水和冷风机融霜水盘的排水。

设备间接排水宜排入邻近的洗涤盆、地漏。如不可能,可设置排水明沟、排水漏斗或容器。间接排水的漏斗或容器不得溅水、溢流,并应布置在容易检查、清洁的位置。

排水立管最低排水横支管与立管连接处距排水立管管底垂直距离不得小于表 4-1 的规定,单根排水立管的排出管宜与排水立管相同管径。当不能满足要求时,底层排水支管应单独排至室外检查井或采取有效的防反压措施。

表 4-1　最低排水横支管与立管连接处至立管管底的最小垂直距离

立管连接卫生器具的层数	最小垂直距离(m)	
	仅设伸顶通气	设通气立管
≤ 4	0.45	按配件最小安装尺寸确定
5~6	0.75	
7~12	1.20	
13~19	3.00	0.75
≥ 20	3.00	1.20

注:单根排水立管的排出管宜与排水立管有相同的管径。

(1)排水支管连接在排出管或排水横干管时,连接点距立管底部下游的水平距离不得小于 1.5 m。否则,底层排水支管应单独排至室外检查井或采取有效的防反压措施。

在距排水立管底部 1.5 m 距离之内的排出管、排水横管有 90° 水平转弯管段时,底层排水支管应单独排至室外检查井或采取有效的防反压措施。

(2)排水横支管接入横干管竖直转向管段时,连接点应距转向处不得小于 0.6 m。

(3)当排水立管采用内螺旋管时,排水立管底部宜采用长弯变径接头,排出管管径宜放大一号。

(4)室内排水沟与室外排水管道连接处应设置水封装置,以防室外管道中有毒气体通过明沟窜入室内。

5. 方便施工安装和维护管理

废水中可能夹带纤维或有大块物体时,应在排水管道连接处设置格栅或带网筐地漏,并按规范规定设置检查口或清扫口。

排水管道宜在地下或楼板填层中埋设,或在地面上、楼板下明设,如建筑有要求,可在管槽、管道井、管窿、管沟或吊顶、架空层内暗设,但应便于安装和检修。在气温较高、全年不结冻的地区可沿建筑物外墙敷设。

4.3 排水系统设计计算

4.3.1 排水量标准

每人每日排出的生活污水量和用水量一样,与气候、建筑物卫生设备完善程度以及生活习惯等因素有关。生活污水量标准和时变化系数,一般采用生活用水量标准和时变化系数。生产污水排水量标准和时变化系数应按工艺要求确定。各种卫生器具的排水流量、排水当量、排水管径见表4-2。

表 4-2　卫生器具的排水流量、排水当量和排水管径

序号	卫生器具名称	卫生器具类型	排水流量（L/s）	排水当量	排水管径（mm）
1	洗涤盆、污水盆(池)		0.33	1.00	50
2	餐厅、厨房洗菜池(盆)	单个洗涤盆(池) 双格洗涤盆(池)	0.67 1.00	2.00 3.00	50 50
3	盥洗槽(每个水嘴)		0.33	1.00	50~75
4	洗手盆		0.10	0.30	32~50
5	洗脸盆		0.25	0.75	32~50
6	浴盆		1.0	3.0	50
7	淋浴器		0.15	0.45	50
8	大便器	冲洗水箱 自闭式冲洗阀	1.5 1.2	4.5 3.6	100 100
9	医用倒便器		1.5	4.5	100
10	小便器	自闭式冲洗阀 感应式冲洗阀	0.1 0.1	0.3 0.3	40~50 40~50
11	大便槽	≤4个蹲位 >4个蹲位	2.5 3.0	7.5 9.0	100 150
12	小便槽(每米长)	自动冲洗水箱	0.17	0.5	
13	化验盆(无塞)		0.2	0.6	40~50
14	净身器		0.1	0.3	40~50
15	饮水器		0.05	0.15	25~50
16	家用洗衣机		0.5	1.5	50

注:家用洗衣机下排水软管直径为30 mm,上排水软管内径为19 mm。

4.3.2　排水设计流量

在决定室内排水管的管径及坡度之前,首先必须确定各管段中的排水设计流量。对于某个管段来讲,它的设计流量同它所接入的卫生器具的类型、数量、同时使用百分数及卫生器具排水量有关,与一个排水当量相当的排水量为 0.33 L/s。

建筑内部排水管道的排水设计流量应为该管段的瞬时最大排水流量,即排水设计秒流量,有平方根法和同时使用百分数法两种计算方法。

(1)住宅、宿舍(Ⅰ、Ⅱ类)、旅馆、宾馆、酒店式公寓、医院、疗养院、幼儿园、养老院、办公楼、商场、图书馆、书店、客运中心、航站楼、会展中心、中小学校教学楼、食堂或营业餐厅等建筑,其生活排水管道设计秒流量应按下式计算:

$$q_p = 0.12\alpha\sqrt{N_p} + q_{max} \quad (4\text{-}1)$$

式中　q_p——计算管段排水设计秒流量,L/s;

α——根据建筑物用途而定的系数,按表 2-8 选取;

N_p——计算管段卫生器具排水当量总数;

q_{max}——计算管段上最大一个卫生器具的排水流量,L/s。

当计算结果大于该管段上所有卫生器具排水流量的累加值时,应将该管段所有卫生器具排水流量的累加值作为该管段排水设计秒流量。

(2)宿舍(Ⅲ、Ⅳ类)、工业企业生活间、公共浴室、洗衣房、职工食堂或营业餐厅的厨房、实验室、影剧院、体育场馆等,其建筑生活排水管道的设计秒流量应按下式计算:

$$q_p = \sum q_0 n_0 b \quad (4\text{-}2)$$

式中　q_p——计算管段排水设计秒流量,L/s;

q_0——同类型的卫生器具中一个卫生器具的排水流量,L/s;

n_0——同类型卫生器具的个数;

b——卫生器具同时排水百分数,冲洗水箱大便器按 12% 计算,其他卫生器具同给水,按表 2-9 选用。

当计算的排水流量小于一个大便器的排水流量时,应按一个大便器的排水流量作为该管段的排水设计秒流量。

4.3.3　水力计算

排水管道水力计算的目的是确定排水管的管径和敷设坡度。

1. 横管

对于横干管和连接多个卫生器具的横支管,在逐段计算各管段的设计秒流量后,通过水力计算来确定各管段的管径和坡度。横向排水管道按如下圆管均匀流公式计算:

$$q_p = Av \quad (4\text{-}3)$$

$$v = \frac{1}{n}R^{\frac{2}{3}}I^{\frac{1}{2}} \quad (4\text{-}4)$$

式中　q_p——计算管段排水设计秒流量,m³/s;

A——管道在设计充满度的过水断面,m^2;

v——流速,m/s;

n——管道的粗糙系数,铸铁管取 0.013,混凝土管、钢筋混凝土管取 0.013~0.014,塑料管取 0.009,钢管取 0.012;

R——水力半径,m;

I——水力坡度,采用排水管的坡度。

设计管径时可根据排水设计秒流量按设计手册查用。

管道充满度是指管道内水深 h 与管径 d 的比值。在重力流的排水管中,污水为非满流,管道上部为充满水的空间,用于排走污(废)水中的有害气体,容纳超负荷流量。

建筑排水管道的最小坡度、通用坡度和最大充满度宜按表 4-3、表 4-4 确定。

表 4-3　建筑物内生活排水铸铁管道的最小坡度、通用坡度和最大设计充满度

管径(mm)	通用坡度	最小坡度	最大设计充满度
50	0.035	0.025	0.5
75	0.025	0.015	
100	0.020	0.012	
125	0.015	0.010	
150	0.010	0.007	0.6
200	0.008	0.005	

表 4-4　建筑排水塑料管排水横管最小坡度、通用坡度和最大设计充满度

管径(mm)	通用坡度	最小坡度	最大设计充满度
50	0.025	0.012	0.5
75	0.015	0.007	
110	0.012	0.004	
125	0.010	0.003 5	
160	0.007	0.003	0.6
200	0.005	0.003	
250	0.005	0.003	
315	0.005	0.003	

为了排水通畅,防止管道堵塞,保障室内环境卫生,建筑排水管的最小管径应符合以下要求:大便器的排水管最小管径不得小于 100 mm;建筑物排出管的最小管径不得小于 50 mm;医院污物洗涤盆(池)和污水盆(池)的排水管径不得小于 75 mm;小便槽或连接 3 个及 3 个以上小便器,其污水支管的管径不宜小于 75 mm;浴池的泄水管宜为 100 mm。

2. 立管

排水立管的最大设计排水能力应按表 4-5 确定。立管管径不得小于所连接的横支管管径。多层住宅厨房的立管管径不宜小于 75 mm。

表 4-5 生活排水立管最大设计排水能力 单位:L/s

排水立管系统类型			排水立管管径				
			50 mm	75 mm	100（110）mm	125 mm	150（160）mm
伸顶通气	立管与横支管连接配件	90° 顺水三通	0.8	1.3	3.2	4.0	5.7
		45° 斜三通	1.0	1.7	4.0	5.2	7.4
专用通气	专用通气管 75 mm	结合通气管每层连接			5.5		
		结合通气管隔层连接		3.0	4.4		
	专用通气管 100 mm	结合通气管每层连接			8.8		
		结合通气管隔层连接			4.8		
	主、副通气立管 + 环形通气管				11.5		
自循环通气	专用通气形式				4.4		
	环形通气形式				5.9		
特殊单立管	混合器				4.5		
	内螺旋管 + 旋流器	普通型		1.7	3.5		8.0
		加强型			6.3		

注:排水层数在 15 层以上时宜乘系数 0.9。

4.4 雨水排水系统

降落在建筑物屋面的雨水和雪水,特别是暴雨,在短时间内会形成积水,需要设置屋面雨水排水系统,有组织、系统地将屋面雨水及时排除到室外,否则会造成四处溢流或屋面漏水,影响人们的生活和生产活动。

4.4.1 建筑雨水排水系统的分类

建筑屋面雨水排水系统的分类与管道的设置、管内的压力、水流状态和屋面排水条件等有关。

（1）按建筑物内部是否有雨水管道,建筑雨水排水系统分为内排水系统和外排水系统两类。建筑内部设有雨水管道、屋面设雨水斗（一种将建筑物屋面的雨水导入雨水管道系统的装置）的雨水排除系统为内排水系统,否则为外排水系统。按照雨水排至室外的方法,内排水系统又分为架空管内排水系统和埋地管内排水系统。雨水通过室内空管道直接排至室外的排水管（渠）,室内不设埋地管的内排水系统称为架空内排水系统。架空管内排水系统排水安全,避免室内冒水,但需用金属管材,易产生凝结水。雨水通过室内埋地管道排至室外,室内不设架空管道的内排水系统称为埋地管内排水系统。

（2）按雨水在管道内的流态,建筑雨水排水系统分为重力无压流排水系统、重力半有压流排水系统和压力流排水系统三类。重力无压流排水系统是指雨水通过自由堰流入管道,在重力作用下附壁流动,管内压力正常,这种系统也称为堰流斗系统。重力半有压流排水系统是指管内气水混合,在重力和负压抽吸双重作用下流动,这种系统也称为 87 式雨水斗系统。压力流排水系统是指管内充满雨水,主要在负压抽吸作用下流动,这种系统也称为虹吸式系统。

（3）按屋面的排水条件,建筑雨水排水系统分为檐沟排水系统、天沟排水系统和无沟排水系统三类。当建筑屋面面积较小时,在屋檐下设置汇集屋面雨水的沟槽,称为檐沟排水系统。在面积大且曲折的建筑物屋面设置汇集屋面雨水的沟槽,将雨水排至建筑物的两侧,称为天沟排水系统。降落到屋面的雨水沿屋面径流,直接流入雨水管道,称为无沟排水系统。

（4）按出户埋地横干管是否有自由水面,建筑雨水排水系统分为敞开式排水系统和密闭式排水系统两类。敞开式排水系统是非满流的重力排水,管内有自由水面,连接埋地干管的检查井是普通检查井。该系统可接纳生产废水,省去生产废水埋地管,但是暴雨时会出现检查井冒水现象,雨水漫流室内地面,造成危害。密闭式排水系统是满流压力排水,连接埋地干管的检查井内用密闭的三通连接,室内不会发生冒水现象,但不能接纳生产废水,需另设生产废水排水系统。

（5）按一根立管连接的雨水斗数量,建筑雨水排水系统分为单斗排水系统和多斗排水系统。在重力无压流和重力半有压流状态下,由于互相干扰,多斗排水系统中每个雨水斗的泄流量小于单斗排水系统的泄流量。

4.4.2　建筑雨水排水系统的组成

1. 普通外排水系统

普通外排水系统由檐沟和敷设在建筑物外墙的立管组成。降落到屋面的雨水沿屋面集流到檐沟,然后流入隔一定距离设置的立管排至室外的地面或雨水口。根据降雨量和管道的通水能力确定 1 根立管服务的屋面面积,再根据屋面形状和面积确定立管的间距。普通外排水系统适用于普通住宅、一般的公共建筑和小型单跨厂房。

2. 天沟外排水系统

天沟外排水系统由天沟、雨水斗和排水立管组成。天沟设置在两跨中间并坡向端墙,雨水斗设在伸出山墙的天沟末端,也可设在紧靠山墙的屋面。立管连接雨水斗并沿外墙布置。降落到屋面上的雨水沿坡向天沟的屋面汇集到天沟,再沿天沟流至建筑物两端(山墙、女儿墙),流入雨水斗,经立管排至地面或雨水井。天沟外排水系统适用于长度不超过 100 m 的多跨工业厂房。

天沟的排水断面形式应根据屋面情况而定,一般多为矩形和梯形。天沟坡度不宜太大,以免天沟起端屋顶垫层过厚而增加结构的荷重,但也不宜太小,以免天沟抹面时局部出现倒坡,使雨水在天沟中积存,造成屋顶漏水,所以天沟坡度一般在 0.003~0.006。

应以建筑物伸缩缝、沉降缝和变形缝为屋面分水线,在分水线两侧分别设置天沟。天沟的长度应根据本地区的暴雨强度、建筑物跨度、天沟断面形式等进行水力计算确定,天沟长度一般不要超过 50 m。为了排水安全,防止天沟末端积水太深,在天沟末端宜设置溢流口,溢流口比天沟上檐低 50~100 mm。

天沟外排水系统在屋面不设雨水斗,管道不穿过屋面,排水安全可靠,不会因施工不善造成屋面漏水或检查井冒水,且节省管材,施工简便,有利于厂房内空间利用,也可减小厂区雨水管道的埋深。但因天沟有一定的坡度,而且较长,排水立管在山墙外,也存在着屋面垫层厚、结构负荷增大、晴天屋面堆积灰尘多、雨天天沟排水不畅、寒冷地区排水立管可能冻裂的缺点。

3. 内排水系统

内排水系统一般由雨水斗、连接管、悬吊管、立管、排出管、埋地干管和附属构筑物几部分组成。降落到屋面上的雨水,沿屋面流入雨水斗,经连接管、悬吊管、流入立管,再经排出管流入雨水检查井,或经埋地干管排至室外雨水管道。对于某些建筑物,由于受建筑结构形式、屋面面积、生产生活的特殊要求以及当地气候条件的影响,内排水系统可能只由其中的部分组成。

内排水系统适用于跨度大、特别长的多跨建筑,在屋面设天沟有困难的锯齿形、壳形屋面建筑,屋面有天窗的建筑,建筑立面要求高的建筑,大屋面建筑及寒冷地区的建筑,在墙外设置雨水排水立管有困难时,也可考虑采用内排水形式。

1)雨水斗

雨水斗是一种雨水由此进入排水管道的专用装置,设在天沟或屋面的最低处。试验表明有雨水斗时,天沟水位稳定、水面旋涡较小,水位波动幅度为 1~2 mm,掺气量较小;无雨水斗时,天沟水位不稳定,水位波动幅度为 5~10 mm,掺气量较大。雨水斗有重力式和虹吸式两类。重力式雨水斗由顶盖、进水格栅(导流罩)、短管等构成,进水格栅既可拦截较大杂物又对进水具有整流、导流作用。重力式雨水斗有 65 式、79 式和 87 式三种,其中 87 式雨水斗的进出口面积比(雨水斗格栅的进水孔有效面积与雨水斗下连接管截面积之比)最大,斗前水位最深,掺气量少,水力性能稳定,能迅速排除屋面雨水。

虹吸式雨水斗由顶盖、进水格栅、扩容进水室、整流罩(二次进水罩)、短管等组成。为避免在设计降雨强度下雨水斗掺入空气,虹吸式雨水斗设计为下沉式。挟带少量空气的雨水进入雨水斗的扩容进水室后,因室内有整流罩,雨水经整流罩进入排出管,挟带的空气被整流罩阻挡,不能进入排水管。所以,排水管道中是全充满的虹吸式排水。

在阳台、花台和供人们活动的屋面,可采用无格栅的平箅式雨水斗。平箅式雨水斗的进出口面积比较小,在设计负荷范围内,其泄流状态为自由堰流。

2)连接管

连接管是连接雨水斗和悬吊管的一段竖向短管。连接管一般与雨水斗同径,连接管应牢固固定在建筑物的承重结构上,下端用斜三通与悬吊管连接。

3)悬吊管

悬吊管是悬吊在屋架、楼板和梁下或架空在柱上的雨水横管。悬吊管连接雨水斗和排水立管,其管径不小于连接管管径,也不应大于 300 mm。塑料管的坡度不小于 0.005;铸铁管的坡度不小于 0.01。在悬吊管的端头和长度大于 15 m 的悬吊管上设检查口或带法兰盘的三通,位置宜靠近墙柱,以利检修。

连接管与悬吊管,悬吊管与立管间宜采用 45° 三通或 90° 斜三通连接。悬吊管一般采用塑料管或铸铁管,固定在建筑物的桁架或梁上,在管道可能受震动或生产工艺有特殊要求时,可采用钢管,焊接连接。

4)立管

雨水排水立管承接悬吊管或雨水斗流来的雨水,一根立管连接的悬吊管根数不多于两根,立管管径不得小于悬吊管管径。立管宜沿墙、柱安装,在距地面 1 m 处设检查口。立管的管材和接口与悬吊管相同。

5)排出管

排出管是立管和检查井间的一段有较大坡度的横向管道,其管径不得小于立管管径。排出管与下游埋地干管在检查井中宜采用管顶平接,水流转角不得小于 135°。

6)埋地管

埋地管敷设于室内地下,承接立管的雨水,并将其排至室外雨水管道。埋地管最小管径为 200 mm,最大不超过 600 mm。埋地管一般采用混凝土管,钢筋混凝土管或陶土管。

7)附属构筑物

附属构筑物用于埋地雨水管道的检修、清扫和排气,主要有检查井、检查口井和排气井。检查井适用于敞开式内排水系统,设置在排出管与埋地管连接处,埋地管转弯、变径及超过30 m 的直线管路上。检查井井深不小于 0.7 m,井内采用管顶平接,井底设高流槽,流槽应高出管顶 200 mm。埋地管起端几个检查井与排出管间应设排气井。密闭内排水系统的埋地管上设检查口,将检查口放在检查井内,便于清通检修,称检查口井。

第5章 建筑内部热水供应系统

5.1 建筑内部热水供应系统的分类、组成及供水方式

5.1.1 热水供应系统的分类

建筑内部热水供应系统按热水供应范围,可分为局部热水供应系统、集中热水供应系统和区域热水供应系统。

1. 局部热水供应系统

采用各种小型加热器在用水场所就地加热,供局部范围内的一个或几个用水点使用的热水系统称为局部热水供应系统。例如,采用小型燃气热水器、电热水器、太阳能热水器等,供给单个厨房、浴室、生活间等用水。对于大型建筑,也可以采用多个局部热水供应系统分别对各个用水场所供应热水。

局部热水供应系统的优点是:热水输送管道短,热损失小;设备、系统简单,造价低;维护管理方便、灵活;改建、增设较容易。其缺点是:小型加热器热效率低,制水成本较高;使用不够方便舒适;每个用水场所均需设置加热装置,占用建筑总面积较大。

局部热水供应系统适用于热水用量较小且较分散的建筑,如一般单元式居住建筑,小型饮食店、理发馆、医院、诊所等公共建筑和布置较分散的车间卫生间等工业建筑。

2. 集中热水供应系统

在锅炉房、热交换站或加热间将水集中加热后,通过热水管网输送到整幢或几幢建筑的热水系统称为集中热水供应系统。

集中热水供应系统的优点是:加热和其他设备集中设置,便于集中维护管理;加热设备热效率较高,热水成本较低;各热水使用场所不必设置加热装置,占用总建筑面积较少;使用较为方便舒适。其缺点是:设备、系统较复杂,建筑投资较大;需要有专门维护管理人员;管网较长,热损失较大;一旦建成后,改建、扩建较困难。

集中热水供应系统适用于热水用量较大,用水点较集中的建筑,如标准较高的居住建筑、旅馆、公共浴室、医院、疗养院、体育馆、游泳馆(池)、大型饭店等公共建筑,布置较集中的工业企业建筑等。

3. 区域热水供应系统

在热电厂、区域性锅炉房或热交换站将水集中加热后,通过市政热力管网输送至整个建筑群、居民区、城市街坊或整个工业企业的热水系统称为区域热水供应系统。当城市热力网水质符合用水要求,且热力网工况允许时,也可以从热力网直接取水。

区域热水供应系统的优点是:便于集中统一维护管理和热能的综合利用;有利于减少环境污染;设备热效率和自动化程度较高;热水成本低,设备总容量小,占用面积少;使用方便舒适,保证率高。其缺点是:设备、系统复杂,建设投资高;需要较高的维护管理水平;改建、

扩建困难。

区域热水供应系统适用于建筑布置较集中、热水用量较大的城市和工业企业,目前在国外特别是发达国家中应用较多。

5.1.2 热水供应系统的组成

建筑热水供应系统主要供给生产、生活用户洗涤及盥洗用热水,应能保证用户随时可以得到符合设计要求的水量、水温和水质。

热水供应系统通常由下列几部分组成:①加热设备,即锅炉、炉灶、太阳能热水器、各种热交换器等;②热媒管网,即蒸汽管或过热水管、凝结水管等;③热水储存水箱,即开式水箱或密闭水箱,热水储水箱可单独设置也可与加热设备合并;④热水输配水管网与循环管网;⑤其他设备和附件,即循环水泵、各种器材和仪表、管道伸缩器等。

建筑热水供应系统的选择和组成主要根据建筑物用途,热源情况,热水用水量大小,用户对水质、水温及环境的要求等确定。

生活所用热水的水温一般为 25~60 ℃,考虑水从水加热器到配水点的过程中系统不可避免地产生的热损失,水加热器的出水温度一般不高于 75 ℃。水温过高,则管道容易结垢,也易发生人体烫伤事故;水温过低则不经济。

热水供应水质的要求:生产用热水应按生产工艺的不同要求制定;生活用热水水质,除应符合现行的《生活饮用水卫生标准》(GB 5749—2006)要求外,冷水的碳酸盐硬度不宜超过 5.4~7.2 mg/L,以减少管道和设备结垢,提高系统热效率。

5.1.3 热水供应系统的分类

热水系统的供水方式是指由工程实践总结出来的多种布置方案。只有掌握了热水供应系统的各种供水方式的优缺点及适用条件,才能根据建筑物对热水供应的要求及热源情况选定合适的系统。

按照热水供应范围系统方式可分为下述几种。

1. 局部热水供应系统

(1)利用炉灶炉膛余热加热水的供应方式。这种方式适用于单户或单个房间(如卫生所的手术室)需用热水的建筑。它的基本组成有加热套筒或盘管、储水箱及配水管等三部分。选用这种方式要求卫生间尽量靠近设有炉灶的房间(如设有炉灶的厨房、开水间等)方可使此类型装置及管道紧凑、热效率高。

(2)小型单管快速加热和汽水直接混合加热的方式。在室外有蒸汽管道、室内仅有少量卫生器具使用热水时,可以选用这种方式。小型单管快速加热用的蒸汽可利用高压蒸汽亦可利用低压蒸汽。采用高压蒸汽时,蒸汽的表压不宜超过 0.25 MPa,以避免发生意外的烫伤人体事故。混合加热一定要使用低于 0.07 MPa 的低压锅炉。这两种局部热水系统的缺点是调节水温困难。

(3)管式太阳能热水器供应热水的方式。这种方式是利用太阳照向地球表面的辐射热,把保温箱内盘管(或排管)中的低温水加热后送到贮水箱(罐)以供使用。这是一种节约燃料,不污染环境的热水供应方式。在冬季日照时间短或阴雨天气时效果较差,需要备有其他热源和设备使水加热。太阳能热水器的管式加热器和热水箱可分别设置在屋顶上或屋顶下,亦可设置在地面上。

2. 集中热水供应系统

(1)干管下行上给式全循环管网方式。其工作原理为:锅炉生产的蒸汽经蒸汽管送到水加热器中的盘管(或排管)把冷水加热,从加热器上部引出配水干管把热水输到用水点。为了保证热水温度而设置热水循环干管和立管。在循环干管(亦称回水管)末端用循环水泵把循环水引回水加热器继续加热,排管中的蒸汽凝结水经凝结水管排至凝结水池。凝结水池中的凝结水用凝结水泵再送至锅炉继续加热使用。有时为了保证系统正常运行和压力稳定,而在系统上部设置给水箱。这时,管网的透气管可以接到水箱上。这种方式一般分为两部分,一部分由锅炉、水加热器、凝结水泵及热媒管道等组成,称为热水供应第一循环系统。输送、分配热水由配水管道和循环管道等组成,称为热水供应第二循环系统。

第一循环系统的锅炉和加热器在空间上有条件时,最好放在供暖锅炉房内,以便集中管理。

第二循环系统上部如果采用给水箱,应当在建筑物最高层上部设计水箱的位置。热水系统的给水箱一般宜设置在热水供应中心处。给水箱应有专门房间,亦可以和其他设备如供暖膨胀水箱等设置在同一房间。给水箱的容积应经计算决定。

(2)干管上行下给式全循环管网方式。这种方式一般适用在 5 层以上,并且对热水温度的稳定性要求较高的建筑。这种系统因配、回水管高差大,往往可以不设循环水泵而能自然循环(必须经过水力计算)。这种方式的缺点是维护和检修管道不便。

(3)干管下行上给半循环管网方式。这种方式适用于对水温的稳定性要求不高的 5 层以下建筑物,这种方式比下行上给式全循环方式节省管材。

(4)不设循环管的上行式管网方式。这种方式适用于浴室、生产车间等建筑物内,优点是节省管材,缺点是每次使用热水前,需要排泄管中的冷水。

除上述几种方式外,在定时供应热水系统中,也有采用不设循环管的干管下行上给管网方式。

上述集中热水供应方式均为热媒与被加热水不直接混合。在条件允许时亦可采用热媒与被加热水直接混合或热源直接传热加热冷水。

加热时应采用消声器,所产生的噪声应符合现行国家标准《声环境质量标准》(GB 3096—2008)的要求,且应有防止热水倒流至蒸汽管道的措施。

5.2　建筑内部热水供应系统的热源、加热设备和贮热设备

5.2.1　热水供应系统的热源

(1)集中热水供应系统的热源,可按下列顺序选择。

①当条件许可时,宜首先利用工业余热、废热、地热、可再生低温能源热泵和太阳能作为热源。利用烟气、废气作为热源时,烟气、废气的温度不宜低于 400 ℃。利用地热水作为热源时,应按地热水的水温、水质、水量和水压,采取相应的升温、降温、去除有害物质、选用合

适的设备及管材、设置贮存调节容器、加压提升等技术措施,以保证地热水的安全合理利用。采用空气、水等可再生低温热源的热泵热水器需经当地主管部门批准,并进行生态环境、水质卫生方面的评估及配备质量可靠的热泵机组。利用太阳能作为热源时,宜附设一套电热或其他热源的辅助加热装置。

②选择能保证全年供暖的热力管网作为热源。为保证热水不间断供应,宜设热网检修期用的备用热源。对只能在采暖期供暖的热力管网,应考虑其他措施(如设锅炉)以保证热水的供应。

③选择区域锅炉房或附近能充分供暖的锅炉房的蒸汽或高温水作为热源。

④当无①、②、③所述热源可利用时,可采用专用的蒸汽或热水锅炉制备热源,也可采用燃油、燃气热水机组或电蓄热设备制备热源来直接供给生活热水。

(2)局部热水供应系统的热源,宜因地制宜,采用太阳能、电能、燃气、蒸汽等。当采用电能为热源时,宜采用贮热式电热水器以降低耗电功率。

(3)利用废热(废气、烟气、高温无毒废液等)作为热媒时,应采取下列措施。

①加热设备应防腐,其构造便于清理水垢和杂物。

②防止热媒管道渗漏而污染水质。

③消除废气压力波动和除油。

(4)采用蒸汽直接通入水中或采取汽水混合设备的加热方式时,宜用于开式热水供应系统,并应符合下列要求。

①蒸汽中不含油质及有害物质。

②当不回收凝结水经技术经济比较合理时。

③应采用消声混合器,加热时产生的噪声应符合《声环境质量标准》(GB 3096—2008)的要求。

④应采取防止热水倒流至蒸汽管道的措施。

5.2.2　局部加热设备

1. 燃气热水器

燃气热水器的热源有天然气、焦炉煤气、液化石油气和混合煤气四种。依照燃气压力有低压($P \leqslant 5$ kPa)、中压(5 kPa $< P \leqslant 150$ kPa)热水器之分。民用和公共建筑生活、洗涤用燃气热水设备一般采用低压,工业企业生产所用燃气热水器可采用中压。按加热冷水的方式不同,燃气热水器有直流快速式和容积式之分。直流快速式燃气热水器一般安装在用水点就地加热,可随时点燃并可立即取得热水,供一个或几个配水点使用,常用于厨房、浴室、医院手术室等局部热水供应。容积式燃气热水器具有一定的贮水容积,使用前应预先加热,可供几个配水点或整个管网用水,可用于住宅、公共建筑和工业企业的局部和集中热水供应。

2. 电热水器

电热水器是把电能通过电阻丝变为热能加热冷水的设备,一般以成品在市场上销售。电热水器产品分为快速式和容积式两种。

快速式热水器无贮水容积或贮水容积很小,不需要再使用前预先加热,在接通水路和电源后即可得到被加热的热水。该类热水器具有体积小、重量轻、热损失小、效率高、容易调节水量和水温、使用安装简便等优点,但电耗大,尤其在一些缺电地区使用受到限制。目前市场上该种热水器种类较多,适合家庭和工业、公共建筑单个热水供应点使用。

容积式电热水器具有一定的贮水容积,其容积可由 10 L 到 10 m³。该种热水器在使用前需预先加热,可同时供应几个热水用水点在一段时间内使用,具有耗电量较小、管理集中、能够在一定程度上起到削峰填谷、节省运行费用的优点。但其配水管段比快速式电热水器长,热损失也较大。一般适用于局部供水和管网供水系统。

3. 太阳能热水器

太阳能热水器是将太阳能转换成热能并将水加热的装置。其优点是:结构简单、维护方便、节省燃料、运行费用低、不存在环境污染问题。其缺点是:受天气、季节、地理位置等影响不能连续稳定运行,为满足用户要求需配置贮热和辅助加热设施、占地面积较大,布局受到一定限制。太阳能热水器适用于年日照时数大于 1 400 h、年太阳辐射量大于 4 200 MJ/m² 及年极端最低气温不低于 -45 ℃的地区。

太阳能热水器按组合形式分为装配式和组合式两种。装配式太阳能热水器一般为小型热水器,即将集热器、贮热水箱和管路由工厂装配出售,适于家庭和分散使用场所,目前市场上有多种产品。组合式太阳能热水器,即是将集热器、贮热水箱、循环水泵、辅助加热设备按系统要求分别设置而组成,适用于大面积供应热水系统和集中供应热水系统。

太阳能热水器按热水循环方式分为自然循环和机械循环两种。自然循环太阳能热水器是靠水温差产生的热虹吸作用进行水的循环加热。该种热水器运行安全可靠、不需用电和专人管理,但贮热水箱必须装在集热器上面,同时使用的热水会受到时间和天气的影响。机械循环太阳能热水器是利用水泵强制水进行循环的系统。该种热水器贮热水箱和水泵可放置在任何部位,系统制备热水效率高,产水量大。为克服天气对热水加热的影响,可增加辅助加热设备,如燃气加热、电加热和蒸汽加热等措施,适用于大面积和集中供应热水场所。

5.2.3　集中热水供应系统的加热和贮热设备

1. 热水锅炉

集中热水供应系统采用的热水锅炉主要有燃煤锅炉、燃油锅炉和燃气锅炉三种。

燃煤锅炉多数是为供暖系统制造的,中小型燃煤锅炉也可用于热水系统。燃煤锅炉使用的燃料价格低,运行成本低,但存在因燃煤产生的烟尘和 SO_2 对环境的污染问题。目前许多城市为解决日益严重的城市空气污染问题,已开始限制甚至禁止市区内使用燃煤锅炉。

燃油(燃气)锅炉通过燃烧器向正在燃烧的炉膛内喷射雾状油(或通入燃煤气),燃烧迅速,且比较完全,具有构造简单、排污总量少的优点。随着生活水平的提高,人们对环保要求也越来越严格,燃油(燃气)锅炉的市场正急剧扩大,使用日益广泛。

2. 水加热器

集中热水供应系统中常用的水加热器有容积式水加热器、快速式水加热器、半容积式水加热器和半即热式水加热器。

1)容积式水加热器

容积式水加热器是内部设有热媒导管的热水贮存容器,具有加热冷水和贮备热水两种功能,热媒为蒸汽或热水,有卧式和立式之分。常用的容积式水加热器有传统的 U 形管型容积式水加热器和导流型容积式水加热器。

　　U 形管型容积式水加热器的优点是具有较大的贮存和调节能力,可提前加热,热媒负荷均匀,被加热水通过时压力损失较小,用水点处压力变化平稳,出水温度较稳定,对温度自动控制的要求较低,管理比较方便。但该加热器中,被加热水流速较缓慢,传热系数小,热交换效率低,且体积庞大占用过多的建筑空间,在热媒导管中心线以下有 20%~25% 的贮水容积是低于规定水温的常温水或冷水,所以贮罐的容积利用率较低。此外,由于局部区域水温合适、供氧充分、营养丰富,因此容易滋生军团菌,造成水质生物污染。U 形管型容积式水加热器这种层叠式的加热方式可称为"层流加热"。

　　导流型容积式水加热器是 U 形管型容积式水加热器的改进。该类水加热器具有多行程列管和导流装置,在保持传统型容积式水加热器优点的基础上,克服了其被加热水无组织流动、冷水区域大、产水量低等缺点,贮罐的有效贮热容积为 85%~90%。

　　2)快速式水加热器

　　针对容积式水加热器中"层流加热"的弊端,出现了"紊流加热"理论,即通过提高热媒和被加热水的流动速度,来提高热媒对管壁、管壁对被加热水的传热系数,以改善传热效果。快速式水加热器就是热媒与被加热水提高较大速度的流动进行快速换热的一种间接加热设备。

　　根据热媒的不同,快速式水加热器有汽-水和水-水两种类型,前者热媒为蒸汽,后者热媒为过热水。根据加热导管的构造不同,又有单管式、多管式、板式、壳式、波纹管式、螺旋板式等多种形式。单管汽-水快速式水加热器,是将被加热水通入导管内,热媒(即蒸汽)在壳体内散热,它可以多组并联或串联。

　　快速式水加热器具有效率高、体积小、安装搬运方便的优点;缺点是不能贮存热水,水头损失大,在热媒或被加热水压力不稳定时,出水温度波动大,仅适用于用水量大,而且比较均匀的热水供应系统或建筑热水采暖系统。

　　3)半容积式水加热器

　　半容积式水加热器是带有适量贮存与调节容积的内藏式容积式水加热器,是由英国引进的设备。其由贮热水罐、内藏式快速换热器和内循环泵三个主要部分组成。其中贮热水罐与快速换热器隔离,被加热水在快速换热器内迅速加热后,通过热水配水管进入热水罐,当管网中热水用量低于设计用水量时,热水的一部分落到贮罐底部,与补充水(冷水)一道经内循环泵升压后再次进入快速换热器加热。内循环泵的作用有三个:①提高被加热水的流速,以增大传热系数和换热能力;②克服被加热水流经换热器时的阻力损失;③形成被加热水的连续内循环,消除了冷水区或温水区,使贮罐容积的利用率达到 100%。内循环泵的流量根据不同型号的加热器而定,其扬程在 20~60 kPa。当管网中热水用量达到设计用水量时,贮罐内没有循环水,瞬间高峰流量过后又恢复到原先的工作状态。

　　半容积式水加热器具有体型小(贮热容积比同样加热能力的容积式水加热器减少 2/3)加热快、换热充分、供水温度稳定、节水节能的优点,但由于内循环泵不间断地运行,需要有极高的质量保证。

　　国内专业人员开发研制的 HRV 型高效半容积式水加热器,其特点是取消了内循环泵,被加热水(包括冷水和热水系统的循环回水)进入快速换热器被迅速加热,然后先由下降管强制送至贮热水罐的底部再向上升,以保持整个贮罐内的热水同温。

　　当管网配水系统处于高峰用水时,热水循环系统的循环泵不启动,被加热水仅为冷水;当管网配水系统不用水或少量用水时,热水管网由于散热损失而产生温降,利用系统循环泵前的温包可以自动启动系统循环泵,将循环回水打入快速换热器内,生成的热水又送至贮热水罐的底部,依然能够保持罐内热水的连续循环,罐体容积利用率亦为100%。

　　HRV 型高效半容积式水加热器具有与带有内循环泵的半容积式水加热器同样的功能和特点,更加符合我国的实际情况,适用于机械循环的热水供应系统。

　　4)半即热式水加热器

　　半即热式水加热器是带有超前控制、具有少量贮存容积的快速式水加热器。热媒蒸汽经控制和底部入口通过蒸汽立管进入各并联盘管,热交换后,冷凝水进入冷凝水立管后由底部流出,冷水从底部经孔板入罐,同时有少量冷水进入分流管。入罐冷水经转向器均匀加热罐底并向上流过盘管得到加热,热水由上部出口流出。部分热水在顶部进入感温管开口端,冷水以与热水用水量成比例的流量由分流管同时流入感温管,感温元件读出瞬时感温管内的冷、热水平均温度,即向控制阀发出信号,按需要调节控制,以保持所需的热水输出温度。只要一有热水需求,热水出口处的水温尚未下降,感温元件就能发出信号开启控制,具有预测性。加热盘管内的热媒由于不断改向,加热时盘管颤动,形成局部紊流区,属于“紊流加热”,故传热系数大,换热速度快,又具有预测温控装置,所以其热水贮存容量小,仅为半容积式水加热器的1/5。同时,由于盘管内外温差的作用,盘管不断收缩、膨胀,可使传热面上的水垢自动脱落。

　　半即热式水加热器具有快速加热被加热水,浮动盘管自动除垢的优点,其热水出水温度一般能控制在 2.2 ℃内,且体积小,节省占地面积,适用于各种不同负荷需求的机械循环热水供应系统。

　　3.加热水箱和热水贮水箱

　　加热水箱是一种简单的热交换设备,在水箱中安装蒸汽多孔管或蒸汽喷射器,可构成直接加热水箱。在水箱内安装排管或盘管即构成间接加热水箱。加热水箱适用于公共浴室等用水量大而均匀的定时热水供应系统。

　　热水贮水箱(罐)是一种专门调节热水量的容器,可在用水不均匀的热水供应系统中设置,以调节水量,稳定出水温度。

　　4.可再生低温能源的热泵热水器

　　合理应用水源热泵、空气源热泵等制备生活热水,具有显著的节能效果。

　　热泵热水器主要由蒸发器、压缩机、冷凝器和膨胀阀等部分组成,通过让工质不断完成蒸发(吸取环境中的热量)→压缩→冷凝(放出热量)→节流→再蒸发的热力循环过程,从而将环境里的热量转移到水中。

　　热泵在工作时,把环境介质中贮存的热量 Q_A 在蒸发器中加以吸收;其本身消耗一部分能量,即压缩机耗电 Q_B;通过工质循环系统在冷凝器中进行放热 Q_C 来加热热水,$Q_C = Q_A + Q_B$。由此可以看出,热泵输出的能量为压缩机做的功 Q_B 和热泵从环境中吸收的热量 Q_A。因此,采用热泵技术可以节约大量的电能。其实质就是将热量从温度较低的介质中“泵”送到温度较高的介质中去的过程。

5.2.4　太阳能采暖技术

太阳能采暖系统是利用太阳能集热器收集太阳能并结合辅助能源满足采暖和热水的供暖需求的系统,因此常称为太阳能联合系统。

太阳能采暖系统主要由三部分构成:①热能提供部分,即太阳能集热器和辅助能源;②储热和换热设备;③热能利用部分,提供生活热水和采暖。

太阳能采暖系统与太阳能热水器相比存在以下差异:①采暖负荷在不同月份变化很大,热水负荷四季差别较小;②热水系统进水温度较低,供水温度较高,而采暖系统供回水温差较小;③太阳能与采暖负荷存在明显矛盾,太阳能辐照强度高的月份(3—10月)不需要采暖,太阳能辐照强度高的白天采暖负荷较夜晚低。

由于太阳能采暖系统和热水系统存在以上差异,因此在采暖系统设计中不能简单地把热水系统放大,必须考虑以下几个方面:①辅助能源;②太阳能保证率;③系统的防冻问题;④系统的过热问题;⑤换热系统的设计。在系统设计中,尤其需注意系统的过热问题和换热水箱的设计。

太阳能辐照强度随着时间、季节和天气是显著变化的,大部分的太阳能采暖系统需配备辅助能源系统,当阴天、夜晚等太阳能满足不了采暖需求时,由辅助能源系统提供全部或部分热能。

辅助能源系统有:①燃煤锅炉;②燃油或燃气锅炉;③电锅炉;④生物质锅炉等。以上辅助能源按出力调控方式不同分两类:一类是可及时控制的能源,如燃油或燃气锅炉、电锅炉和带燃烧器的生物质锅炉;另一类是非及时控制的能源,如燃煤锅炉、烧劈柴锅炉等。在采暖系统设计中,对于非及时控制的辅助能源,可以利用容量较大的水箱进行储热缓冲,保证采暖系统进水温度波动较小,提高采暖的舒适度和便于对水泵和控制阀等部件的控制。

运用太阳能耦合空气源热泵技术也是近年来在采暖中应用广泛的技术。空气源热泵辅助太阳能热水系统是在热泵技术和太阳能热利用技术的基础上发展起来的,它充分利用了可再生无污染的太阳能资源,并通过高效的热泵技术使资源得到最有效的利用,是目前制备热水最节能的方式之一。

太阳能集热器与空气源热泵的组合形式主要分为四种,分别为直接膨胀式太阳能热泵热水系统、串联式太阳能热泵热水系统、并联式太阳能热泵热水系统和双热源式太阳能热泵热水系统。

在直接膨胀式太阳能热泵(Direct-expansion Solar Assisted Heat Pump,DX-SAHP)热水系统中,太阳能集热器与热泵蒸发器合二为一。晴天,制冷剂直接在集热蒸发器中吸收太阳辐射能而得到蒸发;阴雨天和夜间,该系统即相当于空气源热泵,由集热蒸发器吸收周围空气中的热量。该形式因系统性能良好逐渐成为人们研究关注的对象,并得到了实际的应用(如太阳能热泵热水器);但是由于涉及机组本身结构部件(蒸发器)的改进,因此其可靠性和制作要求较高。

串联式太阳能热泵热水系统又称为太阳能水源热泵(Solar Assisted Water Source Heat Pump,SA-WSHP)热水系统或太阳能辅助热泵热水系统,系统的集热环路与热泵循环通过蓄热水箱和蒸发器串联,蒸发器的热源全部来自太阳能集热环路吸收的热量。

并联式太阳能热泵热水系统又称太阳能空气源热泵(Solar Assisted Air Source Heat Pump,SA-ASHP)热水系统或空气源热泵辅助太阳能热水系统,由传统的太阳能集热器和空气源热泵并联组成。太阳能单元和空气源热泵单元各自独立工作,互为补充。当太阳能辐射足够强时只运行太阳能系统,否则只运行热泵系统或两个系统同时工作。其实质相当于用一套空气源热泵机组替代了传统的电加热器、燃气加热器等辅助热源。

该系统优先使用太阳能,其次运行热泵,节能效果显著,缺点是在寒冷天气仍存在空气源热泵性能下降,蒸发器表面易结霜的问题。因此人们在蒸发器侧增加了一个空气-水换热器,利用太阳能集热装置收集的高于室外环境温度的中温水对室外空气进行预热,从而提高系统运行性能。

双热源式太阳能热泵(Solar Assisted Double Sources Heat Pump,SA-DSHP)热水系统有水源和空气源两个蒸发器,用串联式太阳能热泵系统替代了并联式太阳能热泵系统的太阳能单元部分。该系统由于系统过于复杂,没有成本优势,目前应用较少。

5.3　建筑热水管网的布置与敷设

热水管网的布置与给水管网的布置原则基本相同,一般多为明装,暗装不得埋于地面下,多敷设于地沟内、地下室顶部、建筑物最高层的顶板下或顶棚内、管道设备层内。设于地沟内的热水管应尽量与其他管道同沟敷设,地沟断面尺寸要与同沟敷设的管道统一考虑后确定。热水立管明装时,一般布置于卫生间内,暗装时一般敷设于管道井内。管道穿过墙和楼板时应设套管。穿过卫生间楼板的套管应高出室内地面 5~10 cm,以避免地面积水从套管渗入下层。配水立管始端与回水立管末端以及多于五个配水龙头的支管始端,均应设置阀门,以便于调节和检修。为了防止热水倒流或窜流,在水加热器或贮水罐,机械循环的第二循环系统回水管,直接加热混合器的冷、热水供水管上,都应装设止回阀。所有热水横管均宜有不小于 0.003 的坡度,以便于排气和泄水。为了避免热胀冷缩对管件或管道接头的破坏作用,热水干管应考虑自然补偿管道或装设足够的管道补偿器。在上行式配水干管的最高点应根据系统的要求设置排气装置,如自动放气阀、集气罐、排气管或膨胀水箱。在管网系统最低点还应设置(1/5~1/10)d 的泄水阀或丝堵(其中 d 为安装泄水阀或丝堵的管道的管径),以便检修时排泄系统的积水。

当下行上给式系统设有循环管道时,其回水管可在最高点以下约 0.5 m 处与配水立管连接,以使热水中析出的气体不至于被循环水带回加热器或锅炉中。

热水配水干管、贮水罐、水加热器一般需保温,以减少热量损失。保温材料有石棉灰、泡沫混凝土、蛭石、硅藻土、矿渣棉等。管道保温层厚度要根据管道中热媒温度、管道保温层外表面温度及保温材料的性质确定。

第 2 篇　供暖、通风及空调工程

第6章　建筑供暖工程

6.1　供暖方式、热媒及系统分类

供暖是用人工方法通过消耗一定的能源向室内供给热量,使室内保持生活或工作所需温度的技术、装备、服务的总称。供暖系统由热媒制备(热源)、热媒输送和热媒利用(散热设备)三个主要部分组成。热媒是热能的载体,工程上指传递热能的媒介物,如热水、蒸汽。热源是供暖热媒的来源或能从中吸取热量的任何物质、装置或天然能源。散热设备是把热媒的部分热量传给室内空气的放热设备。

6.1.1　供暖方式及其选择

1. 供暖方式

1)集中供暖与分散供暖

根据供暖系统三个主要组成部分的相互位置关系来分类,供暖方式可分为集中供暖和分散供暖。

(1)集中供暖:热源和散热设备分别设置,用热媒管道相连接,由热源向各个房间或各个建筑物供给能量的供暖方式。典型的例子是以热水或蒸汽作为热媒的供暖系统、楼用煤气燃炉供暖和楼用热泵供暖等。

(2)分散供暖:热源、热媒输送和散热设备在构造上合为一体的就地供暖方式。典型的例子有户用烟气供暖(火炉、火墙和火炕等),电热供暖(电炉、电热油炉、电热膜和发热电缆等)、燃气供暖(燃气红外线辐射器、燃气热风机和户式燃气壁挂炉等)和户式空气源热泵等。虽然电能和燃气通常由远处输送到室内来,但热量的转化和利用都是在散热设备上实现的。

2)全面供暖与局部供暖

根据供暖系统能否使供暖房间全室达到一定温度要求,供暖方式又可分为全面供暖与局部供暖。

(1)全面供暖:为使整个供暖房间保持一定温度要求而设置的供暖方式。

(2)局部供暖:为使室内局部区域或局部工作地点保持一定温度要求而设置的供暖方式。

3)连续供暖和间歇供暖

根据供暖系统是否使供暖房间室内平均温度全天均能达到设计温度要求,供暖方式可以分为连续供暖与间歇供暖。

(1)连续供暖:对于全天使用的建筑物,使其室内平均温度全天能达到设计温度的供暖方式。

（2）间歇供暖：对于非全天使用的建筑物，仅在使用时间内使是室内平均温度达到设计温度，而在非使用时间内可自然降温的供暖方式。

4）值班供暖

在非工作时间或中断使用的时间内，为使建筑物保持最低室温要求而设置的供暖方式，称为值班供暖。值班供暖室温一般为 5 ℃。

2. 供暖方式的选择

供暖方式的选择，应根据建筑物规模、所在地区气象条件、能源状况及政策、节能环保和生活习惯等要求，通过技术经济比较确定。

（1）累年日平均温度稳定低于或等于 5 ℃的日数大于或等于 90 天的地区，宜设置供暖设施，并宜采用集中供暖。

（2）符合下列条件之一的地区，宜设置供暖设施，其中幼儿园、养老院、中小学校、医疗机构等建筑宜采用集中供暖。

①累年日平均温度稳定低于或等于 5 ℃的日数为 60~89 天；

②累年日平均温度稳定低于或等于 5 ℃的日数不足 60 天，但累年日平均温度稳定低于或等于 8 ℃的日数大于或等于 75 天。

（3）居住建筑的集中供暖系统应按连续供暖进行设计。

（4）设置供暖的公共建筑和工业建筑，当其位于严寒地区或寒冷地区，且在非工作时间或中断使用的时间内，室内温度必须保持在 0 ℃以上，而利用房间蓄热量不能满足要求时，应按 5 ℃设置值班供暖。当工艺或使用条件有特殊要求时，可根据需要另行确定值班供暖所需维持的室内温度。

（5）设置供暖的工业建筑，如工艺对室内温度无特殊要求，且每名工人占用的建筑面积超过 100 m² 时，不宜设置全面供暖，应在固定工作地点设置局部供暖。当工作地点不固定时，应设置取暖室。

6.1.2　集中供暖的热媒及选择

集中供暖系统的常用热媒（也称热介质）是水和蒸汽。集中供暖系统的热媒，应根据建筑物的用途、供暖情况和当地气候特点等条件，经过技术和经济条件比较来确定，并应遵循下述设计原则。

（1）民用建筑集中供暖应采用热水作为热媒。

（2）工业建筑，当厂区只有供暖用热或以供暖用热为主时，宜采用高温水作为热媒；当厂区供暖以工艺用蒸汽为主时，在不违反卫生、技术和节能要求的条件下，可采用蒸汽作为热媒。

（3）利用余热或天然热源供暖时，供暖热媒及其参数可根据具体情况确定。

6.1.3　供暖系统的分类

按供暖系统使用热媒的不同，可将常见供暖系统分为热水供暖系统和蒸汽供暖系统。

（1）以热水作为热媒的供暖系统，称为热水供暖系统。

（2）以蒸汽作为热媒的供暖系统，称为蒸汽供暖系统。

按供暖系统中使用的散热设备不同,常见供暖系统又可分为散热器供暖系统和热风供暖系统。

(1)以各种对流散热器或辐射对流散热器作为室内散热设备的热水或蒸汽供暖系统,称为散热器供暖系统。对流散热器是指全部或主要靠对流传热方式而使周围空气受热的散热器。辐射对流散热器是以辐射传热为主的散热设备。

(2)以热空气作为传热媒介的供暖系统,称为热风供暖系统。一般指用暖风机、空气加热器等散热设备将室内循环空气加热或与室外空气混合再加热,向室内供给热量的供暖系统。

按供暖系统中散热给室内的方式不同,常见供暖系统还可分为对流供暖系统和辐射供暖系统。

(1)利用对流换热或以对流换热为主散热给室内的供暖系统,称为对流供暖系统。热风供暖系统是以热空气作为传热媒介的对流供暖系统。

(2)以辐射传热为主散热给室内的供暖系统,称为辐射供暖系统。利用建筑物内部顶棚、地板、墙壁或其他表面(如金属辐射板)作为辐射散热面进行供暖是典型的辐射供暖系统。

6.2　供暖系统的设计热负荷

6.2.1　供暖室内外空气计算参数

1. 室内空气计算温度

考虑不同地区居民生活习惯不同,基于节能的原则,冬季室内空气计算温度(t_n)应根据建筑物的用途,按下列规定采用。

(1)严寒和寒冷地区民用建筑的主要房间应采用 8~24 ℃,夏热冬冷地区民用建筑的主要房间宜采用 16~22 ℃,设置值班供暖的房间不应低于 5 ℃,辐射供暖室内设计温度宜降低 2 ℃。不同民用建筑房间的具体设计温度可采用《全国民用建筑工程设计技术措施:暖通空调·动力(2009 年版)》中提供的数值。

(2)工业建筑的工作地点设计温度,宜采用:轻作业 18~21 ℃,中作业 16~18 ℃,重作业 14~16 ℃,过重作业 12~14 ℃。

作业种类的划分,应按国家现行的《工作场所有害因素职业接触限值 第 2 部分:物理因素》(GBZ 2.2—2007)执行。但当作业地点劳动者人均占用较大面积(50~100 m²)时,轻作业时可低至 10 ℃,中作业的可低至 7 ℃,重作业时可低至 5 ℃。

辅助建筑物及辅助用室,不应低于下列数值:浴室 25 ℃,办公室与休息室 18 ℃,更衣室 25 ℃,食堂 18 ℃,盥洗室与厕所 12 ℃,妇女卫生室 25 ℃。

当工艺或使用条件有特殊要求时,各类建筑物的室内温度可按照国家现行有关专业标准、规范执行。

2. 室内空气流速

设计供暖的建筑物,冬季室内活动区的平均风速,应符合下列规定。

（1）民用建筑及工业企业辅助建筑，人员短期逗留区域不宜大于 0.3 m/s，人员长期逗留区域不宜大于 0.2 m/s。

（2）工业建筑，当室内散热量小于 23 W/m² 时，不宜大于 0.3 m/s；当室内散热量大于或等于 23 W/m² 时，不宜大于 0.5 m/s。

3. 室外空气计算温度

供暖室外空气计算温度（t_{wn}），应采用历年平均不保证 5 天的日平均温度。所谓"不保证"，是针对室外空气温度状况而言；"历年平均不保证"，是针对累年不保证总天数或小时数的历年平均值而言。供暖系统设计所采用的室外空气计算参数可从《民用建筑供暖通风与空气调节设计规范》（GB 50736—2012）中查找。

6.2.2　供暖系统设计热负荷的计算

供暖系统的设计热负荷，是指在设计室外空气计算温度 t_{wn} 下，为达到要求的室内空气计算温度 t_n，供暖系统在单位时间内向建筑物供给的热量 Q，它是设计供暖系统的最基本依据。

1. 设计热负荷的理论计算

供暖系统的设计热负荷，应根据建筑物所得、失热量确定：

$$Q = Q_s - Q_d \tag{6-1}$$

式中　Q——供暖系统设计热负荷，W；

　　　Q_s——建筑物失热量，W；

　　　Q_d——建筑物得热量，W。

建筑物失热量 Q_s 包括：围护结构的传热耗热量 Q_1；加热由门、窗缝隙渗入室内的冷空气耗热量 Q_2，称为冷风渗透耗热量；加热由门、孔洞及相邻房间侵入的冷空气耗热量 Q_3，称为冷风侵入耗热量；水分蒸发的耗热量 Q_4；加热由外部运入的冷物料和运输工具的耗热量 Q_5；通风系统将空气从室内排到室外所带走的热量 Q_6，称为通风耗热量。

建筑物得热量 Q_d 包括：最小负荷班的工艺设备散热量 Q_7；热管道及其他热表面的散热量 Q_8；热物料的散热量 Q_9；太阳辐射进入室内的热量 Q_{10}。

对于一般民用建筑或工艺设备产生或消耗热量很少而不需要设置通风系统的工业建筑或房间，失热量 Q_s 只考虑上述前三项，得热量 Q_d 只考虑太阳辐射进入室内的热量。因此，对没有机械通风系统的建筑物，供暖系统的设计热负荷可用下式表示：

$$Q = Q_s - Q_d = Q_1 + Q_2 + Q_3 - Q_{10} \tag{6-2}$$

2. 设计热负荷的估算

供暖系统设计热负荷的合理计算与统计是比较复杂的，而实际使用情况又千变万化，很难精确。集长期以来的经验，在民用建筑设计的方案和扩初设计阶段，按建筑的使用功能粗略估算供暖系统设计热负荷是有效、快捷的适用方法。只设供暖系统的民用建筑，其供暖热负荷可按下列方法进行估算。

$$Q = q_F F \tag{6-3}$$

式中　q_F——供暖面积热指标，W/m²；

F ——供暖建筑物的总建筑面积，m^2。

"三北"地区民用建筑供暖指标可参考表 6-1 中的数值。选择时，总建筑面积大，外围护结构热工性能好，窗户面积小，采用较小的指标；反之采用较大的指标。指标中已包括约 5% 的管网损失。

表 6-1　民用建筑供暖指标推荐值　　　　　　　　　　　　　　　　单位：W/m^2

建筑物类型	供暖指标	
	未采取节能措施	采取节能措施
住宅	58~64	40~45
居住区综合	60~67	45~55
学校、办公	60~80	50~70
医院、幼托	65~80	55~70
旅馆	60~70	50~60
商店	65~80	55~70
食堂、餐厅	115~140	100~130
影剧院、展览馆	95~115	80~105
大礼堂、体育馆	115~165	100~150

6.3　对流供暖系统

6.3.1　热水供暖系统

1. 热水供暖系统的分类

（1）按系统中水的循环动力的不同，将热水供暖系统分为重力（自然）循环供暖系统和机械循环供暖系统。以供回水重度差做动力进行循环的系统，称为重力（自然）循环供暖系统；以机械（水泵）动力进行循环的系统，称为机械循环供暖系统。

（2）按供、回水方式的不同，将热水供暖系统分为上供下回式供暖系统、下供下回式供暖系统、中供式供暖系统、下供上回式供暖系统和混合式供暖系统。

（3）按散热器的连接方式的不同，将热水供暖系统分为垂直式供暖系统与水平式供暖系统。垂直式供暖系统指不同楼层的各散热器用垂直立管连接的系统，水平式供暖系统指同一楼层的各散热器用水平管线连接的系统。

（4）按各并联环路水的流程的不同，将热水供暖系统分为同程式供暖系统与异程式供暖系统。热媒沿管网各环路管路总长度不同的系统，称为异程式供暖系统。热媒沿管网各环路管路总长度基本相同的系统，称为同程式供暖系统。

（5）按供水温度的不同，将热水供暖系统分为低温水供暖系统和高温水供暖系统。低温水供暖系统系指水温低于或等于 100 ℃的热水供暖系统。高温水供暖系统系指水温超过100 ℃的热水供暖系统。

（6）按连接散热器的管道数量不同,将热水供暖系统划分为双管供暖系统和单管供暖系统。双管供暖系统是用两根管道将多组散热器相互并联起来的系统(图 6-1(a))。单管供暖系统是用一根管道将多组散热器依次串联起来的系统(图 6-1(b))。

2.重力(自然)循环热水供暖系统

双管上供下回式(图 6-1(a)),适用于作用半径不超过 50 m 的 3 层以下(或总高度 < 10 m)建筑。单管顺流式,适用于作用半径不超过 50 m 的多层建筑。重力(自然)循环热水供暖系统的特点是:作用压力小、管径大、系统简单、不消耗电能。

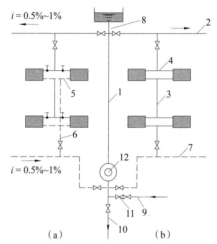

图 6-1　重力(自然)循环热水供暖系统

(a)双管上供下回式　(b)单管顺流式

1—总立管;2—供水干管;3—供水立管;4—散热器供水支管;5—散热器回水支管;6—回水立管;7—回水干管;
8—膨胀水箱连接管;9—充水管(接上水管);10—泄水管(接下水管);11—止回阀;12—热水锅炉

3.机械循环热水供暖系统

机械循环热水供暖系统靠水泵的机械能,使水在系统中强制循环,增加了系统的经常运行电费和维护工作量,但由于水泵作用压力大,机械循热水供暖环系统可用于单幢建筑或多幢建筑。

1)不能分户热计量的机械循环热水供暖系统形式

无分户热计量的机械循环热水供暖系统适用于除新建住宅建筑以外的一般建筑供暖,主要形式如下。

(1)垂直式热水供暖系统:是竖向布置的散热器沿一根立管串接(垂直单管供暖系统)或沿供、回水立管并接(垂直双管供暖系统)的供暖系统。按供、回水干管位置不同,有上供下回式双管和单管热水供暖系统、下供下回式双管热水供暖系统、中供式热水供暖系统、下供上回式热水供暖系统、混合式热水供暖系统。

①上供下回式热水供暖系统的供水干管在建筑物上部,回水干管在建筑物下部。上供下回式双管热水供暖系统(图 6-2(a)),适用于 4 层及 4 层以下不设分户热计量的多层建筑;上供下回单管热水供暖系统(图 6-2(b)),适用于不设分户热计量的多层和高层建筑。上供下回式管道布置合理,是最常用的一种布置形式。

②下供下回式热水供暖系统的供水和回水干管都敷设在底层散热器下面(图 6-3)。在

设有地下室的建筑物,或在平屋顶建筑顶棚下难以布置供水干管的场合,常采用下供下回式热水供暖系统。下回式缓和了上供下回式双管热水供暖系统的垂直失调现象。

③中供式热水供暖系统的水平供水干管敷设在系统的中部,下部系统呈上供下回式,上部系统可采用下供下回式双管(图 6-4(a)),也可采用上供下回式单管(图 6-4(b))。中供式热水供暖系统可避免由于顶层梁底标高过低,致使供水干管挡住顶层窗户的不合理布置,并减轻了上供下回式楼层过多,易出现垂直失调的现象,但上部系统要增加排气装置。

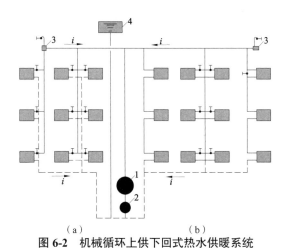

图 6-2　机械循环上供下回式热水供暖系统

（a）双管　（b）单管

1—热水锅炉;2—循环水泵;3—集气罐;4—膨胀水箱

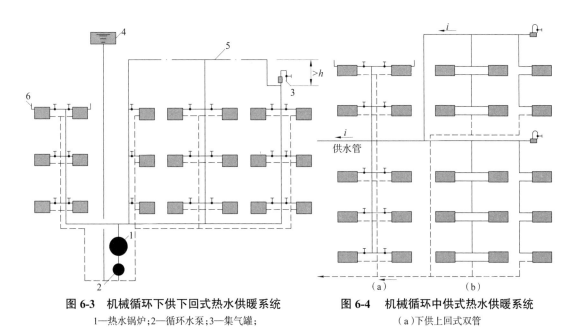

图 6-3　机械循环下供下回式热水供暖系统

1—热水锅炉;2—循环水泵;3—集气罐;
4—膨胀水箱;5—空气管;6—放气阀

图 6-4　机械循环中供式热水供暖系统

（a）下供上回式双管

（b）上供下回式单管

④下供上回式(倒流式)热水供暖系统的供水干管设在下部,而回水干管设在上部,顶部还设置有顺流式膨胀水箱(图 6-5)。倒流式热水供暖系统适用于热媒为高温水的多层建

筑,供水干管设在底层,可降低防止高温水汽化所需的膨胀水箱的标高。散热器的传热系数远低于上供下回热水供暖系统,因此在相同的立管供水温度下,散热器的面积要比上供下回顺流式热水供暖系统的面积大。

⑤混合式热水供暖系统是由下供上回式(倒流式)和上供下回式两组系统串联组成的系统(图 6-6)。由于两组系统串联,系统压力损失大些。这种系统一般只宜使用在连接于高温热水网路上的卫生条件要求不高的民用建筑或生产厂房中。

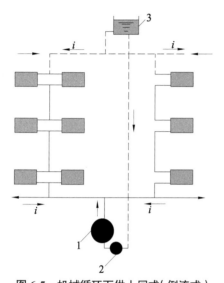

图 6-5　机械循环下供上回式(倒流式)
热水供暖系统

1—热水锅炉;2—循环水泵;3—膨胀水箱

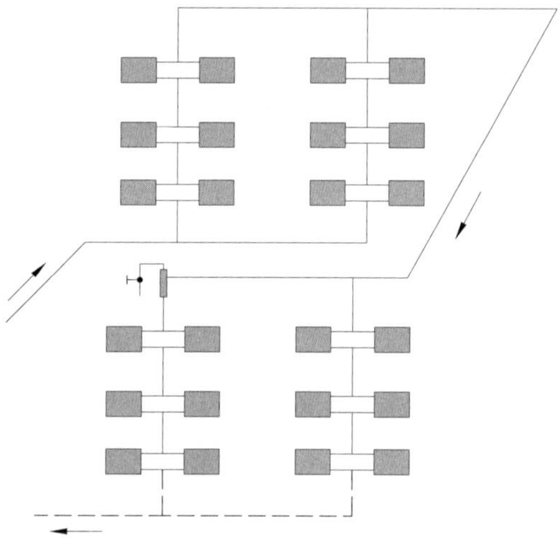

图 6-6　机械循环混合式热水供暖系统

(2)水平式热水供暖系统:按供水管与散热器的连接方式,可分为顺流式热水供暖系统(图 6-7)和跨越式热水供暖系统(图 6-8)两类。水平式热水供暖系统的排气方式要比垂直式上供下回热水供暖系统复杂些。它需要在散热器上设置排气阀分散排气,或在同一层散热器上部串联一根空气管集中排气,适用于单层建筑或不能敷设立管的多层建筑。

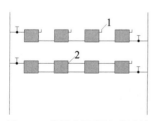

图 6-7　单管水平顺流式系统

1—放气阀;2—空气管

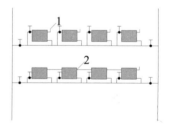

图 6-8　单管水平跨越式系统

1—放气阀;2—空气管

水平式热水供暖系统的总造价,一般要比垂直式热水供暖系统低,管路简单,无穿过各层楼板的立管,施工方便,有可能利用最高层的辅助间(如楼梯间、厕所等)架设膨胀水箱,不必在顶棚上专设安装膨胀水箱的房间,这不仅降低了建筑造价,还不影响建筑物外形美观。对一些各层有不同使用功能或不同温度要求的建筑物,采用水平式热水供暖系统,更便于分层管理和调节。这种系统还适用于新建住宅建筑室内供暖分户热计量。

　　2)能分户热计量的机械循环热水供暖系统形式

　　新建住宅建筑设置集中热水供暖系统时,应推行温度调节和户用热量计算装置,实行供暖计量收费。对建筑内的公共用房和公用空间,应单独设置供暖系统和热计量装置。适合热计量的供暖系统应具备以下条件:①调节功能,即系统必须具有可调性,用户可以根据需要分室控制温度,无论手动调节还是恒温调节,可调系统是热计量的前提;②与调节功能相应的控制装置,这是保证调节功能的必备条件;③分户热计量功能,每户用热量应可计量,用户按用热量多少计量交费,调动用户自身的节能意识。

　　适合热计量的室内供暖系统形式大体分为两种:一种是沿用前述的传统的垂直的上下贯通的所谓"单管式"或"双管式";另一种是适应按户设置热量表的分户独立系统。前者通过每组散热器上安装的热量分配表及建筑人口的总热量表,进行热计量,尤其适用于对旧系统的热计量改造;后者直接由每户的户用热表计量,适用于新建住宅的供暖分户计量。

　　旧有系统中,把供暖系统按位置分为室内系统和室外系统。供暖管道进入楼房内再直接进入户内,大部分使用单管顺流式热水供暖系统为各用户供暖。这种系统不能适应新的计量收费的形式,用户无法单独控制散热量。所以,在计量收费供暖系统中,必须把系统从原来的两部分重新分成三部分,即室外系统(外网)、楼内系统和户内系统。因此,相应的室内供暖系统也要按照户内和楼内分开来进行。楼内系统采用的系统形式必须是可以独立调节的,常用垂直单管跨越式、垂直双管同程式、垂直双管异程式这三种系统;而户内系统则可以采用分户水平式热水供暖系统(如单管水平串联式、单管水平跨越式、双管同程式、双管异程式、上供下回式、上供上回式和下供下回式等)和放射式热水供暖系统。

　　(1)楼内垂直单管跨越式热水供暖系统。楼内系统中立管形式为单管,其调节性能普遍低于双管式热水供暖系统,造价低廉、占地面积少是单管式热水供暖系统优于双管式热水供暖系统的地方,但单管顺流式热水供暖系统,用户根本无法调节,所以只能考虑使用单管跨越式热水供暖系统。

　　(2)楼内垂直双管式热水供暖系统。楼内单管式热水供暖系统的优点是立管数量少,但是如果立管采用单管跨越式热水供暖系统,由于低层用户回水温度过低,则散热器的初投资太大,总体上要增加20%~30%的散热面积。所以楼内系统立管常用双管式热水供暖系统。双管式热水供暖系统又可分为同程双管式热水供暖系统和异程双管式热水供暖系统。由于使用高阻力温控可以克服垂直双管式热水供暖系统自然循环的压降,所以两者之间在热力工况方面区别不大。但是比较管路布置可以发现同程式热水供暖系统比异程式热水供暖系统多一根管路。从克服垂直失调的角度,楼内宜采用垂直双管下供下回异程式热水供暖系统。

6.3.2　热风供暖与空气幕

　　1.热风供暖系统

　　1)热风供暖的特点及其基本形式

　　热风供暖是将室外或室内空气或部分室内与室外的混合空气加热后通过风机直接送入室内,与室内空气进行混合换热,维持室内空气温度达到供暖设计温度。

　　热风供暖具有热惰性小、升温快,室内温度分布均匀、温度梯度小,设备简单、投资省等优点,因而适用于耗热量大的高大空间建筑和间歇供暖的建筑。当由于防火防爆和卫生要求,必须采用全新风时,或能与机械送风合并时,或利用循环空气供暖技术经济合理时,均应采用热风供暖。

　　根据送风的方式不同,热风供暖有集中送风、风道送风及暖风机送风等几种基本形式。按被加热空气的来源不同,热风供暖还可分为直流式(空气全部来自室外)、再循环式(空气全部来自室内)及混合式(部分室外空气和部分室内空气混合)等系统。

　　集中送风系统是以大风量、高风速、采用大型孔口为特点的送风方式,它以高速喷出的热射流带动室内空气按着一定的气流组织强烈地混合流动,因而温度场均匀,可以大大降低室内的温度梯度,减少房屋上部的无效热损失,并且节省风道和风口等设备。这种供暖形式一般适用于室内空气允许再循环的车间或作为大量局部排风车间的补入新风与供暖之用。对于散发大量有害气体或粉尘的车间,一般不宜采用集中送风方式供暖。

　　风道式机械循环或自然循环热风供暖系统可用于小型民用建筑。对于工业厂房,风道式送风供暖应与机械送风系统合并使用。

　　2)热媒

　　集中送风式和暖风机热风供暖系统的热媒,宜采用0.1~0.4 MPa的高压蒸汽或不低于90 ℃的热水,也可以采用燃气、燃油或电加热,但应符合国家现行标准《城镇燃气设计规范(2020版)》(GB 50028—2006)和《建筑设计防火规范》(GB 50016—2014)的要求。热风供暖空气的加热采用间接加热方法,利用蒸汽或热水通过金属壁传热而将空气加热的换热设备叫作空气加热器;利用燃气或燃油加热空气的热风供暖装置叫作燃气热风器或燃油热风器(即热风炉);利用电能加热空气的设备叫作电加热器。

　　2.空气幕

　　空气幕是利用特制的空气分布器喷出一定速度和温度的幕状气流,借此封闭大门、门厅、门洞、柜台等,减少和隔绝外界气流的侵入,以维持室内或某一工作区域一定的环境条件,同时还可阻挡灰尘、有害气体和昆虫的进入,不仅可维护室内环境而且还可节约建筑能耗。

　　1)空气幕的分类及其特点

　　(1)空气幕按照空气分布器的安装位置可以分为上送式空气幕、侧送式空气幕和下送式空气幕。

　　①上送式空气幕安装在门洞上部,喷出气流的卫生条件较好,安装简便,占空间面积小,不影响建筑美观,适用于一般的公共建筑,如影剧院、会堂、旅馆、商店等,也越来越多地用于工业厂房。

　　②侧送式空气幕安装在门洞侧部,分为单侧和双侧两种。单侧空气幕适用于宽度小于4 m的门洞和车辆通过门洞时间较短的场合。双侧空气幕适用于门洞宽度大于4 m,或车辆通过门洞时间较长的场合。侧送式空气幕挡风效率不如下送式,但卫生条件比下送式好。侧送式空气幕占据建筑空间较大,且为了不阻挡气流,装有侧送式空气幕的大门严禁向内开启。

　　③下送式空气幕,空气分布器安装在门洞下部的地沟内,由于下送式空气幕的射流最强区在门洞下部,正好抵挡冬季冷风从门洞下部侵入,所以冬季挡风效率最好,而且不受大门

开启方向的影响。下送式空气幕的缺点是送风口在地面下,容易被脏物堵塞和污染空气,维修困难,另外在车辆通过时,因空气幕气流被阻碍而影响送风效果,一般很少使用。

（2）空气幕按送出气流温度可分为热空气幕、等温空气幕和冷空气幕。

①热空气幕在空气幕内设有加热器,以热水、蒸汽或电为热媒,将送出空气加热到一定温度,适用于严寒地区。

②等温空气幕内不设加热(冷却)装置,送出的空气不经处理,因而构造简单、体积小,适用范围更广,是目前非严寒地区主要采用的形式。

③冷空气幕内设有冷却装置,送出一定温度的冷风,主要用于炎热地区而且有空调要求的建筑物大门。

2）空气幕的设置条件

符合下列条件之一的场所,宜设置空气幕或热空气幕:位于严寒地区的公共建筑和工业建筑,人员出入频繁且无条件设置门斗的主要出入口;位于非严寒地区的公共建筑和工业建筑,人员出入频繁且无条件设置门斗的主要出入口,设置空气幕或热空气幕经济合理时;室外冷空气侵入会导致无法保持室内设计温度时;内部有很大散湿量的公共建筑(如游泳馆)的外门;两侧温度、湿度或洁净度相差较大,且人员出入频繁的通道。

6.4　辐射供暖系统

辐射供暖是提升围护结构内表面中一个或多个表面的温度,形成热辐射面,通过辐射面以辐射和对流的传热方式向室内供暖。

6.4.1　辐射供暖的分类

辐射供暖的种类与形式是按照辐射体表面温度不同区分的,当辐射体表面温度小于80 ℃时,称为低温辐射供暖。低温辐射供暖的结构形式是把加热管(或其他发热体)直接埋设在建筑构件内而形成散热面。当辐射供暖温度为80~200 ℃时,称为中温辐射供暖。中温辐射供暖通常是用钢板和小管径的钢管制成矩形块状或带状散热板。当辐射体表面温度高于500 ℃时,称为高温辐射供暖。燃气红外辐射器、电红外线辐射器等,均为高温辐射散热设备。

6.4.2　辐射供暖热媒的种类

辐射供暖的热媒可用热水、蒸汽、空气、电和可燃气体或液体(如人工煤气、天然气、液化石油气等)。根据所用热媒的不同,辐射供暖可分为如下几种方式。

（1）低温热水式:热媒水温度低于100 ℃（民用建筑的供水温度不大于60 ℃）。

（2）高温热水式:热媒水温度等于或高于100 ℃。

（3）蒸汽式:热媒为高压或低压蒸汽。

（4）热风式:以烟气或加热后的空气作为热媒。

（5）电热式:以电热元件加热特定表面或直接发热。

（6）燃气式:通过燃烧可燃气体或液体经特制的辐射器发射红外线。

目前,应用最广的是低温热水辐射供暖。

6.4.3　低温辐射供暖

低温辐射供暖的散热面是与建筑构件合为一体的,根据其安装位置分为顶棚式、地板式、墙壁式,踢脚板式等;根据其构造分为埋管式、风道式或组合式。低温辐射供暖分类及特点见表6-2。

表 6-2　低温辐射供暖系统分类及特点

分类依据	类型	特点
辐射板位置	顶棚式 墙壁式 地板式 踢脚板式	以顶棚作为辐射表面,辐射热占70%左右 以墙壁作为辐射表面,辐射热占65%左右 以地面作为辐射表面,辐射热占55%左右 以窗下或踢脚板处墙面作为辐射表面,辐射热占65%左右
辐射板构造	埋管式 风道式 组合式	直径15~32 mm的管道埋设于建筑表面内构成辐射表面 利用建筑构件的空腔使其间热空气循环流动构成辐射表面 利用金属板焊以金属管组成辐射板

1. 低温热水地板辐射供暖

低温热水地板辐射供暖具有地板辐射供暖舒适性强、节能、可方便实施按户热量计量、便于住户二次装修等特点外,还可以有效利用低温热源如太阳能、地下热水、供暖和空调系统的回水,热泵型冷热水机组、工业与城市余热和废热等。

1)低温热水地板辐射供暖构造

目前常用的低温热水地板辐射供暖是以低温热水(≤60 ℃)为热源,采用塑料管预埋在地面混凝土垫层内。

地面结构一般由结构层(楼板或土壤)、绝热层(上部敷设按一定管间距固定的加热管)、填充层、防水层、防潮层和地面层(如大理石、瓷砖、木地板等)组成。绝热层主要用来控制热量传递方向,填充层用来埋置保护加热管并使地面温度均匀,地面层指完成的建筑地面。当楼板基面比较平整时,可省略找平层,在结构层上直接铺设绝热层。当工程允许地面按双向散热进行设计时,可不设绝热层。但对住宅建筑而言,由于涉及分户热量计量,不应取消绝热层,并且户内每个房间均应设分支管、视房间面积大小单独布置成一个或多个环路。直接与室外空气或不供暖房间接触的楼板、外墙内侧周边,也必须设绝热层。与土壤相邻的地面,必须设绝热层,并且绝热层下部应设防潮层。对于潮湿房间如卫生间、厨房和游泳池等,在填充层上应设置防水层。为增强绝热板材的整体强度,并便于安装和固定加热管,有时在绝热层上还敷设玻璃布基铝箔保护层和固定加热管的低碳钢丝网。

绝热层的材料宜采用聚苯乙烯泡沫塑料板。楼板上的绝热层厚度不宜小于30 mm(住宅受层高限制时不应小于20 mm),与土壤或室外空气相邻的地板上的绝热层厚度不宜小于40 mm,沿外墙内侧周边的绝热层厚度不应小于20 mm。当采用其他绝热材料时,宜按等效热阻确定其厚度。

填充层的材料应采用C15豆石混凝土,豆石粒径不宜大于12 mm,并宜掺入适量的防裂剂。地面荷载大于20 kN/m² 时,应对加热管上方的填充层采取加固构造措施。

早期的地板供暖均采用钢管或铜管,现在地板供暖均采用塑料管。塑料管具有耐老化、耐腐蚀、不结垢、承压高、无污染、沿程阻力小、容易弯曲、埋管部分无接头、易于施工等优点。

2)系统设置

低温热水地板辐射供暖系统,其构造形式与前述的分户热量计量系统基本相同,只是户内加设了分、集水器而已。另外,当集中供暖热媒温度超过低温热水地板辐射供暖的允许温度时,可设集中的换热站,也有在户内入口处加热交换机组的系统。后者更适合于要将分户热量计量对流采暖系统改装为低温热水地板辐射供暖系统的用户。

低温地板辐射供暖的楼内系统一般通过设置在户内的分、集水器与户内管路系统连接。分、集水器常组装在一个分、集水器箱体内,每套分、集水器宜接 3~5 个回路,最多不超过 8 个。分、集水器宜布置于厨房、盥洗间、走廊两头等既不占用主要使用面积,又便于操作的部位,并留有一定的检修空间,且每层安装位置应相同,建筑设计时应给予考虑。

为了减少流动阻力和保证供、回水温度不致过大,加热盘管均采用并联布置。原则上采用一个房间为一个环路,大房间一般以房间面积 20~30 m² 为一个环路,视具体情况可布置多个环路。每个分支环路的盘管长度宜尽量接近,一般为 60~80 m,最长不宜超过 120 m。

卫生间一般采用散热器供暖,自成环路,采用类似光管式散热器的干手巾架与分、集水器直接连接。如面积较大有可能布置加热盘管时亦可按地板辐射供暖设计,但应避开管道、地漏等,并做好防水。

埋地盘管的每个环路宜用整根管道,中间不宜有接头,防止渗漏。加热管的间距不宜大于 300 mm。塑料管的弯曲半径不应小于管道外径的 8 倍,铝塑复合管的弯曲半径不应小于管道外径的 6 倍;最大弯曲半径不得大于管道外径的 11 倍。

加热管的混凝土填充层厚度不应小于 50 mm,且应设伸缩缝以防止热膨胀导致地面龟裂和破损。地面面积超过 30 m 或长边超过 6 m 时,应按不大于 6 m 间距设置伸缩缝,伸缩宽度不小于 8 mm。缝中填充弹性膨胀材料(如弹性膨胀膏)。加热管穿过伸缩缝处宜设长度不小于 200 mm 的柔性套管。为防止密集管路胀裂地面,管间距小于 100 mm 的管路应外包塑料波纹管。

2. 低温辐射电热膜供暖

低温辐射电热膜供暖方式是以电热膜为发热体,大部分热量以辐射方式散入供暖区域。它是一种通电后能发热的半透明聚酯薄膜,由可导电的特制油墨、金属载流条经印刷、热压在两层绝缘聚酯薄膜之间制成。电热膜工作时表面温度为 40~60 ℃,通常布置在顶棚上或地板下,或在墙裙、墙壁内,同时配以独立的温控装置。

3. 低温发热电缆供暖

发热电缆是一种通电后发热的电缆,它由实心电阻线(发热体)、绝缘层、接地导线、金属屏蔽层及保护层构成。低温加热电缆供暖系统是由可加热电缆和感应器、恒温器等组成,也属于低温辐射供暖,通常采用地板式,将发热电缆埋设于混凝土中,有直接供暖及存储供暖等形式。

加热电缆的使用范围非常广泛,除可用作民用建筑的辐射供暖外,还可用作蔬菜水果仓库恒温、农业大棚供暖、花房内土壤加温、草坪加热、机场跑道融雪、路面除冰、管道伴热、厂房等工业建筑供暖。

6.4.4　中温辐射供暖

中温辐射供暖使用的散热设备,通常都是钢制辐射板。钢制辐射板按照长度不同可分为块状和带状两种类型。

块状辐射板通常用 DN15~25 与 DN40 的水煤气钢管焊成排管构成加热管,把排管嵌在 0.5~1 mm 厚的预先压好槽的薄钢板上制成长方形的辐射板。辐射板在钢板背面加设保温层以减少无效热损失。保温层外侧可用 0.5 mm 厚钢板或纤维板包裹起来。块状辐射板的长度一般为 1~2 m,以不超过钢板的自然长度为原则。

带状辐射板的结构与块状板完全相同,只是在长度方向上是由几张钢板组装成形,也可将多块块状辐射板在长度方向上串联成形。带状辐射板在加工与安装方面都比块状板简单一些,由于带状辐射板连接支管和阀门大为减少,因而比块状辐射板经济。带状辐射板可沿房屋长度方向布置,也可以水平悬吊在屋架下弦处。带状辐射板在布置中注意解决好加热管热膨胀的补偿、系统排气及凝结水的排除等问题。

钢制辐射板构造简单,制作维修方便,比普通散热器节省金属约 30%~70%。钢制辐射板供暖适用于高大的工业厂房、大空间的公共建筑如商场、展厅、车站等建筑物的全面供暖或局部供暖。

6.4.5　高温辐射供暖

高温辐射供暖按其能源类型不同分为电气红外线辐射供暖和燃气红外线辐射供暖。

电气红外线辐射供暖设备多采用石英管或石英灯辐射器。石英管红外线辐射器的辐射温度可达 990 ℃,其中,辐射热占总散热量的 78%。石英灯辐射器的辐射温度可达 2 232 ℃,其中,辐射热占总散热量的 80%。

燃气红外线辐射器供暖是利用可燃气体或液体通过特殊的燃烧装置进行无焰燃烧,形成 800~900 ℃的高温,向外界发射出波长为 2.47~2.7 μm 的红外线,在供暖空间或工作地点产生良好的热效应。燃气红外线辐射器适合于燃气丰富而价廉的地方,它具有构造简单、辐射强度高、外形尺寸小、操作简单等优点。如果条件允许,可用于工业厂房或一些局部工作地点的供暖。但使用中应注意采取相应的防火、防爆和通风换气等措施。它的工作原理是:具有一定压力的燃气经喷嘴喷出,由于速度高形成负压,将周围空气从侧面吸入,燃气和空气在渐缩管形的混合室内混合,再经过扩压管使混合物的部分动能转化为压力能,最后,通过气流分配板流出,在多孔陶瓷板表面均匀燃烧,从而向外界放射出大量的辐射热。

6.5　供暖系统的散热设备

供暖系统的热媒(蒸汽或热水),通过散热设备的表面,主要以对流传热方式(对流传热量大于辐射传热量)向房间传热,这种散热设备通称为散热器。

6.5.1　散热器分类及特性

散热器按制造材质可分为金属材质散热器和非金属材质散热器。金属材质散热器又可分为铸铁、钢、铝、钢(铜)铝复合散热器及全铜水道散热器等;非金属材质散热器有塑料散热器、陶瓷散热器等,但后者并不理想。散热器的结构形式有柱形、翼形、管形、平板形等。

1. 铸铁散热器

铸铁散热器具有结构简单,防腐性好,使用寿命长以及热稳定性好的优点;但它的金属耗量大,金属热强度低,运输、组装工作量大,承压能力低,不宜用于高层,而在多层建筑热水及低压蒸汽供暖工程中应用广泛。常用的铸铁散热器有四柱形、M-132 型、长翼形、单面定向对流型等。

2. 钢制散热器

钢制散热器存在易被腐蚀、使用寿命短等缺点,它的应用范围受到一定限制。但它具有制造工艺简单,外形美观,金属耗量小,重量轻,运输、组装工作量少,承压能力高等特点,可应用于高层建筑供暖。钢制散热器的金属热强度较铸铁散热器的高。除钢制柱形散热器外,钢制散热器的水容量较少,热稳定性差,耐腐蚀性差,对供暖热媒水质要求高,非供暖期仍应充满水,而且不适于蒸汽供暖系统。常用的钢制散热器有柱式、板式、扁管形、串片式、光排管式等。

3. 铝制及钢(铜)铝复合散热器

铝制散热器采用铝及铝合金型材挤压成形,有柱翼形、管翼形、板翼形等形式,管柱与上下水道连接采用焊接或钢拉杆连接。铝制散热器的辐射系数比铸铁和钢的小,为补偿其辐射放热的减小,外形上应采取措施以提高其对流散热量,铝制散热器结构紧凑、重量轻、造型美观、装饰性强、热工性能好、承压高。铝氧化后形成一层氧化铝薄膜,能避免进一步氧化,故可用于开式系统以及卫生间、浴室等潮湿场所。铝制散热器的热媒应为热水,不能采用蒸汽。

以钢管、不锈钢管、铜管等为内芯,以铝合金翼片为散热元件的钢铝、铜铝复合散热器,结合了钢管、铜管高承压、耐腐蚀和铝合金外表美观、散热效果好的优点,是住宅建筑理想的散热器替代产品。复合类散热器采用热水为热媒,工作压力 1.0 MPa。

4. 全铜水道散热器

全铜水道散热器是指过水部件全为金属铜的散热器,耐腐蚀、适用任何水质热媒,导热性好、高效节能,强度好、承压高,不污染水质,加工容易,易做成各种美观的形式。全铜水道散热器有铜管铝串片对流散热器、铜管 L 形绕铝翅片对流散热器、铜铝复合柱翼形散热器、全铜散热器等形式。全铜水道散热器采用热水为热媒,工作压力为 1.0 MPa。

5. 塑料散热器

塑料散热器重量轻,节省金属,防腐性好,是有发展前途的一种散热器。塑料散热器的基本构造有竖式(水道竖直设置)和横式两大类。其单位散热面积的散热量约比同类型钢制散热器低 20% 左右。

6. 卫生间专用散热器

市场上的卫生间专用散热器种类繁多,除散热外,兼顾装饰及烘干毛巾等功能。材质有塑料管、钢管、不锈钢管、铝合金管等多种。

6.5.2　散热器选择

散热器的选择应根据供暖系统热媒技术参数、建筑物使用要求,从热工性能、经济效益、机械性能(机械强度、承压能力等)、卫生、美观、使用寿命等方面综合比较而选择。

(1)散热器的工作压力,应满足系统的工作压力,并符合现行国家标准和行业标准的各项规定。

(2)民用建筑宜采用外形美观、易于清扫的散热器;具有腐蚀性气体的工业建筑和相对湿度较大的房间(如卫生间、洗衣房、厨房等)应采用耐腐蚀的散热器;放散粉尘或防尘要求高的工业建筑,应采用易于清扫的散热器(如光排管散热器)。

(3)热水供暖系统采用钢制散热器时,应采用闭式系统,并满足产品对水质的要求,在非供暖季节供暖系统应充水保养;蒸汽供暖系统不应采用钢制柱形、板形和扁管等散热器。

(4)采用铝制散热器时,应选用内防腐型铝制散热器,并满足产品对水质的要求。

(5)安装热量表和恒温的热水供暖系统不宜采用水流通道内含有粘砂的铸铁散热器。

6.5.3　散热器的布置

(1)散热器宜安装在外墙的窗台下,从散热器上升的热气流能阻止从玻璃窗下降的冷气流,使流经生活区和工作区的空气比较温暖和舒适,也可放在内门附近人流频繁、对流散热好的地方。当安装和布置管道困难时,散热器也可靠内墙布置。

(2)双层门的外室及门斗不应设置散热器,以免冻裂影响整个供暖系统运行。在楼梯间或其他有冻结危险的场所,其散热器应由单独的立、支管供暖,且不得装设调节阀或关断阀。

(3)楼梯、扶梯、跑马廊等贯通的空间,易形成烟囱效应,散热器应尽量布置在底层;当散热器过多,底层无法布置时,可按比例分布在下部各层。

(4)散热器应尽量明装,但对内部装修要求高的房间和幼儿园的散热器必须暗装或加防护罩。暗装时装饰罩应有合理的气流通道、足够的流通面积,并方便维修。

(5)散热器的布置应确保室内温度分布均匀,并应尽可能缩短户内管道的长度。当布置在内墙时,应与室内设施和家具的布置协调。

6.6　室内供暖系统的管路布置、主要设备及附件

6.6.1　室内热水供暖系统的管路布置、主要设备及附件

1.室内热水供暖系统的管路布置

室内热水供暖系统管路布置合理与否,直接影响到系统造价和使用效果。因此,系统管道走向布置应合理,以节省管材,便于调节和排除空气,且各并联环路的阻力损失易于平衡。

室内热水供暖系统的引入口宜设置在建筑物热负荷对称分配的位置,一般宜在建筑物中部。系统应合理地设若干支路,而且尽量使各支路的阻力易于平衡。

室内热水供暖系统的管路应明装,尽可能将立管布置在房间的角落。对于上供下回式

热水供暖系统,供水干管多设在顶层顶棚下,回水干管可敷设在地面上;地面上不允许敷设(如过门时)或净空高度不够时,回水干管设置在半通行地沟或不通行地沟内。地沟上每隔一定距离应设活动盖板,过门地沟也应设活动盖板,以便于检修。

室内半通行管沟,管沟净高应不低于 1.2 m,通道净宽应不小于 0.6 m。支管连接处或有其他管道穿越处通道净高宜大于 0.5 m。管沟应设置通风孔,通风间距不大于 20 m。还应设置检修人孔,人孔间距不大于 30 m,管沟总长度大于 20 m 时人孔数不少于两个,检修阀处应设置人孔。人孔不应设置于人流主要通道上及重要房间、浴室、厕所和住宅户内,必要时可将管沟延伸至室外设人孔。管沟不得与电缆沟、土建风道等相通。

穿越建筑基础、变形缝的供暖管道,以及埋设在建筑结构里的立管,应采取预防由于建筑物下沉而损坏管道的措施,如设局部管沟。无条件设管沟时应设套管,并设置柔性连接。

水平管道应避免穿越防火墙。必须穿越防火墙时,应预留套管,在穿墙处设置固定支架,使管道可向墙的两侧伸缩,并将管道与套管之间的余隙用防火封堵材料严密封堵。

供暖管道不得与输送蒸汽燃点低于或等于 120 ℃的可燃液体或可燃、腐蚀性气体的管道在同一条管沟内平行或交叉敷设。室内供暖管道与电气、燃气管间距应符合表 6-3 的规定。

表 6-3　室内供暖管道与电气、燃气管道最小净距　　　　　　　　　　单位:mm

热水管	导线穿金属管在上	导线穿金属管在下	电缆在上	电缆在下	明敷绝缘导线在上	明敷绝缘导线在下	裸母线	吊车滑轮线	燃气管
平行	300	100	500	500	300	200	1 000	1 000	100
交叉	200	100	100	100	100	100	500	500	20

住宅分户计量供暖系统,采用热量计量表按户进行计量时,集中供暖系统应采用共用立管的分户独立系统形式。建筑平面设计应考虑楼内系统供回水立管的布置,为便于安装维修和热量表读数,系统的共用立管和入户装置应设于单独的管道井内。管道应布置在楼梯间等户外空间。

分户安装热表时,水平系统的管道过门处理比较困难,可把过门管道在设计与施工中预先埋设在地面内。实施按户热表计量,室内管道增加,这既影响美观也占用了有效使用面积,且不好布置家具,因此,条件允许时应首先考虑户内系统管道暗埋布置。暗埋管不应有连接口,且暗埋的管道宜外加塑料套管。

对分户计量供暖系统,由于室内需布置水平供、回水干管,因此层高的尺寸应视室内供暖系统的具体形式确定,一般需增加 60~100 mm 的层高。

分户热计量热水集中供暖系统,应在建筑物热力入口处设置热量表、差压控制或流量调节装置、除污器或过滤器等。设有单体建筑热量总表的户内分户计量供暖建筑,如有地下室时,其热力入口装置宜设在该建筑物地下室专用小室内;如无地下室,其热力入口装置可设在建筑物单元入口楼梯下部或室外热力入口小室等场合。

2. 室内热水供暖系统的主要设备及附件

1)膨胀水箱

膨胀水箱的作用是贮存热水供暖系统加热的膨胀水量。在重力(自然)循环上供下回式热水供暖系统中,它还起着排气作用。膨胀水箱的另一作用是保证供暖系统的压力恒定。

在膨胀管、循环管和溢流管上严禁安装门,以防止系统超压,水箱水冻结和水从水箱溢出。

2)热水供暖系统排气设备

系统的水被加热时,会分离出空气。在系统运行时,通过不严密处也会渗入空气,充水后,也会有些空气残留在系统内。系统中如果积存空气,就会形成气塞,影响水的正常循环。因此,系统中必须设置排除空气的设备。目前常见的排气设备主要有集气罐、自动排气阀和冷风阀等。

集气罐用直径 100~250 mm 的短管制成,有立式和卧式两种,顶部连接直径 15 mm 的放气管。

自动排气阀很多都是依靠水对浮体的浮力,通过杠杆机构传动力,使排气孔自动启闭,实现自动阻水排气的功能。

冷风阀多用在水平式和下供下回式热水供暖系统中,它旋紧在散热器上部专设的丝孔上,以手动方式排除空气。

3)散热器温控阀

散热器温控阀是一种自动控制散热器散热量的设备,由下述两部分组成:一部分为阀体部分,另一部分为感温元件控制部分。当室内温度高于给定的温度值时,感温元件受热,其顶杆就压缩阀杆,将阀口关小,进入散热器的水流量减小,散热器散热量减小,室温下降。当室内温度下降到低于设定值时,感温元件开始收缩,其阀杆靠弹簧的作用,将阀杆抬起,孔开大,水流量增大,散热器散热量增加,室内温度开始升高,从而保证室温处在设定的温度值上。温度控制范围在 13~28 ℃,控制精度为 1 ℃。

4)热计量仪表

热计量仪表(也称热能表)是通过测量水流量及供、回水温度并经运算和累计得出某一系统使用的热能量的。其包括流量传感器及流量计、供回水温度传感器、热表计算器(也称积分仪)几部分。根据所计量介质的温度可分为热量表和冷热计量表,通常情况下,统称为热量表;根据流量测量元件不同,可分为机械式、超声波式、电磁式等;根据各部分的组合方式,可分为流量传感器和计算器分开安装的分体式,组合安装的紧凑式以及计算器、流量传感器、供回水温度传感器均组合在一起的一体式。

热量分配表有蒸发式和电子式两种。热量分配表不是直接测量用户的实际用热量,而是测量每个住户的用热比例,由设于楼栋入口的热量总表测算总热量,供暖季结束后,由专业人员读表,通过计算得出每户的实际用热量。

5)水力控制阀

水力控制阀包括平衡阀、自力式流量控制阀、自力式压差控制阀和锁闭阀等。

6.6.2　室内蒸汽供暖系统的管路布置、主要设备及附件

1.室内蒸汽供暖系统的管路布置

室内蒸汽供暖系统管道布置大多采用上供下回式。当地面不便布置凝水管时,也可采用上供上回式。上供上回式布置方式必须在每个散热设备的凝水排出管上安装疏水器和止

回阀。

在蒸汽供暖系统中,水平敷设的供汽管路,尽可能保持汽、水同向流动,坡度 i 不得小于 0.002。供汽干管向上拐弯处,必须设置疏水装置,定期排出沿途流来的凝水。

为使空气能顺利排除,当干式凝结水管路(无论低压或高压蒸汽系统)通过过门地沟时,必须设空气绕行管。当室内高压蒸汽供暖系统的某个散热器需要停止供汽时,为防止蒸汽通过凝水管窜入散热器,每个散热器的凝水支管上都应增设阀门,供关断用。

2. 室内蒸汽供暖系统的主要设备及附件

疏水器是蒸汽供暖系统中重要的设备,它的作用是自动阻止蒸汽逸漏而且迅速排出用热设备及管道中的凝水,同时能排除系统中积留的空气和其他不凝性气体。

在供暖系统中,金属管道会因受热而伸长。当钢管本身的温度每升高 1 ℃时,每米钢管便会伸长 0.012 mm。当平直管道的两端都被固定不能自由伸长时,管道就会因伸长而弯曲。当伸长量很大时,管道中的管件就有可能因弯曲而破裂,因此需要在管道上补偿管道的热伸长。

管道补偿主要有管道的自然补偿,方形补偿器、波纹补偿器、套筒补偿器和球形补偿器补偿等几种形式。自然补偿是利用供暖管道自身的弯曲管段来补偿管道的热伸长。根据弯曲管段弯曲形状的不同,又分为 L 形或 Z 形补偿器。在考虑管道热补偿时,应尽量利用其自然弯曲的补偿能力。

方形补偿器是由四个 90° 弯头构成 U 形的补偿器,靠其弯管的变形来补偿管段的热伸长。方形补偿器具有制造方便、不需专门维修、工作可靠等优点,在供暖管道上应用普遍。

6.7 热源

6.7.1 热力网供暖形式

1. 热水供暖形式

热水供暖主要采用闭式和开式两种形式。在闭式形式中热网的循环水仅作为热媒,供给热用户热量而不从热网中取出使用。在开式形式中热网的部分循环水被从热网中取出,直接用于生产或热水供应热用户中。

双管制的闭式热水供暖系统,热水沿热网供水管输送到各个热用户,在热用户系统的用热设备内放出热量后,沿热网回水管返回热源。双管闭式热水供暖是我国目前应用最广泛的热水供暖系统。

2. 蒸汽供暖形式

蒸汽供暖广泛应用于工业厂房和工业区域,主要承担向生产工艺热用户供暖,同时也向热水供应、供暖和通风热用户供暖。根据热用户的要求,蒸汽供暖可用单管式(同一蒸汽压力参数)或多根蒸汽管(不同蒸汽压力参数)供暖,同时凝结水也可采用回收或不回收方式。

6.7.2 供暖锅炉

供暖锅炉按其工作介质不同分为蒸汽锅炉和热水锅炉,按其压力大小又可分为低压锅炉和高压锅炉。在蒸汽锅炉中,蒸汽压力低于 0.7 MPa 的称为低压锅炉;蒸汽压力高于 0.7 MPa 的称为高压锅炉。在热水锅炉中,热水温度低于 100 ℃的称为低压锅炉,热水温度高于 100 ℃的称为高压锅炉。

按所用燃料种类可分为燃煤锅炉、燃油锅炉和燃气锅炉。

锅炉房中除锅炉本体外,还必须装置水泵、风机、水处理等辅助设备。锅炉本体和它的辅助设备总称为锅炉房设备。

锅炉房设计应根据城市(地区)或工厂(单位)的总体规划进行,做到远近期结合,以近期为主,并宜留有改扩建的余地。对扩建和改建的锅炉房,应合理利用原有建筑物、构筑物、设备和管线,并应与原有生产系统、设备布置、建筑物和构筑物相协调。建于风景区、繁华街段、新型经济开发区、住宅小区及高级公共建筑附近的锅炉房,应与周围环境协调。

工厂(单位)和区域所需热负荷不能由区域热电站、区域锅炉房或其他单位锅炉房供应,且不具备热电联产的条件时,应设置锅炉房。

锅炉房的位置,在设计时应配合建筑总图在总体规划中合理安排,力求满足下列要求。

(1)靠近热负荷比较集中的地区。

(2)便于燃料贮运和灰渣排除,并宜使人流和燃料、灰渣流分开。

(3)有利于室外管道的布置和凝结水的回收。

(4)有利于减少烟(粉)尘、有害气体及噪声对居民区和主要环境保护区的影响。全年运行的锅炉房宜位于居住区和主要环境保护区全年最小频率风向的上风侧。季节性运行的锅炉房宜位于该季节盛行风向的下风侧。

(5)有利于锅炉房的自然通风和采光,并位于地质条件较好的地区。

(6)工厂燃煤的锅炉房和煤气发生站宜布置在同一区域。

(7)对生产易燃易爆物的工厂,锅炉房的位置应满足安全技术上的要求,并按有关专业规范的规定执行。

锅炉房宜设置在地上独立建筑内。受条件限制,锅炉房需要和其他建筑物相连或设置在其内部内,应经过当地消防、安全、环保等管理部门同意。

锅炉房区域内各建筑物、构筑物以及燃料物、灰渣场地的布置,应按工艺流程和规范的要求合理安排。

锅炉房主要产生噪声的设备应尽量布置在远离住宅和环境安静要求高的建筑,锅炉间和辅助间的主要立面尽可能面向主要道路。

锅炉房建筑结构的火灾危险性分类和防火等级应符合有关消防规范的要求。锅炉房的建筑结构设计应符合下列要求。

(1)锅炉房为多层布置时,锅炉基础与楼板地面接缝处应采用能适应沉降的处理措施。

(2)锅炉房的柱距、跨度和室内地坪至柱顶的高度,在满足工艺要求的前提下,应尽量符合现行国家标准《厂房建筑模数协调标准》(GB/T 50006—2010)的规定。

(3)锅炉房楼面、地面和屋面的活荷载,应根据工艺设备安装和检修的荷载要求确定,提不出详细资料时,可按表6-4选用。

表 6-4　楼面、地面、屋面的活负载

名称	活荷载(kN/m²)	备注
锅炉间楼面	6~12	1. 表中未列的其他荷载,按现行国家标准《建筑结构荷载规范》(GB 50009—2012)的规定选用 2. 表中不包括设备的集中荷载 3. 运煤层楼面在有皮带机头装置的部分,应由工艺提供荷载或按 10 kN/m² 计算 4. 锅炉间地面考虑运输通道时,通道部分的地坪和地沟盖板可按 20 kN/m² 计算
辅助间楼面	4~8	
运煤层楼面	4	
除氧层楼面	4	
锅炉间及辅助间屋面	0.5~1	
锅炉间地面	10	

(4)每个新建锅炉房只能设一根烟囱,烟囱高度应根据锅炉房装机容量,按表 6-5 的规定执行。当锅炉房装机容量大于 28 MW(40 t/h)时,其烟囱高度应按批准的环境影响报告书(表)要求确定,但不得低于 45 m。新建锅炉房烟囱周围半径 200 m 范围内有建筑物时,其烟囱应高出最高建筑物 3 m 以上。燃气、燃轻柴油、煤油锅炉烟囱高度应按批准的环境影响报告书(表)要求确定,但不得低于 8 m。

表 6-5　燃煤、燃油(燃轻柴油、煤油除外)锅炉烟囱最低允许高度

锅炉房装机总容量 P(MW)	$P < 0.7$	$0.7 \leqslant P < 1.4$	$1.4 \leqslant P < 2.8$	$2.8 \leqslant P < 7$	$7 \leqslant P < 14$	$14 \leqslant P < 28$
锅炉房装机总容量 P(t/h)	$P < 1$	$1 \leqslant P < 2$	$2 \leqslant P < 4$	$4 \leqslant P < 10$	$10 \leqslant P < 20$	$20 \leqslant P < 40$
烟囱最低允许高度 H(m)	20	25	30	35	40	45

(5)设置在主体建筑内的锅炉房,土建设计还应符合相关规范中的设计要求。

(6)锅炉房泄爆面积不应小于其占地面积的 10%,地上锅炉房可采用轻型屋顶、门窗等做泄爆面,低于室外地面的锅炉房可在锅炉间外墙侧设泄爆竖井。泄爆口不得正对疏散楼梯间、安全出口和人员密集场所。

第7章　建筑通风工程

7.1　卫生标准与排放标准

建筑通风就是把室内被污染的空气排到室外,同时把室外新鲜的空气输送到室内的换气技术。人类在室内生活和生产过程中都渴望其所在的建筑物不但能遮风挡雨,而且具有舒服、卫生的环境条件。

7.1.1　卫生标准

卫生标准是为实施国家卫生法律法规和有关卫生政策,保护人体健康,在预防医学和临床医学研究与实践的基础上,对涉及人体健康和医疗卫生服务事项制定的各类技术规定。

1. 工业建筑设计卫生标准

工业企业建设项目的通风设计,应贯彻《中华人民共和国职业病防治法》,坚持"预防为主,防治结合"的卫生工作方针,落实职业病危害"前期预防"控制制度,保证工业企业建设项目的设计符合卫生要求。我国现行《工业企业设计卫生标准》(GBZ 1—2010)规定了工业企业选址、总体布局、厂房设计、工作场所(包括防尘、防毒、防暑、防寒、防噪声与振动、防非电离辐射与电离辐射、采光和照明、微小气候等)、辅助用室以及应急救援的基本卫生学要求,适用于工业企业新建、改建、扩建和技术改造、技术引进项目的卫生设计及职业病危害评价。

《工作场所有害因素职业接触限值　第1部分:化学有害因素》(GBZ 2.1—2019)和《工作场所有害因素职业接触限值　第2部分:物理因素》(GBZ 2.2—2007),分别规定了工作场所化学有害因素和物理有害因素的职业接触限值。职业接触限值是指职业性有害因素的接触限制量值,指劳动者在职业活动过程中长期反复接触,对绝大多数接触者的健康不引起有害作用的容许接触水平。工作场所是劳动者进行职业活动的所有地点。

2. 民用建筑设计卫生标准

《室内装饰装修材料 人造板及其制品中甲醛释放限量》(GB 18580—2017)、《木器涂料中有害物质限量》(GB 18581—2020)、《建筑用墙面涂料中有害物质限量》(GB 18582—2020)、《室内装饰装修材料 胶粘剂中有害物质限量》(GB 18583—2008)、《室内装饰装修材料 木家具中有害物质限量》(GB 18584—2001)、《室内装饰装修材料 壁纸中有害物质限量》(GB 18585—2001)、《室内装饰装修材料 聚氯乙烯卷材地板中有害物质限量》(GB 18586—2001)、《室内装饰装修材料 地毯、地毯衬垫及地毯胶粘剂有害物质释放限量》(GB 18587—2001)、《混凝土外加剂中释放氨的限量》(GB 18588—2001)、《建筑材料放射性核素限量》(GB 6566—2010)共十个国标,分别对人造板及其制品、溶剂型木器涂料、内墙涂料、胶粘剂、木家具、壁纸、聚氟乙烯卷材地板、地毯、地毯衬垫与地毯用胶粘剂中有害物含量及散发量和建筑材料放射性核素限量进行了限制。这些规范便于从源头上控制污染物的散发,改善室内空气质量。

《室内空气质量标准》(GB/T 18883—2002)对室内空气中与人体健康有关的物理性、化学性、生物性和放射性指标进行全面控制,具体有可吸入颗粒物、甲醛、一氧化碳、二氧化碳、二氧化氮、苯并芘、苯、氨、二氧化硫、氡、总挥发性有机物、臭氧、菌落总数、甲苯、二甲苯、温度、相对湿度、空气流速、新风量等 19 项指标。

我国已经颁布并实施的有关室内空气品质的标准,按使用性质不同可划分为综合性标准、室内单项污染物浓度限值标准、不同功能建筑室内卫生标准,见表 7-1。

表 7-1　已实施的室内空气品质相关标准

综合性指标	民用建筑工程室内环境污染控制标准	GB 50325—2020
	室内空气质量标准	GB/T 18883—2002
室内单项污染物浓度限值标准	居室空气中甲醛的卫生标准	GB/T 16127—1995
	室内氡及其子体控制要求	GB/T 16146—2015
	室内空气中细菌总数卫生标准	GB/T 17093—1997
	室内空气中二氧化碳卫生标准	GB/T 17094—1997
	室内空气中可吸入颗粒物卫生标准	GB/T 17095—1997
	室内空气中氮氧化物卫生标注	GB/T 17096—1997
	室内空气中二氧化硫卫生标准	GB/T 17097—1997
不同功能建筑室内卫生标准	公共场所卫生管理规范	GB 37487—2019
	公共场所卫生指标及限值要求	GB 37488—2019
	公共场所卫生设计规范 第 1 部分:总则	GB 37489.1—2019
	公共场所设计卫生规范 第 2 部分:住宿场所	GB 37489.2—2019
	公共场所设计卫生规范 第 3 部分:人工游泳场所	GB 37489.3—2019
	公共场所卫生设计规范 第 4 部分:沐浴场所	GB 37489.4—2019
	公共场所卫生设计规范 第 5 部分:美容美发场所	GB 37489.5—2019

7.1.2　排放标准

工业生产中产生的有害物质是造成大气环境恶化的主要原因,从这些生产车间排出的空气不经净化或净化不达标都会对大气造成污染。为保护环境,防止工业废气、废水、废渣等对环境的污染,保证人民身体健康,促进工农业生产的发展,满足我国现行《环境空气质量标准》(GB 3095—2012)的要求,在室内卫生标准的基础上又指定了各种污染物的排放标准。我国已经颁布并实施的各类排放标准有 100 多个,通风工程中常用的排放标准见表 7-2。在实际工作中,对已制定行业标准的生产部门,应以行业标准为准。

表 7-2　通风工程中常用的排放标准

标准名称	标准编号	标准名称	标准编号
火电厂大气污染物排放标准	GB 13223—2011	饮食业油烟排放标准	GB 18483—2001

标准名称	标准编号	标准名称	标准编号
大气污染物综合排放标准	GB 16297—1996	炼焦化学工业污染物排放标准	GB 16171—2012
锅炉大气污染物排放标准	GB 13271—2014	大气污染物综合排放标准	GB 16297—1996
社会生活环境噪声排放标准	GB 22337—2008	工业炉窑大气污染物排放标准	GB 9078—1996
工业企业厂界环境噪声排放标准	GB 12348—2008	恶臭污染物排放标准	GB 14554—1993

7.1.3　室内空气污染控制的综合措施

任何一种单一的有害物防治措施都很难将室内的有害物控制到国家卫生高标准以下，或者说不经济。室内空气污染物由污染源散发，在空气中传递，当人体暴露于污染空气中时，污染会对人体产生不良影响。所以室内空气污染控制可通过以下方式实现：源头治理、通风稀释、空气净化、严格管理、加强个人防护。

1. 工业建筑室内空气污染控制

工业建筑室内空气污染控制要根据有害物的产生地点和生产作业情况，实行综合防治。综合防治首先从源头改进工艺着手减少有害物产生量，即改革工艺设备和工艺操作方法，提高机械化、自动化程度，从根本上杜绝和减少有害物的产生；其次是采取通风措施，合理组织室内气流，稀释室内有害物，使室内空气达到国家卫生标准的要求；对通风排气进行有效的净化处理，使排气中有害物浓度低于国家排放标准的要求；建立严格的检查管理制度，规范日常清洁和维护管理工作；对操作人员采取个人防护措施。只有这样，才能切实有效地防治有害物，保护人民身体健康和生命安全，达到通风工程的最终目的。

2. 民用建筑室内空气污染控制

1）源头控制

控制民用建筑室内空气污染最好、最彻底的办法是消除室内污染源，如使用绿色环保建材和装饰材料、控制人员活动（如吸烟等）和化工产品的使用、正确选择建筑物基地等；污染源附近局部排风，如厨房烹饪污染可采用抽油烟机排风、卫生间异味可采用排气扇排风、产生热湿有害物的其他设备也可设局部排风等。

2）空气净化

空气净化可采用化学控制法、植物净化法、过滤器过滤法、吸附净化法、紫外灯杀菌法、臭氧净化法、光催化净化法、低温等离子体净化法等。

3）通风稀释法

通风换气能稀释和排除室内空气污染物，是目前降低室内空气污染物浓度、提高室内空气质量的有效方法和主要途径。特别是对于民用建筑中散发源多而分散、低浓度的污染物的控制，全面通风换气是最佳方法，其本质是提供人所必需的氧气并用室外污染物浓度低的空气来稀释室内污染物浓度高的空气，使室内有害物浓度低于国家卫生标准。目前，民用建筑除排油烟通风需要净化处理外，多数建筑排风中污染物浓度低于国家排放标准，可直接排放。

无论工业建筑还是民用建筑，在采取源头控制、室内净化和个人防护等措施后，如果室内空气中主要有害物浓度仍然达不到国家卫生标准的要求,行之有效的控制方法就是设置通风系统换气。

7.2　自然通风

自然通风是利用自然风动力和存在温差的空气循环动力进行通风,不需要消耗机械动力,是一种经济的通风方式。对于产生大量余热的车间需要通风降温,通风动力可以以热压作用为主、室外风力为辅,使室内(排出)外(进入)空气产生循环实现自然通风。由于自然通风易受室外气象条件的影响,特别是风力的作用很不稳定,所以自然通风主要用于热车间排出余热的全面通风。某些热设备的局部排风也可采用自然通风。

7.2.1　自然通风的作用原理

如果建筑物外墙的窗孔两侧存在压力差,就会有空气流过该窗孔,空气流过窗孔时阻力就等于 ΔP。

$$\Delta P = \zeta \frac{v^2}{2} \rho \qquad (7-1)$$

式中　ΔP——窗孔两侧的压力差,Pa;

　　　ζ——窗孔的局部阻力系数;

　　　v——空气流过窗孔时的流速,m/s;

　　　ρ——空气的密度,kg/m³。

上式可改写为

$$v = \sqrt{\frac{2\Delta P}{\zeta \rho}} = \mu \sqrt{\frac{2\Delta P}{\rho}} \qquad (7-2)$$

式中　μ——窗孔的流量系数,其值的大小与窗孔的构造有关,一般小于 1。

通过窗孔的空气量为

$$L = vF = \mu F \sqrt{\frac{2\Delta P}{\rho}} \qquad (7-3)$$

$$G = L\rho = \mu F \sqrt{2\Delta P\rho} \qquad (7-4)$$

式中　L——空气的体积流量,m³/s;

　　　F——窗孔的面积,m²/s;

　　　G——空气的质量流量,kg/s。

从上式中可以看出,只要已知窗孔两侧的压力差 ΔP 和窗孔的面积 F 就可以求得通过该窗孔的空气量 G。要实现自然通风,窗孔两侧必须存在压力差。

7.2.2　热压作用下的自然通风

有一栋建筑物(图 7-1),在外围结构的不同高度上设有窗孔 a 和 b,两者的高度差为 h。假设窗孔外的静压力为 P_a、P_b,窗孔内的静压力为 P_a'、P_a',室内外的空气温度和密度分别为 t_n、ρ_n 和 t_w、ρ_w。由于 $t_n > t_w$,所以 $\rho_n < \rho_w$。

如果首先关闭窗孔 b,仅开启窗孔 a,不管最初窗孔 a 两侧的压差如何,由于空气的流动,P_a 和 P'_a 会趋于平衡,窗孔 a 的内外压差 $\Delta P_a = P'_a - P_a = 0$,空气停止流动。

根据流体静力学原理,这时窗孔 b 的内外压差为

$$\Delta P_b = P'_b - P_b = \left(P'_a - gh\rho_n\right) - \left(P_a - gh\rho_w\right)$$
$$= \left(P'_a - P_a\right) + gh\left(\rho_w - \rho_n\right) = \Delta P_a + gh\left(\rho_w - \rho_n\right) \tag{7-5}$$

式中　　ΔP_a、ΔP_b——窗孔 a 和 b 的内外压差,Pa;

　　　　g——重力加速度,m³/s。

从式(7-5)可以看出,在 $\Delta P_a = 0$ 的情况下,只要 $\rho_w > \rho_n$(即 $t_n > t_w$),则 $\Delta P_b > 0$。因此,如果又开启窗孔 b,空气将从窗孔 b 流出。随着室内空气向外流动,室内静压逐渐降低,$P'_a - P_a$ 由等于零变为小于零。这时室外空气就由窗孔 a 流入室内,一直到窗孔 a 的进风量等于窗孔 b 的排风量时,室内静压才保持稳定。由于窗孔 a 进风,$\Delta P_a < 0$;窗孔 b 排风,$\Delta P_b > 0$。

根据式(7-5),有

$$\Delta P_b + \left(-\Delta P_a\right) = \Delta P_b + \left|\Delta P_a\right| = gh\left(\rho_w - \rho_n\right) \tag{7-6}$$

由上式可以看出,进风窗孔和排风窗孔两侧压差的绝对值之和与窗孔的高度差 h 和室内外空气密度差有关,我们把 $gh\left(\rho_w - \rho_n\right)$ 称为热压,如果室内外没有空气温度差或者窗孔之间没有高差就不会产生热压作用下的自然通风。实际上,如果只有一个窗孔也会形成自然通风,这时窗孔的上部排风,下部进风,相当于两个窗孔连在一起。

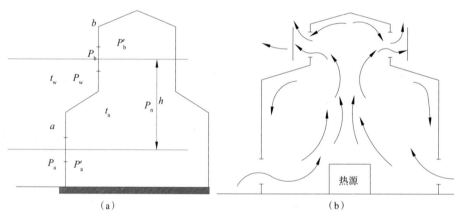

图 7-1　热压作用的自然通风

(a)工作原理　(b)空气流向

7.2.3　风压作用下的自然通风

室外气流吹过建筑物时,气流将发生绕流,经过一段距离后才恢复平行流动。在建筑物附近的平均风速是随建筑物的高度的增加而增加的。迎风面的风速和风的紊流度会强烈影响气流的流动状况和建筑物表面及周围的压力分布。

由于气流的撞击作用,在迎风面形成一个滞留区,该处的静压力高于大气压力,处于正压状态。在正压区,气流呈循环流动,在地面附近气流方向与主导风向相反。在一般情况

下,风向与该平面的夹角大于 30° 时,会形成正压区。

室外气流绕流时,在建筑物的顶部和后侧形成弯曲循环气流。屋顶上部的涡流区称为回流空腔,建筑物背风面的涡流区称为回旋气流区。这两个区域的静压力均低于大气压力,这个区域称为建筑物气流负压区。气流负压区覆盖着建筑物下风向各表面(如屋顶、两侧外墙和背风面),并延伸一定距离,直至尾流。

气流负压区最大高度

$$H_c \approx 0.3A^{0.5} \text{(m)} \tag{7-7}$$

式中　A——建筑物横断面积,m^2。

屋顶上方受建筑影响的气流最大高度

$$H_K \approx A^{0.5} \text{(m)} \tag{7-8}$$

和远处未受扰动的气流相比,由于风的作用在建筑物表面所形成的空气静压力变化称为风压。

某一建筑物周围的风压分布与该建筑的几何形状和室内的风向有关。风向一定时,建筑物外围护结构上某一点的风压值 P_f 可用下式表示:

$$P_f = K \frac{v_w^2}{2} \rho_w \text{(Pa)} \tag{7-9}$$

式中　K——空气动力系数;

　　　v_w——室外空气流速,m/s;

　　　ρ_w——室外空气密度,kg/m^3。

K 值为正,说明该点的风压为正值;K 值为负,说明该点的风压为负值。不同形状的建筑物在不同方向的风力作用下,空气动力系数分布是不同的。空气动力系数要在风洞内通过模型试验求得。

同一建筑物的外围护结构上,如果有两个风压值不同的窗孔,空气动力系数大的窗孔将会进风,空气动力系数小的窗孔将会排风。图 7-2 所示的建筑,处在风速为 v_w 的风力作用下,由于 $t_n = t_w$,没有热压的作用,迎风面窗孔的风压为 P_{fa},背风面窗孔的风压为 P_{fb}($P_{fa} > P_{fb}$),窗孔中心平面上室内的压力为 P_n,余压为 P_x。在窗孔 a、b 均未开启时,室内各点的余压均相等,而且均等于零。

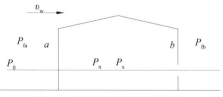

图 7-2　风力作用下的自然通风

如果先开启窗孔 a,关闭窗孔 b,不管窗孔 a 的内外压差大小,由于空气的流动,室内的压力逐渐升高。所以在风压单独作用下,窗孔 a 的内外压差

$$\Delta P_a = P_{na} - P_{fa} = P_{xa} - P_{fa} \tag{7-10}$$

如果再开启窗孔 b,由于 $P_{na} > P_{fb}$,空气会由窗孔 b 流出。随着室内空气的流出,室内的

压力下降,这时 $P_{fa} > P_{na} > P_{fb}$,一直到由窗孔 a 流入的空气量和由窗孔 b 流出的空气量相等,室内压力保持稳定。

7.2.4 风压、热压作用下的自然通风

某一建筑物受到风压、热压同时作用时,外围护结构各窗孔的内、外压差就等于风压、热压单独作用时窗孔内外压差之和,由式(7-10)可以看出,也就等于各窗孔的余压和室外风压之差。

对于图 7-3 所示的建筑,窗孔 a 的内外压差

$$\Delta P_a = P_{xa} - K_a \frac{v_w^2}{2} \rho_w \ (\text{Pa}) \tag{7-11}$$

窗孔 b 的内外压差

$$\Delta P_b = P_{xb} - K_b \frac{v_w^2}{2} \rho_w = P_{xa} + hg(\rho_w - \rho_n) - K_b \frac{u_w^2}{2} \rho_w \tag{7-12}$$

式中 P_{xa}——窗孔 a 的余压,Pa;

P_{xb}——窗孔 b 的余压,Pa;

K_a、K_b——窗孔 a、b 的空气动力系数;

h——窗孔 a、b 之间的高差,m。

由于室外的风速和风向是经常变化的,不是一个稳定的因素。为了保证自然通风的设计效果。根据采暖通风与空气调节设计规范的规定,在实际计算时仅考虑热压的作用,风压一般不予考虑,但必须定性地考虑风压对自然通风的影响。

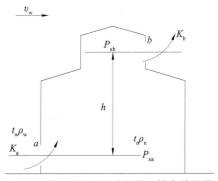

图 7-3   风压、热压同时作用下的自然通风

7.2.5 避风天窗及风帽

1. 避风天窗

在风的作用下,普通天窗迎风面的排风窗孔会发生倒灌。因此,在平时要及时关闭迎风面天窗,只能依靠背风面天窗进行排风。这样既增加了天窗面积,又给天窗的管理带来了很多麻烦。为了让天窗稳定排风,不发生倒灌,可以在天窗增设挡风板,或者采取其他措施,保证天窗排风口在任何风向下都处于负压区,这种天窗称为避风天窗。

目前常用的避风天窗有以下几种形式。

1）矩形天窗

矩形天窗是应用较多的一种天窗。这种天窗采光面积大,窗孔集中在车间中部,当热源集中布置在车间中部时,便于热气流迅速排除。这种天窗的缺点是建筑结构复杂、造价高。

2）下沉式天窗

下沉式天窗的特点是把部分屋面下移,放在屋架的下弦上,利用屋架本身的高度（即上、下弦之间空间）形成天窗。它不像矩形天窗那样凸出在屋面之上,而是凹入屋盖里面。因处理的方法不同,下沉式天窗分为纵向下沉式、横向下沉式和天井式三种。下沉式天窗比矩形天窗降低厂房高度 2~5 m,节省了天窗架和挡风板。这种天窗的缺点是天窗高度受屋架高度限制,清灰、排水比较困难。

3）曲（折）线形天窗

曲（折）线形天窗是一种新型的轻型天窗。它的挡风板是按曲（折）线制作的,因此阻力要比垂直式挡风板的天窗小,排风能力强。它同时还具有构造简单、质量轻、施工方便、造价低等优点。

避风天窗在自然通风计算中是作为一个整体考虑的,计算时只考虑热压的作用,在热压的作用下,天窗口的内外压差

$$\Delta P_t = \xi \frac{v_t^2}{2} \rho_p \ (\text{Pa}) \tag{7-13}$$

式中　　ξ——天窗的局部阻力系数（仅有热压作用时,该系数是一个常数,由实验求得）;

v_t——天窗喉口处的空气流速（对下沉式天窗是指窗孔处的流速）,m/s;

ρ_p——天窗排风温度下的空气密度,kg/m³。

局部阻力系数反映天窗内外压差一定时,单位面积天窗的排风能力。该系数值小,排风能力强。必须指出,该系数值不是衡量天窗性能的唯一指标。选择天窗时必须全面考虑天窗的避风能力、单位面积天窗的造价等多种因素。

2. 避风风帽

避风风帽安装在自然排风系统出口处,是利用风力造成的负压,加强排风能力的一种装置。它的特点是在普通风帽的外围,增设一圈挡风圈。挡风圈的作用与避风天窗的挡风板是类似的,室外气流吹过风帽时,可以保证排出口基本上处于负压区内。在自然排风系统的出口装设避风风帽可以增大系统的抽力。有些阻力比较小的自然排风系统则完全依靠风帽的负压克服系统的阻力。

7.3　机械通风

7.3.1　机械通风的组成与特点

机械通风是依靠通风机产生的作用力强制室内外空气交换流动。机械通风包括机械排风和机械送排风。

1. 机械通风的组成

机械排风系统一般由有害污染物收集设施、净化设备、排风道、风机、排风口及风帽等组成,进风来自房间门、窗的孔洞和缝隙,排风机的抽吸作用使房间形成负压,可防止有害气体窜出室外。若有害气体浓度超过排放大气规定的容许浓度时应处理后再排放。对于污染严重的房间可以采用全面机械排风系统。最简单的机械排风是在排风口处安装风机。

机械送风系统一般由进风口、风道、空气处理设备、风机和送风口等组成。此外,在机械通风系统中还应设置必要的调节通风量和启闭系统运行的各种控制部件,即各式阀门。当房间对送风有所要求或邻室有污染源,不宜直接自然进风时可采用机械送风系统。室外新风先经过空气处理装置进行预处理,达到室内卫生标准和工艺要求后,由送风机、送风道、送风口送入房间。此时室内处于正压状态,室内部分空气通过门、窗逸出窗外。

2. 机械通风的特点

与自然通风相比,机械通风有很多优点:机械通风作用压力可根据设计计算结果而定,通风效果不会因此受到影响;可根据需要对进风和排风进行各种处理,满足通风房间对进风的要求,也可对排风进行净化处理满足环保部门的有关规定和要求;还可利用风管上的调节装置满足环保部门的有关规定和要求;送风和排风均可以通过管道输送,还可以利用风管上的调节装置来改变通风量大小。

但是机械通风系统中需设置各种空气处理设备、动力设备(通风机)、各类风道、控制附件和器材,故而初次投资和日常运行维护管理费用远大于自然通风系统;另外各种设备需要占用建筑空间和面积,并需要专门人员管理,通风机还会产生噪声。

7.3.2　通风机

1. 通风机的类型

通风机用于为空气流动提供必需的动力以克服输送过程中的阻力损失。在通风工程中,根据作用原理通风机有离心式、轴流式和贯流式等多种类型。在特殊场所使用的还有高温通风机、防爆通风机、防腐通风机和耐磨通风机等。下面仅介绍离心式通风机和轴流式通风机。

1)离心式通风机

离心式通风机,由叶轮、机轴、机壳、吸风口、电动机等部分组成。离心式通风机种类如按风机产生的压力高低来划分,有①高压通风机,风压 $P > 3\ 000$ Pa,一般用于气力输送系统;②中压通风机, $3\ 000$ Pa $> P > 1\ 000$ Pa,一般用于除尘排风系统;③低压通风机, $P < 1\ 000$ Pa,多用于通风及空气调节系统。

2)轴流式通风机

轴流式通风机,叶轮安装在圆筒形外壳中,当叶轮由电动机带动旋转时,空气从吸风口进入,在风机中沿轴向流动经过叶轮的扩压器时压头增大,从出风口排出。通常电动机就安装在机壳内部。轴流式通风机产生的风压以 500 Pa 为界分为低压轴流风机和高压轴流风机。

与离心式通风机相比,轴流式通风机具有产生风压较小,单级式轴流式通风机的风压一般低于 300 Pa;轴流式通风机自身体积小、占地少,可以在低压下输送大流量空气,噪声大,允许调节范围很小等。轴流式通风机一般多用于无须设置管道以及风道阻力较小的通风系统。

2. 通风机安装

轴流式通风机通常安装在风道中间或墙洞中,也可以固定在墙上、柱上或混凝土楼板下的角钢支架上。中、大型离心式通风机一般应安装在混凝土基础上。

7.3.3　风道

风道的作用是输送空气。风道的制作材料、形状、布置均与工艺流程、设备和建筑结构等有关。

1. 风道的材料及形状

制作风道的常用材料有薄钢板、塑料、胶合板、纤维板、混凝土、钢筋混凝土、砖、石棉水泥、矿渣石膏板等。风道选材是由系统所输送的空气性质以及按就地取材的原则来确定的。一般来讲,输送腐蚀性气体的风道可用涂刷防腐油漆的钢板或硬塑料板、玻璃钢制作;埋地风道通常用混凝土板做底、两边砌砖,用预制钢筋混凝土板做顶;利用建筑空间兼作风道时,多采用混凝土或砖砌风道。

风道的断面形状为矩形或圆形。圆形风道的强度大、阻力小、耗材少,但占用空间大、不易与建筑配合。对于高流速、小管径的除尘和高速空调系统,或是需要暗装时可选用圆形风道;矩形风道容易布置,便于加工。对于低流速、大断面的风道多采用矩形。矩形风道适宜的宽高比在 4.0 以下。

2. 风道的布置

风道的布置应在进风口、送风口、排风口、空气处理设备、风机的位置确定之后进行。风道布置原则应该服从整个通风系统的总体布局,并与土建、生产工艺和给水排水、电气等各专业互相协调、配合;应使风道少占建筑空间并不得妨碍生产操作;风道布置还应尽量缩短管线、减少分支、避免复杂的局部管件;便于安装、调节和维修;风道之间或风道与其他设备、管件之间应合理连接以减少阻力和噪声;风道布置应尽量避免穿越沉降缝、伸缩缝和防火墙等;对于埋地风道应避免与建筑物基础或生产设备底座交叉,并应与其他管线综合考虑;风道在穿越火灾危险性较大房间的防火墙、楼板处以及垂直和水平风道的交接处,均应符合防火设计规范的规定。

在某些情况下可把风道和建筑物本身构造密切结合在一起。如民用建筑的竖直风道,通常就砌筑在建筑物的内墙里。为了防止结露影响自然通风的作用压力,竖直风道一般不允许设在外墙中,否则应设空气隔离层。相邻的两个排风道或进风道,其间距不应小于 1/2 砖厚;相邻的进风道和排风道,其间距不应小于砖厚。风道的断面尺寸应按砖的尺寸取整数倍,其最小尺寸为 1/2 砖厚。如果内墙墙壁小于 1/2 砖厚,应设贴附风道,当贴附风道沿外墙内侧布设时,应在风道外壁和外墙内壁之间留有 40 mm 厚的空气保温层。

7.3.4　进、排风装置

进、排风装置按其使用的场合和作用的不同有室外进、排风装置和室内进、排风装置之分。

1. 室外进、排风装置

1）室外进风口

室外进风口是通风和第8章将介绍的空调系统采集新鲜空气的入口。根据进风机房的位置不同,室外进风口可采用竖直风道塔式进风口,也可以采用设在建筑物外围结构上的墙壁式或屋顶式进风口。

室外进风口的位置应满足以下要求:①设置在室外空气较为洁净的地点,在水平和垂直方向上都应远离污染源;②室外进、排风口下缘距室外地坪的高度不宜小于2 m,进风口设在绿化地带时,不宜小于1 m,需装设百叶窗,以免吸入地面上的粉尘和污物,同时可避免雨、雪的侵入;③用于降温的通风系统,其室外进风口宜设在背阴的外墙侧;④室外进风口的标高应低于周围的排风口,且宜设在排风口的上风侧,以防吸入排风口排出的污浊空气;⑤事故排风的排风口与机械进风系统的进风口的水平距离不应小于20 m,当进、排风口水平距离不足20 m时,排风口必须高出进风口,并不得小于6 m;⑥屋顶式进风口应高出屋面0.5~1.0 m,以免吸进屋面上的积灰或被积雪埋没;⑦直接排入大气的有害物,应符合有关环保、卫生防疫等部门的排放要求和标准,不符合时应进行净化处理;⑧进、排风口的噪声应符合环保部门的要求,否则应采取消声措施。

室外新鲜空气由进风装置采集后直接送入室内通风房间或送入进风机房,根据用户对送风的要求进行预处理。机械送风系统的进风机房多设在建筑物的地下层或底层,也可以设在室外进风口内侧的平台上。

2）室外排风口

室外排风装置的任务是将室内被污染的空气直接排到大气中去。管道式自然排风系统和机械排风系统的室外排风口通常设在屋面,也有设在侧墙的,但此时排风口应高出屋面。室外排风口应设在屋面以上1 m的位置,并符合环保要求,出口处应设置风帽或百叶窗。

2. 室内送、排风口

室内送风口是送风系统中风道的末端装置。由送风道输入的空气通过送风口以一定速度均匀地分配到指定的送风地点;室内排风口是排风系统的始端吸入装置,被污染的空气经过排风口进入排风道内。

室内送风口的形式有多种,最简单的形式是在风道上开设孔口送风,根据孔口开设的位置有侧向送风口、下部送风口之分。

在工业车间中往往需要大量的空气从较高的上部风道向工作区送风,而且为了避免工作地点有"吹风"的感觉,要求送风口附近的风速迅速降低。在这种情况下常用的室内送风口形式是空气分布器。

送风口的形式可根据具体情况参照采暖通风国家标准图集选用。

室内排风口一般没有特殊要求,其形式种类也较少。通常多采用单层百叶式排风口,有时也采用水平排风道上开孔的孔口排风形式。

7.3.5　阀门

阀门主要用于启动风机,关闭风道、风口,调节管道内空气量,平衡阻力等。阀门安装于风机出口的风道上、主干风道上、分支风道上或空气分布器之前等位置。常用的阀门有插板阀、蝶阀。插板阀多用于风机出口或主干风道处用作开关。通过拉动手柄来调整插板的位置即可改变风道的空气流量。其调节效果好,但占用空间大。蝶阀多用于风道分支处或空气分布器前端,转动板的角度即可改变空气流量。蝶阀使用较为方便,但严密性较差。

7.4　全面通风

全面通风是整个房间进行通风换气,用新鲜空气把整个房间内的污染物进行稀释,使有害物浓度降低到卫生标准要求的最高容许值以下,同时把污浊空气不断排至室外,所以全面通风也称稀释通风。全面通风有自然通风、机械通风、自然和机械联合通风等多种方式。

建筑通风设计时一般应从节约投资和能源出发,尽量采用自然通风,当自然通风不能满足生产工艺或房间的卫生标准要求时,再考虑采用机械通风方式。在某些情况下两者联合的通风方式可以达到较好的使用效果。

7.4.1　全面通风的气流组织

全面通风的使用效果与通风房间的气流组织形式有关。合理的气流组织应该是正确地选择送、排风口形式、数量及位置,使送风和排风分别能以最短的流程进入工作区和排至大气。

通风房间气流组织的常用形式有上送下排、下送上排、中间送上下排等,选用时应按照房间功能、污染物类型、有害源位置、有害物分布情况、工作地点的位置等因素来确定。

在全面通风系统中室内送风口的布置应靠近工作地点,使新鲜空气以最短距离到达作业地带,避免途中受到污染;应尽可能使气流分布均匀,减少涡流,避免有害物在局部空间积聚;送风口处最好设置流量和流向调节装置,使之能按室内要求改变送风量和送风方向;尽量使送风口外形美观、少占空间;对清洁度有要求的房间送风应考虑过滤净化。

室内排风口的布置原则是尽量使排风口靠近有害物产生地点或浓度高的区域,以便迅速排污;当房间有害气体温度高于周围环境气温或是车间内存在上升的热气流时,无论有害气体的密度如何,均应将排风口布置在房间的上部(此时送风口应在下部);如果室内气温接近环境温度,散发的有害气体不受热气流的影响,这时的气流组织形式必须考虑有害气体密度大小;当有害气体密度小于空气密度时,排风口应布置在房间上部(送风口应在下部),形成下送上排的气流状态;当有害气体密度大于空气密度时,排风口应同时在房间上、下部布置,采用中间送风上、下排风的气流组织形式。

7.4.2　消除余热、余湿的全面通风量

工业建筑物中的有害物质散发量多通过现场测定或是依照类似生产工艺的调查资料确定。全面通风系统除了承担降低室内有害物浓度的任务外,还具有消除房间内多余热量和湿量的作用。工业厂房产热源主要有工业炉及其他加热设备散热量、热物料冷却散热量和动力设备运行时的散热量等。室内多余的湿量来源于水体表面的水蒸发量、物料的散湿量、生产过程化学反应散发的水蒸气量等。余热、余湿的数量取决于车间性质、规模和工艺条件。

在民用和公共建筑中一般不存在有害物生产源,全面通风多用于冬季热风供暖和夏季冷风降温。某些建筑或房间由于人员密集(如剧场、会议室等)或是电气照明设备及其他动力设备较多,可能产生过多的热量和湿量时,也可用全面通风来改善室内的空气环境。消除余热、余湿的全面通风量可按下列公式计算。

(1)消除室内余热所需的全面通风量 G_r 的计算式为

$$G_r = \frac{Q}{C(t_p - t_s)} \tag{7-14}$$

式中　G_r——全面通风量,kg/s;

　　　Q——室内余热量,kW;

　　　C——空气的质量比热,取为 1.01 kJ/(kg·℃);

　　　t_p——排风温度,℃;

　　　t_s——送风温度,℃。

也可以写成体积流量形式,即

$$L_r = \frac{Q}{C\rho(t_p - t_s)} = \frac{G_r}{\rho} \tag{7-15}$$

式中　L_r——全面通风量,m³/s;

　　　ρ——送风密度,kg/m³。

(2)消除室内余湿所需的全面通风量 G_s 的计算式为

$$G_s = \frac{W}{d_p - d_s} \tag{7-16}$$

式中　G_s——全面通风量,kg/s;

　　　W——室内余湿量,g/s;

　　　d_p——排风含湿量,g/kg 干空气;

　　　d_s——送风含湿量,g/kg 干空气。

同理,也可以写成体积流量,即

$$L_s = \frac{G_s}{\rho} \tag{7-17}$$

式中　L_s——全面通风量,m³/s。

(3)稀释室内有害物浓度达到卫生标准最高容许浓度所需的全面通风量 L 的计算式为

$$L = \frac{Kx}{y_0 - y_s} \tag{7-18}$$

式中　L——全面通风量,m³/s;

　　　K——安全系数,一般为 3~10;

　　　x——室内有害物散发量,g/s;

　　　y_0——室内卫生标准中规定的最高容许浓度,g/m³,即排风中有害物的浓度;

　　　y_s——送风中有害物的浓度,g/m³。

当散布在室内的有害物无法具体计量时,全面通风量可按房间的换气次数确定,即

$$L = nV \tag{7-19}$$

式中　　n——房间换气次数,次/h,可按表 7-3 选用;

　　　　V——房间容积,m³。

表 7-3　居住及公共建筑的换气次数

房间名称	换气次数(次/h)	房间名称	换气次数(次/h)
住宅居室	1.0	食堂贮粮间	0.5
住宅浴室	1.0~3.0	托幼所	5.0
住宅厨房	3.0	托幼浴室	1.5
食堂厨房	1.0	学校礼堂	1.5
学生宿舍	2.5	教室	1.0~1.5

全面通风量的确定如果仅是消除余热、余湿或有害气体,则其各个通风量值就是建筑全面通风量数值。但当室内有多种有机溶剂(如苯及其同系物、醇类、醋酸酯类)的蒸气或是刺激性有味气体(如三氧化硫、二氧化硫、氟化氢及其盐类)同时存在时,全面通风量应按各类气体分别稀释至容许值时所需要的换气量之和计算。除上述有害物质外,对于其他有害气体同时散发于室内空气中的情况,其全面通风量只需按换气量最大者计算即可。对于室内要求同时消除余热、余湿或有害气体的车间,全面通风量应按其中所需最大的换气量计算,即 $L_f = \max\{L_r、L_s、L\}$,其中 L_f 表示车间的全面通风量。

7.5　局部通风

局部通风是利用局部气流改善室内某一污染程度严重的或是工作人员经常活动的局部空间的空气条件,分为局部送风和局部排风。

7.5.1　局部送风

局部送风是将符合室内要求的空气输送并分配给局部工作区,一般设置在产生有毒有害物质的厂房。

局部送风又分为分散式局部送风和系统式局部送风。分散式局部送风是使用轴流风扇或喷雾风扇来增加工作地点的风速或降低局部空间的气温。轴流风扇适用于室内气温低于35 ℃、辐射强度不大的无尘车间,利用轴流风扇来强制空气流动加速,帮助人体散热;喷雾风扇是在轴流式通风机上增设了甩水盘,风机与甩水盘同轴转动,盘上的出水沿着切线方向甩出,形成的水雾与气流同时被送到工作区域,水滴在空气中吸热蒸发使空气温度下降,并能吸收一定的辐射。系统式局部送风是将室外空气收集后进行预处理,待达到室内卫生标准要求后送入局部工作区。系统组成包括室外进风口、空气处理设备、风道、风机及喷头等。系统式局部送风用的送风口称为喷头,有固定式和旋转式两种,分别适用于工作地点固定和不固定两种情况,送入的空气一般需经过预处理。系统式局部送风系统常用于卫生环境条件较差、室内散发有害物和粉尘而又不允许有水滴存在的车间内。

7.5.2　局部排风

局部排风是对室内某一局部区域有害物质在未与工作人员接触之前进行捕集、排除,以防有害物质扩散到整个房间。

1. 系统设置

凡是在散发有害物质的场合,以及作业地带有害物浓度超过最高容许值的情况下,必须结合生产工艺设置局部排风系统。可能突然散发大量有害气体或有爆炸危险气体的生产厂房,应设置事故排风系统。事故排风宜由经常使用的排风系统和事故排风系统共同保证,必须在发生事故时提供足够的排风量;在散发有害物的场所也可以同时设置局部送风和局部排风,在工作空间形成一层"风幕",严格控制有害气体的扩散。在设计局部排风系统时,应以较小的排风量最大限度地排除有害物,合理划分排风系统,正确选用排风设备,以经济的造价满足技术上的要求。正确划分排风系统是设计排风系统的首要步骤,划分排风系统的原则是,在下述情况之一时均应单独设置排风系统:两种或以上的有害物质混合后具有爆炸或燃烧的危险时;混合后蒸汽将会凝结并聚集粉尘时;有害物混合后可能形成更具毒性的物质时。

2. 系统组成

局部排风系统由局部排风罩、风管、净化设备和风机等组成。

局部排风罩是用于捕集有害物的装置,局部排风是依靠排风罩来实现这一过程的。排风罩的形式多种多样,它的性能对局部排风系统的技术经济效果有直接影响。在确定排风罩的形式、形状之前,必须了解车间内有害物的特性及其散发规律,熟悉工艺设备的结构和操作情况。在不妨碍生产操作的前提下,使排风罩尽量靠近有害物源,并朝向有害物散发的方向,使气流从工作人员一侧流向有害物,防止有害物对工人的影响。所选用的排风罩应能够以最小的风量有效而迅速地排除工作地点产生的有害物。一般情况下应首先考虑采用密闭式排风罩,其次考虑采用半密闭式排风罩等其他形式。局部排风罩按其作用原理有以下几种类型。

1)密闭式排风罩

密闭式排风罩,简称密闭罩。密闭罩是将工艺设备及其散发的有害污染物密闭起来,通过排风在罩内形成负压,防止有害物外逸。密闭罩的特点是,不受周围气流的干扰,所需风量较小,排风效果好,但检修不便,无观察孔的排风罩无法监视其工作过程。

2)柜式排风罩(通风柜)

柜式排风罩,是密闭罩的特殊形式,柜的一侧设有可启闭的操作孔和观察孔。根据车间内散发有害气体的密度大小或是室内空气温度高低,可将排风口布置在不同的位置。

3)外部吸气式排风罩

对于生产设备不能封闭的车间,一般是把排风罩直接安置在有害污染源附近,借助于风机在排风罩吸入口处造成的负压作用,将有害物吸入排风系统。这类排风罩所需的风量较大,成为外部吸气罩。

4)吹吸式排风罩

当工艺操作的要求不允许在污染源上部或附近设置密闭罩或外部吸气排风罩时,采用吹吸式排风罩将是有效的方法。吹吸式排风罩是把吹和吸结合起来,利用喷射气流的射流原理,以射流作为动力形成一道气幕,使污染源散发出的有害气体与周围空气隔离,并用吹出的气流把有害物吹向设在另一侧的吸风口处排出,以保证工作区的卫生条件。与吸气式排风罩相比,吹吸式排风罩可以很大程度地减少风机的抽风量,避免周围气流的干扰,更好地保证控制污染的效果。

5)接受式排风罩

当某些生产设备或机械本身能将污染物以一定方向排出或散发时,排风罩宜选用接受式。接受式排风罩的特点是:只起接受空气的作用,污染物形成的气流完全由生产过程本身造成。设计时应将排风罩置于污染气流的前方,与运动的机械方向相吻合。比如车间内高温热源的气流排风罩应位于车间的顶部或上部;对于砂轮磨削过程中抛甩出的粉尘,应将排风罩入口正好朝向粉尘被甩出的方向。

为了防止大气被有害物污染,局部排风系统应按照有害物的毒性程度和污染物的浓度,以及周围环境的自然条件等因素考虑是否进行净化处理。常见的净化设备有除尘器和有害气体净化装置两种。

7.6　民用建筑通风

民用建筑通风也应优先采用自然通风,但散发大量余热、余湿、烟味、臭味以及有害气体等,无自然通风条件或自然通风不能满足卫生要求,人员停留时间较长且房间无可开启的外窗时应设置机械通风。机械通风应优先采用局部排风,当不能满足卫生要求时,应采用全面排风。当机械通风不能满足室内温度要求时,应采取相应的降温或加热措施。

当民用建筑物周围环境较差且房间空气有清洁度要求时,房间室内应保持一定的正压,排风量宜为送风量的 80%~90%;放散粉尘、有害气体或有爆炸危险物质的房间,应保持一定的负压,送风量宜为排风量的 80%~90%。

7.6.1　住宅通风

住宅通风换气应使气流从较清洁的房间流向污染较严重的房间,因此使室外新鲜空气首先进入起居室、卧室等人员主要活动、休息场所,然后从厨房、卫生间排出到室外,是较为理想的通风路径。

住宅建筑厨房及卫生间应采用机械排风系统,设置竖向排风道,建筑设计时应预留机械排风系统开口,厨房和卫生间全面通风换气次数不低于 3 次/h 。为保证有效地排气,应有足够的进风通道,当厨房和卫生间的外窗关闭或暗卫生间无外窗时,需通过门进风,应在下部设有效截面积不小于 0.02 m² 的固定百叶窗,或距地面留出不小于 30 mm 的缝隙。

住宅厨房、卫生间宜设竖向排风道,且竖向排风道应具有防火、防倒灌的功能。顶部应设置防止室外风倒灌装置。排风道设置位置和安装应符合《住宅厨房和卫生间排烟(气)道制品》(JG/T 194—2018)的要求。

7.6.2　汽车库通风

随着城市汽车数量的增加,在民用建筑地下层设置汽车库已较为普遍。看似简单的汽车库通风,它可能需要同时满足车库平时使用的通风要求、火灾防排烟要求并兼有人防的战时通风或功能转换的要求。

1. 汽车库通风方式的确定

地上单排车位 ≤ 30 辆的汽车库,当可开启门窗的面积 ≥ 2 m²/辆,且分布较均匀时,可采用自然通风方式;当汽车库可开启门窗的面积 ≥ 0.3 m²/辆,且分布较均匀时,可采用机械排风、自然进风的通风方式;当汽车库不具备自然通风条件时,应设置机械送风、排风系统。

2. 汽车库通风量的计算

理论上汽车库的通风量可以按稀释有害气体的全面通风量进行计算,但由于车库内排放 CO 的量与车库内汽车排出气体的总量及排放的 CO 平均浓度有关,而库内车的运行时间、单台车单位时间的排气量和停车数与车位的比值等难于确定,所以目前工程设计中多采用换气次数法或单车排风量法估算机械排风量。当汽车库设置机械送风系统时,送风量宜为排风量的 80%~90%。

1)用于停放单层汽车的换气次数法

汽车出入较频繁的商业类等建筑,按 6 次/h 换气选取;汽车出入频率一般的普通建筑,按 5 次/h 换气选取;汽车出入频率较低的住宅类等建筑,按 4 次/h 换气选取。当层高 < 3 m 时,应按实际高度计算换气体积;当层高 ≥ 3 m 时,可按 3 m 高度计算换气体积。

2. 用于停放双层汽车的单车排风量法

汽车出入较频繁的商业类等建筑,按每辆 500 m³/h 选取;汽车出入频率一般的普通建筑,按每辆 400 m³/h 选取;汽车出入频率较低的住宅类等建筑,按每辆 300 m³/h 选取。

3. 对建筑结构专业的要求

设有通风系统的汽车库,其通风进、排风竖井宜独立设置。汽车库内无直接通向室外的汽车疏散出口的防火分区,当设置机械排烟系统时,应同时设置进风系统,且送风量不宜小于排烟量的 50%。建筑专业应设置独立的排烟风机和补风机房,且机房应采用耐火极限不小于 2.00 h 的隔墙和耐火极限不小于 1.50 h 的楼板与其他部位隔开。

由于地下车库层高普遍较低,车库的通风排烟量又较大,特别是多层停车库,所以当风道布置在梁下时,往往会形成风道下底标高较低、人员和车辆无法通过的情况。因此在建筑和结构设计时应充分考虑这一因素,在预计设置风道的部位尽量不要设置人行通道和车道,并设法降低梁的高度。

7.6.3　地下人防通风

《中华人民共和国人民防空法》规定:各人防重点城市在新建民用建筑时,要依照国家和当地政府的有关规定,修建防空地下室;防空地下室设计必须贯彻"长期准备、重点建设、平战结合"的方针。作为地下人民防空工程,为满足人员掩蔽时的需要,要求设置人防通风系统。

1. 人防通风设计设置原则

（1）防空地下室的供暖通风与空气调节设计，必须确保战时防护要求，并应满足战时及平时的使用要求。

（2）防空地下室的通风与空气调节系统设计，战时应按防护单元设置独立的系统，平时宜结合防火分区设置系统。

（3）防空地下室的供暖通风与空气调节应分别与上部建筑的供暖通风与空气调节系统分开设置。

2. 人防通风的设置

人防通风包括清洁通风、滤毒通风和隔绝通风。清洁通风是室外空气未受毒剂等物污染时的通风。滤毒通风是室外空气受毒剂等物污染需经特殊处理时的通风。隔绝通风是室内外停止空气交换，由通风机使室内空气实施内循环的通风。

战时为医疗救护工程、专业队队员掩蔽部、人员掩蔽工程以及食品站、生产车间和电站控制室、区域供水站的防空地下室，应设置清洁通风、滤毒通风和隔绝通风。战时为物资库的防空地下室，应设置清洁通风和隔绝防护，滤毒通风的设置可根据实际需要确定。

7.6.4　厨房通风

厨房通风系统应按全面排风（房间换气）、局部排风（油烟罩）以及补风三部分进行设计。当自然通风不能满足室内环境要求时，应设置全面通风的机械排风；厨房炉灶间应设置局部机械排风；当自然补风无法满足厨房室内温度或通风要求时，应设置机械补风。厨房通风系统应独立设置，局部排风应依据厨房规模、使用特点等分设系统；机械补风系统设置宜与排风系统相对应。

过于产生油烟的厨房设备间，应设置带有油烟过滤功能的排风罩和除油装置的机械排风系统，设计应优先选用排除油烟效率高的气幕式（或称为吹吸式）排风罩和具有自动清洗功能的除油装置，处理后的油烟应达到国家允许的排放标准。对于可能产生大量蒸汽的厨房设备宜单独布置在房间内，其上部应设置机械式排风罩。

厨房机械通风系统的排风量可根据热平衡计算确定。当厨房通风不具备准确计算的条件时，对于大中型旅馆、饭店、酒店的厨房，其排风量可按厨房有炉灶房间的换气次数进行估算：中餐厨房为 40~60 次/h；西餐厨房为 30~40 次/h；职工餐厅厨房为 25~35 次/h。当按吊顶下的房间体积计算风量时，换气次数可取上限值；当按楼板下的房间体积计算风量时，换气次数可取下限值。总排风量的 65% 由局部排气罩排出，其余 35% 由厨房全面换气排风口排出。一般洗碗间的排风量可按每间 500 m³/h 选取，洗碗间的补风量宜按排风量的 80% 选取。

厨房通风应采用直流式系统，补风量宜为排风量的 80%~90%，使厨房保持一定微负压；当厨房与餐厅相邻时，送入餐厅的新风量可作为厨房补风的一部分，但气流进入厨房开口处的风速不宜大于 1 m/s；当夏季厨房有一定的室温要求或有条件时，补风宜做冷却处理，可设置局部或全面冷却装置；对于严寒和寒冷地区，应对冬季补风做加热处理，送风温度可按 12~14 ℃选取。

采用燃气灶具的地下室、半地下室（液化石油气除外）或地上密闭厨房，室内应设烟气的 CO 浓度检测报警器。房间应设置独立的机械送、排风系统；通风系统正常工作时,换气次数不应小于 6 次/h；事故通风时,换气次数不应小于 12 次/h；不工作时换气次数不应小于 3 次/h；当燃烧所需的空气由室内吸取时,应满足燃烧所需的空气量；采用燃气灶具的地下室、半地下室或地上密闭厨房应满足排除房间热力设备散失的多余热量所需的空气量。

7.6.5　洗衣房通风

　　洗衣房的通风宜采用自然通风与局部排风相结合的通风方式,当自然通风不能满足室内环境要求时,应设置机械通风系统。机械通风的送(补)风系统,应采用局部送风与全面送风相结合的综合送风方式。洗衣房的通风气流应由"取衣"处向"收衣"处流动。送风系统夏季宜采用降温处理；严寒或寒冷地区冬季应采用加热处理,其他地区冬季宜按当地气象条件做相应处理。设在地下室且标准要求较高的大型洗衣房,其生产用房均应设置空调降温设施。

　　洗衣机、烫平机、干洗机、压烫机、人体吹风机等散热量大或有异味散出的设备上部,应设置局部排风；收衣间、干洗机设备的排气系统应独立设置。洗衣房的通风量应按洗衣房设备的散热、散湿量计算确定,该值一般由工艺提供。洗衣房室内计算温度为：冬季 12~16 ℃,夏季 ≤33 ℃。当无确切的散热、散湿量计算参数时,洗衣房可按下列换气次数估计：生产用房换气次数采用 20~30 次/h,当有局部通风设施时,全面排风取 5 次/h,补风 2~3 次/h；辅助用房换气次数为 15 次/h；洗衣房的排风量应略大于送(补)风量。

7.6.6　公共卫生间和浴室通风

　　公共卫生间和浴室通风关系到公众健康和安全,因此应保证其良好的通风效果。

　　公共卫生间应设置机械排风系统。公共浴室宜设气窗,浴室气窗是指室内直接与室外相连的能够进行自然通风的外窗,对于没有气窗的浴室,应设独立的通风系统,保证室内的空气质量。机械通风系统应采取措施保证浴室、卫生间对更衣以及其他公共区域的负压,以防止气味或热湿空气从浴室、卫生间流入更衣或其他公共区域。公共卫生间、浴室及附属房间采用机械通风时,其通风量可按表 7-4 中的换气次数确定。

表 7-4　公共卫生间、浴室及附属房间机械通风换气次数

名称	公共卫生间	淋浴	池浴	桑拿或蒸汽浴	洗浴单间或小于 5 个喷头的淋浴间	更衣室	走廊、门厅
换气次数(次/h)	5~10	5~6	6~8	6~8	10	2~3	1~2

　　当建筑未设置单独房间放置桑拿隔间时,如直接将桑拿隔间设在淋浴间或其他公共房间,则应提高该淋浴间等房间的通风换气次数。设置有空调的酒店卫生间,排风量取房间新风量的 80%~90%。卫生间排风系统宜独立设置,当与其他房间排风合用时,应有防止相互串气味的措施。

7.6.7　电气设备用房通风

1. 柴油发电机房

柴油发电机房可采用自然或机械通风,通风系统宜独立设置。柴油发电机房室内各房间温湿度要求宜符合表 7-5 的规定。

表 7-5　机房各房间温湿度要求

房间名称	冬季		夏季	
	温度(℃)	相对湿度(%)	温度(℃)	相对湿度(%)
机房(就地操作)	15~30	30~60	30~35	40~75
机房(隔室操作、自动化)	5~30	30~60	32~37	≤75
控制及配电室	16~18	≤75	28~30	≤75
值班室	16~20	≤75	≤28	≤75

当柴油发电机采用空气冷却方式时,通风量应按全面排风消除室内余热计算确定。室内余热有:开式机组余热为柴油机、发电机和排烟管的散热量之和;闭式机组余热为柴油机汽缸冷却水管和排烟管的散热量之和。发热量数据由生产厂家提供,当无确切资料时,可按全封闭式机组取发电机额定功率的 30%~35%;半封闭式机组取发电机额定功率的 50% 估算。当柴油发电机采用水冷却方式时,通风量可按 ≥20 m²/(kW·h)的机组额定功率进行计算。

柴油发电机房的进(送)风量应为排风量与机组燃烧空气量之和,燃烧空气量按 7 m³/(kW·h)的机组额定功率进行计算。柴油发电机房内的储油间应设机械通风,风量应按 ≥5 次/h 换气选取。

2. 变配电室(机房)的通风

地面上变配电室宜采用自然通风,当不能满足要求时应采用机械通风;地面下变配电室应设置机械通风。变配电室宜独立设置机械通风系统。设在地下的变配电室应设机械通风措施,气流宜从高低压配电室流向变压器室,从变压器室排至室外。

变配电室的通风量也应根据热平衡公式按全面排风计算确定,其中变压器发热量由设备厂商提供,当资料不全时可采用换气次数法确定风量,一般按变电室 5~8 次/h ,配电室 3~4 次/h 确定。变配电室排风温度不宜高于 45 ℃,宜 ≤40 ℃。室内温度不宜高于 28 ℃。当机械通风无法满足变配电室的温度、湿度要求或变配电室附近有现成的冷源,且采用降温装置比通风降温合理,但最小新风量应 ≥3 次/h 换气或 >5% 的送风量。

7.6.8　冷热源机房的通风

地面上制冷机房宜采用自然通风,当不能满足要求时应采用机械通风;地面下制冷机房应设置机械通风。制冷机房宜独立设置机械通风系统。

当采用封闭或半封闭式制冷机,或采用大型水冷却电动机的制冷机时,制冷机房的通风量应按事故通风量确定;当采用开式制冷机时,应按消除设备发热的热平衡全面排风计算的风量与事故通风量的最大值选取;其中设备发热量应包括制冷机、水泵等电动机的发热量,以及其他管道、设备的散热量;事故通风量应根据制冷机冷媒特性和生产厂商的技术要求确定。机械通风应根据制冷剂的种类设置事故排风口高度,地下制冷机房的排风口宜上、下分设。制冷机房的通风应考虑消音、隔声措施。

制冷机房设备间的室内温度冬季不宜低于 10 ℃,夏季不宜高于 35 ℃。氨冷冻站应设置每小时不小于 3 次换气的机械排风和 183 m³/(m²·h)的事故通风,且总排风量不小于 34 000 m³/h。氟利昂制冷机房的机械通风量应按连续通风和事故通风分别计算。当制冷机设备发热量的数据不全时,可采用换气次数法按 4~6 次/h 确定通风量。事故通风量应 ≥12 次/h 换气。吸收式制冷机房通风换气次数在工作期间宜按 10~15 次/h 计算,非工作期间宜按 3 次/h 计算。

锅炉间、直燃机房及配套用房的通风量应按以下确定。

(1)当设置在首层时,燃油锅炉间、燃油直燃机房的正常通风量 ≥3 次/h 换气,事故通风量应 ≥6 次/h 换气;燃气锅炉间、燃气直燃机房的正常通风量应 ≥6 次/h 换气,事故通风量应 ≥12 次/h 换气。

(2)当设置在半地下或半地下室时,锅炉房、直燃机房的正常通风量应 ≥6 次/h 换气,事故通风量应 ≥12 次/h 换气。

(3)当设置在地下或地下室时,锅炉房、直燃机房的通风量应 ≥12 次/h 换气。

(4)锅炉间、直燃机房的送风量应为排风量与燃烧所需空气之和。

(5)油库的通风量应 ≥6 次/h 换气;油泵间的通风量应 ≥12 次/h 换气;计算两者换气量时,房间高度一般可取 4 m。

(6)地下日用油箱间的通风量应 ≥3 次/h 换气。

(7)燃气调压和计量间应设置连续排风系统,通风量应 ≥3 次/h 换气,事故通风量应 ≥12 次/h 换气。

7.6.9　其他设备用房通风

除上述用房的通风外,民用建筑的泵房、软化水间、中水处理机房、吸烟室、电梯机房、暗室、蓄电池室、热力机房、放映机室、实验室、通风机房等其他设备用房也应保持良好的通风,有条件时可采用自然通风或机械排风自然补风,无条件时应设置机械通风系统。设备有特殊要求时,其通风应满足设备工艺要求。部分设备机房采用机械通风时每小时换气次数宜采用表 7-6 中所列规定值。

表 7-6　部分设备机房机械通风换气次数

机房名称	清水泵房	软化水间	污水泵房	中水处理机房
换气次数(次/h)	4	4	8~12	8~12
机房名称	吸烟室	电梯机房	暗室	蓄电池室
换气次数(次/h)	10~15	10	≥5	10~12
机房名称	热力机房	放映机室	实验室	通风机房
换气次数(次/h)	6~12	≥15	1~3	≥1

　　高层建筑的各类设备用房主要设置在地下层,一般都不能利用自然通风,根据各类设备用房的设计要求,均应考虑设置机械通风系统。由于房间功能不同,通风量要求也不同,而且有些房间要求送风,有些则要求排风,甚至有的房间还要求排烟和事故通风。因此建筑设计中应合理布置各类设备用房,并预留通风井道位置,以免给通风设计增加难度。

第8章 建筑空调工程

8.1 空气调节系统分类

空气调节系统一般由空气处理设备、空气输送管道、空气分配装置以及自动控制装置所组成。工程上应根据建筑物的用途、性质、冷热负荷与湿负荷的特点、温湿度调节及控制的要求、空调机房的面积及位置、初投资和运行费用等多方面因素,选定适宜的空调系统。

1. 按承担室内热负荷、冷负荷和湿负荷的介质分类

按承担室内热负荷、冷负荷和湿负荷的介质的不同,空调系统可分为全空气系统、全水系统、空气-水系统和冷剂系统,见表8-1。

表 8-1 按承担室内热负荷、冷负荷和温负荷的介质分类

名称	特征	系统应用
全空气系统	1. 室内负荷全部由集中处理过的空气来负担 2. 空气比热小、密度小,需空气量多,风道断面大,输送能耗大	普通的低速单风道系统应用广泛,可分为单风道定风量或变风量系统、双风道系统、全空气诱导器系统、末端空气混合箱
全水系统	1. 室内负荷全部由集中处理过的一定温度的水来负担 2. 输送管路断面小 3. 无通风换气的作用	1. 风机盘管系统 2. 辐射板供冷供暖系统 3. 通常不单独采用该方式
空气-水系统	1. 由处理过的空气和水共同负担室内负荷 2. 其特征介于上述二者之间	1. 辐射板供冷加新风系统 2. 风机盘管加新风系统 3. 空气-水诱导器空调系统 4. 该方式应用广泛
冷剂系统	1. 制冷系统蒸发器或冷凝器直接从房间吸收或向房间放出热量 2. 冷、热量的输送损失小	1. 整体式或分体式柜式空调机组 2. 多台室内机的分体式空调机组 3. 闭式水热源热泵机组系统 4. 常用于局部空调机组

2. 按空气处理设备的设置情况分类

按空气处理设备的设置情况的不同,空调系统可分为集中式空调系统、半集中式空调系统、分散式空调系统(局部机组),见表8-2。

表 8-2 按空气处理设备的设置情况度分类

名称	特征	应用
集中式空调系统	空气的温湿度集中在空气处理箱(Air Handing Unit,AHU)中进行调节后,经风道输送到使用地点,对应负荷变化集中在 AHU 中不断调整,是空调最基本的方式	1. 普通单风道定风量系统 2. 普通单风道变风量系统 3. 双风道系统

续表

名称		特征	应用
半集中式空调系统		除由集中的 AHU 处理空气外,在各个空调房间还分别有处理空气的"末端装置"	1. 新风集中处理加诱导器 2. 新风集中处理加风机盘管 3. 新风集中处理加辐射板
分散式空调系统	个别独立型	各个房间的空气处理由独立的带冷热源的空调机组承担	整体式或普通分体式空调机组(单元式空调器)
	构成系统型	分别带冷热源的空调机组通过水系统构成环路	1. 有热回收功能的闭环式水源热泵机组系统 2. 有热回收功能的分体式多匹配型空调机

集中式空调系统是指空气集中于机房内进行处理,而空调房间内只有空气分配装置的空调系统。这种系统需要较大的集中机房。

半集中式空调系统是指除了集中空调机房外,还设有分散在空调房间内的二次设备(又称末端装置)的空调系统。这种系统需设较小的集中机房或利用吊顶空间即可。

分散式空调系统(局部机组)是指把冷、热源和空气处理、输送设备(风机)集中设置在一个箱体内形成的空调系统,可按照需要,灵活而分散地设置在空调房间内,不需设集中的机房。

3. 按空调系统处理的空气来源分类

按空调系统处理的空气的不同,空调系统可分为封闭式空调系统、直流式空调系统、混合式空调系统,见表 8-3。

表 8-3　按空调系统处理的空气来源分类

名称		特征	应用
封闭式空调系统		全部为循环空气,系统中无新风加入	适用于战时和无人居留场所
直流式空调系统		全部用新风,不使用循环空气	适用于室内有有害物或有放射性物质,不能循环使用的车间等
混合式空调系统	一次回风	1. 除部分新风外使用相当数量的循环空气(回风) 2. 在热湿处理设备前混合一次	普遍应用最多的全空气空调系统
	二次回风	1. 除部分新风外使用相当数量的循环空气(回风) 2. 在热湿处理设备前、后各混合一次	为减小送风温差而又不用再热器时的空调方式

4. 按系统的用途分类

1)舒适性空调

舒适性空调是指为满足人的舒适性需要而设置的空调系统,如写字楼、银行、医院、宾馆、饭店、学校、住宅、体育馆等建筑的空调系统。

2)工艺性空调

工艺性空调是指为满足生产工艺过程对空气参数的要求而设置的空调系统,如半导体工厂、机械工厂、制药工厂、食品工艺厂、烟厂、印刷厂、电气工厂、生物实验室、手术室等建筑的空调系统。

8.2　空调负荷计算与送风量

8.2.1　空调负荷计算

1. 空调室内空气计算参数

室内空气计算参数包括室内温湿度基数及其允许波动范围,室内空气的流速、洁净度、噪声、压力以及振动等。

舒适性空调设计中,人员长期逗留区域空调室内设计参数应符合表 8-4 的规定。民用建筑中,人员短期逗留区域空调供冷工况室内设计参数,宜比长期逗留区域提高 1~2 ℃,供暖工况宜降低 1~2 ℃。人员短期逗留区域供冷工况风速不宜大于 0.5 m/s,供暖工况风速不宜大于 0.3 m/s。

工艺性空调设计中,室内空气设计温度、相对湿度及其允许波动范围,应根据工艺需要及健康要求确定。人员活动区的风速,供暖工况时不宜大于 0.3 m/s;供冷工况时,宜采用0.2~0.5 m/s。

表 8-4　人员长期逗留区域空调室内设计参数

类别	热舒适度等级	温度(℃)	相对湿度(%)	风速(m/s)
供暖工况	Ⅰ级	22~24	≥30	≤0.2
	Ⅱ级	18~22	—	≤0.2
供冷工况	Ⅰ级	24~26	40~60	≤0.25
	Ⅱ级	26~28	≤70	≤0.3

2. 空调室外空气计算参数

我国现行《民用建筑供暖通风与空气调节设计规范》(GB 50736—2012)中规定选择下列统计值(只列出主要温湿度参数)作为空调室外空气计算参数:

(1)冬季空气调节室外计算温度,采用历年不保证 1 天的日平均温度。

(2)冬季空气调节室外计算相对湿度,采用历年最冷月平均相对湿度。

(3)夏季空气调节室外计算干球温度,采用历年平均不保证 50 h 的干球温度。

(4)夏季空气调节室外计算湿球温度,采用历年平均不保证 50 h 的湿球温度。

(5)夏季空气调节室外计算日平均温度,采用历年平均不保证 5 天的日平均温度。

3. 空调负荷

空调房间的冷(热)、湿负荷计算是确定空调系统送风量和空调设备容量的基本依据。

1)空调区和空调系统的冷负荷

为保持空调区恒定的空气温度,在某一时刻必须由空调系统从区域内除去的热流量称为空调区冷负荷。空调区的冷负荷,应根据各项得热量的种类和性质以及空调区的蓄热特性分别进行计算。空调区的夏季计算得热量包括通过围护结构传入的热量,透过外窗进入的太阳辐射热量,人体散热量,照明散热量,设备、器具、管道及其他内部热源的散热量,食品或物料的散热量,渗透空气带入的热量,伴随各种散湿过程产生的潜热量。空气调节房间的夏季冷负荷,应按各项逐时冷负荷的综合最大值确定。

空调系统冷负荷是由空气调节系统的冷却设备所除去的热流量。它应根据所服务空调区的同时使用情况、空调系统的类型及调节方式,按各空调区逐时冷负荷的综合最大值确定,并应计入新风冷负荷以及通风机、风管、水泵、冷水管和水箱温升、送风管漏风等引起的附加冷负荷。当末端空气处理设备的处理过程有冷热抵消时,还应计入由于冷热抵消而损失的冷量。

2)空调区和空调系统的热负荷

空调区域热负荷的计算在原理上与供暖热负荷的计算是相同的,即按稳定传热计算法,将耗热量作为房间的热负荷,室外设计计算温度按冬季空调计算温度采用。由于空调区通常保持室内是正压,因此一般情况下,可以不计算冷风渗透引起的热负荷。

空调系统热负荷是由空气调节系统的加热设备所提供的热流量。它应根据所服务各空调区热负荷的累计值确定。当空调风管、热水管道均布置在空调区内时,可以不计算其热损失引起的附加热负荷,否则应计入其附加热负荷。

3)空调区湿负荷

为连续保持空调区要求的空气参数而必须除去或加入的湿流量称为空调区湿负荷。空气调节区的夏季计算散湿量,应根据人体散湿量,渗透空气带入的湿量,化学反应过程的散湿量,各种潮湿表面、液面或液流的散湿量,食品或气体物料的散湿量,设备散湿量,通过围护结构的散湿量等确定。

4)空调区冷(热)负荷估算

空调区冷(热)、湿负荷应根据以上各项的不同情况逐项逐时的进行详细计算。在方案设计阶段,建筑师预留机房面积时使用冷负荷指标进行估算即可。考虑到表中数值为已建成空调工程的统计值和各种节能标准的相继实施,估算时宜取下限值或中间值。

8.2.2　空调区送风量与新风量

空调区送风量是确定空气处理设备大小、选择输送设备和气流组织计算的主要依据。

由于冬季送热风时送风温差值可比夏季送冷风时的送风温差值大,所以冬季送风量可比夏季小,故空调区送风量一般先确定夏季送风量,在冬季可采取与夏季相同的送风量,也可以小于夏季送风量,但必须满足最小换气次数的要求。

空调区送风量包括回风量和新风量。其中新风量占总风量的比例应根据各空调区的需要来确定,它的大小对室内人员健康影响很大,对室内的冷量、热量影响也很大。设计时必须根据空调区的具体要求,既要保证空调区空气质量,又要本着节能的原则,综合考虑确定新风量。表 8-5 是公共建筑主要房间每人所需的最小新风量。公共建筑其他房间人所需的最小新风量,可按国际现行卫生标准中的 CO_2 允许浓度进行计算确定,并应满足国家现行相关标准的要求。设置新风的居住建筑和医疗建筑所需最小新风量,要综合考虑人员污染和建筑污染对人体健康的影响,其值分别满足表 8-6 和表 8-7 的规定。高密度人群每人所需的最小新风量应按人员密度确定,且应满足表 8-8 的规定。工业建筑应保证每人不小于 $30 \, \mathrm{m^3/h}$ 的新风量。

表 8-5　公共建筑主要房间每人所需的最小新风量　　　　　　　　单位:m³/(h·人)

建筑房间类型	新风量
办公室	30
客房	30
大厅、四季厅	10

表 8-6　居住建筑设计最小换气次数

人均居住面积 F_p	每小时换气次数
$F_p \leqslant 10 \ \text{m}^2$	0.7
$10 \ \text{m}^2 < F_p \leqslant 20 \ \text{m}^2$	0.6
$20 \ \text{m}^2 < F_p \leqslant 50 \ \text{m}^2$	0.5
$F_p > 50 \ \text{m}^2$	0.45

表 8-7　医疗建筑设计最小换气次数

功能房间	每小时换气次数
门诊室	2
急诊室	2
配药室	5
放射室	2
病房	2

表 8-8　高密度人群每人所需的最小新风量　　　　　　　　单位:m³/(h·人)

建筑类型	人员密度 P_F		
	$P_F \leqslant 0.4$ 人/m²	$0.4 < P_F \leqslant 1.0$ 人/m²	$P_F > 1.0$ 人/m²
影剧院、音乐厅、大会厅、多功能厅、会议室	14	12	11
商场、超市	19	16	15
博物馆、展览厅	19	16	15
公共交通等候室	19	16	15
歌厅	23	20	19
酒吧、咖啡厅、宴会厅、餐厅	30	25	23
游艺厅、保龄球房	30	25	23
体育馆	19	16	15
健身房	40	38	37
教室	28	24	22
图书馆	20	17	16
幼儿园	30	25	23

8.3　集中式空调系统

集中式空调系统由冷热源、冷热媒管道、空气处理设备（组合式空调器、柜式空调器）、送风管道和风口组成。

8.3.1　集中式空调系统的选择

集中式空调系统，根据房间有害物情况、室内温湿度精度要求等可分别采用单风道、双风道，定风量及变风量输送系统。

全空气定风量单风道系统可用于温湿度允许波动范围小、噪声和洁净度标准要求高的场合，如净化房间、医院手术室、电视台、播音室等；也可用于空调区大或居留人员多，且各空调区温湿度参数、洁净度要求、使用时间等基本一致的场所，如商场、影剧院、展览厅、餐厅、多功能厅、体育馆等。

全空气定风量双风道系统可用于需要对空调区域内的单个空调区域进行温湿度控制，或由于建筑物的形状或用途等原因，使得其冷热负荷分布复杂的场所。这种系统的设备费和运行费高，耗能大，一般不宜采用。

全空气变风量系统可用于各空调区需要分别调节温湿度，但温度和湿度控制精度不高的场所，如高档写字楼和一些用途多变的建筑物。变风量系统尤其适用于全年都需要供冷的大型建筑物的内区。

8.3.2　集中式空调系统特点

集中式空调系统空气处理的品质高，维护管理方便，可实现全年多工况自动控制，使用寿命长；但空调送回风管系统复杂，占建筑空间大，布置困难，灵活性较差；空调房间之间由风道连通，使各房间互相污染，当发生火灾时会通过风道迅速蔓延。空调和制冷设备可以集中布置在机房，其优势是可以采取有效的消声隔振措施，但机房面积较大，层高较高，有时还可以布置在屋顶上或安置在车间柱间平台上。

8.3.3　空气热湿处理过程及设备

在空调系统中，为得到同一送风状态点，可能有不同的处理途径，表 8-9 是对常用空气处理方案的简要说明。

表 8-9　各种空气处理方案说明

季节	空气处理方案
夏季	1. 喷水室喷冷水或表冷器冷却、减湿—加热器再热 2. 固体吸湿剂减湿—表面冷却器等湿冷却 3. 液体吸湿剂减湿冷却

季节	空气处理方案
冬季	1. 加热器再热—喷蒸汽加湿—加热器再热 2. 加热器预热—喷水室绝热加湿—加热器再热 3. 加热器预热—喷蒸汽加湿 4. 喷水室喷热水加热加湿—加热器再热 5. 加热器再热—部分空气经喷水室绝热加湿—与另一部分未加湿空气混合

对空气进行各种热、湿、净化等处理的装置统称为空气处理设备。下面简要介绍常用空气处理设备。

1. 喷水室

喷水室是空调系统中夏季对空气冷却除湿、冬季对空气加湿的设备。在喷水室中喷入不同温度的水,通过水直接与被处理的空气接触来进行热湿交换,实现空气的加热、冷却、加湿和减湿等过程。用喷水室处理空气的主要优点是能够实现多种空气处理过程,冬夏季工况可以共用一套空气处理设备,具有一定的净化空气的能力,金属耗量小,容易加工制作;缺点是对水质条件要求高,占地面积大,水系统复杂和耗电较多。喷水室在空调房间温、湿度要求较高的场合,如纺织厂、卷烟厂等工艺性空调系统中,得到了广泛的应用。

2. 表面式换热器

用表面式换热器处理空气时,对空气进行热湿交换的工作介质不直接和被处理的空气接触,而是通过换热器的金属表面与空气进行热湿交换。在表面式换热器中通入热水或蒸汽,可以实现空气的等湿加热过程;通入冷水或制冷剂,可以实现空气的等湿和减湿冷却过程。

表面式换热器具有构造简单、占地面积少、水质要求不高、水系统阻力小等优点,因而,在机房面积较小的场合,特别是高层建筑的舒适性空调中得到了广泛应用。

为了增强传热效果,表面式换热器通常采用肋片管制作。表面式冷却器的下部应装设集水盘,以接收和排除从空气中冷凝出来的水。

3. 电加热器

电加热器是通过电阻丝发热来加热空气的设备,具有结构紧凑、加热均匀、热量稳定、控制方便等优点,但由于电费较贵,通常只在加热量较小的场合采用。在恒温精度较高的空调系统里,常安装在空调房间的送风支管上,作为控制房间温度的调节加热器。

常用的电加热器为管式电加热器。它是把电阻丝装在特制的金属套管内,套管中填充有导热性好但不导电的材料,这种电加热器的优点是加热均匀、热量稳定、经久耐用、使用安全性好,但它的热惰性大,构造也比较复杂。

4. 加湿器

加湿器是用于对空气进行加湿处理的设备,常用的有干蒸汽加湿器和电加湿器两类。

干蒸汽加湿器是使用锅炉等加热设备生产的蒸汽对空气进行加湿处理。

电加湿器是使用电能生产蒸汽来加湿空气,根据工作原理的不同,有电热式和电极式两种。电热式加湿器是在水槽中放入管状电热元件,元件通电后将水加热产生蒸汽。补水靠浮球自动控制,以免发生断水空烧现象。电极式加湿器是利用三根铜棒或不锈钢棒插入盛水的容器中作为电极,当电极与三相电源接通后,电流从水中流过,水的电阻转化的热量把水加热产生蒸汽。

5. 空气过滤器

空气过滤器是用来对空气进行净化处理的设备,通常分为粗效、中效和高效过滤器三种类型。为了便于更换,一般做成块状。此外,为了提高过滤器的过滤效率和增大额定风量,可做成抽屉式或袋式。

6. 组合式空调箱

组合式空调箱是把各种空气处理设备、风机、消声装置、能量回收装置等分别做成箱式的单元,按空气处理过程的需要进行选择和组合成的空调器,常用于集中式空调系统中。

组合式空调箱中回风段的作用是把新风和回风混合;消声段的作用是消减气流噪声,即消减通过回风道和新风口向外传播的噪声;回风机的作用是克服回风系统和新风口的流动阻力把新风和回风吸入空调箱;热回收段的作用是将排风中的冷(热)量回收以降低(升高)新风温度;粗效过滤段是过滤掉空气中的大颗粒灰尘;表冷段的作用是对空气进行冷却(或冷却减湿)处理,冬季也可做加热器用;挡水板是除掉空气中携带的冷凝水;再加热段是对空气进行加热处理,以满足送风状态;二次回风段是仅用于二次回风系统,可以代替再热器;送风机克服送风管、风口和空气处理设备等的阻力,将空气送入房间;消音段的作用是消减气流噪声即消减通过送风管进入房间的噪声;中效过滤器是进一步对空气进行过滤,以达到洁净度的要求;中间段起均流作用。除此之外,还有百叶调节阀等设备。由于处理过程不同、风量不同,空调设备的配置、空调箱的尺寸结构等都不相同,视具体情况而定。空调箱除需配备冷热源、水管、风管、消声减振设备、自控系统外,还需设置专门的空调机房。

8.3.4　气流组织方式及风口布置

集中式空调系统中,将经过集中处理的空气通过送风管从送风口送入空调房间内。同时,将用过的空气从排风口排出系统或回到空调机组经重新处理后再循环使用,以满足工艺或卫生对温湿度的要求。所以,空调房间有送风、回风和排风,其空气平衡关系是:送风量 = 回风量 + 排风量(包括有组织和无组织排风)。

1. 气流组织方式

根据送、回风口布置和送风口形式的不同,空调房间的气流组织方式主要有以下几种。

1)侧向送风

侧向送风方式是把侧送风口布置在房间侧墙或风道侧面上,空气横向送出,为了增大射流的射程,避免射流在中途下落,通常采用贴附射流,使送风射流贴附在顶棚表面流动。侧向送风方式的布置形式包括单侧上送上回、单侧上送下回、单侧上送走廊回风形式、双侧外送上回形式、双侧内送上回、双侧内送下回、中部双侧内送,上下回风或上部排风。

侧向送风气流组织的主要特点是:气流在室内形成大的回旋涡流,工作区处于回流区,只是在房间的角落处有小的滞留区,由于送风气流在到达工作区之前已经与房间的空气进行了比较充分的混合,从而使工作区具有比较均匀、稳定的温度分布。此外,侧向送风还具有管路布置简单、施工方便等优点。

2)散流器送风

散流器送风有平送、下送两种形式。散流器平送风的主要特点是作用范围大,射流扩散快,射程比侧向送风短,工作区处于回流区,具有较均匀的温度和速度分布。散流器下送风射流以 20°~30° 的扩散角向下射出,在风口附近的混合段与室内空气混合后形成稳定的下送直流流型,通过工作区后从布置在下部的回风口排出。散流器下送的工作区处于射流区,适用于房间层高较高或净化要求较高的场合。

采用散流器送风时通常设置吊顶,需要的房间层高较高,一般需 3.5~4.0 m,因而初投资比侧向送风高。

3)孔板送风

孔板送风的气流流型与孔板上的开孔数量、送风量和送风温差等因素有关。

对于全孔板,当孔口风速 $v_0 \geqslant 3$ m/s、送风温差 $\Delta t_0 \geqslant 3$ ℃、风量 $L \geqslant 60$ m³/(m²·h)时,孔板下方形成下送直流流型,适用于净化要求较高的场合;当孔口风速和送风温差较小时,孔板下方形成不稳定流。由于不稳定流可使送风射流与室内空气充分混合,工作区的流速分布均匀,区域温差很小,因此适用于恒温精度要求较高的空调场合。

局部孔板下方一般是不稳定流,这种流型适用于射流下方有局部热源或局部区域恒温精度要求较高的场合。

4)下部送风

下部送风是把送风口布置在房间的下部、回风口布置在房间的上部或下部。

当回风口布置在房间的上方时,送风射流直接进入工作区,上部空间的余热不经工作区就被排走,因此,适用于电视台演播大厅这类室内热源靠近顶棚的空调场合。但是,由于送风直接进入工作区,为了满足人体热舒适的要求,送风温差和风速比较小,当送风量较大时,因需要的送风口面积较大,风口布置较困难。

当回风口布置在房间的下部时,送风射流在室内形成大的涡旋,工作区处于回流区,可采用较大的送风温差和风速,例如立式明装风机盘管常用的气流流型。

5)中部送风

中部送风、下部或上下部回风的气流流型,适用于厂房、车间等高大空间的场合。为了减少能量的浪费,可采用这种气流组织形式。这时房间下部的工作区是空调区,上部是非空调区。工作区处于回流区,具有侧向送风的气流组织特点。设在上部的排风是用于排走非空调区内的余热,防止其在送风射流的卷吸下向工作区扩散,也可实现上部余热不经工作区就被排走。

6)喷口送风

喷口送风又称为集中送风,多用于高大建筑的舒适性空调,通常是把送、回风口布置在同侧,空气以较高的速度和较大的风量集中在少数几个送风口射出,射流到达一定的射程后折回,在室内形成大的涡旋,工作区处于回流区。

这种送风方式射程远、系统简单、投资节省,可以满足一般舒适性要求,适用于大型体育馆、影剧院、礼堂、候车大厅等高大空间的公共建筑和工业建筑的空调系统。

2. 风口设置

1）室内送、排（回）风口布置

对室内气流流场起决定作用的是送风口形式的选择和布置,应根据房间的大小、使用功能要求来选择,如前所述,送风口的布置应根据气流组织计算结果确定。回风口的布置方式应符合下列要求。

（1）回风口不应设在送风射流区内和人员经常停留的地方。采用侧向送风时,一般设在送风口的同侧。

（2）在有条件时,可采用走廊回风,但走廊的断面风速不宜过大。

（3）以冬季送热风为主的空气调节系统,其回风口应设在房间的下部。

（4）当室内采用顶送方式,而且以夏季送冷风为主的空气调节系统,宜设与灯具结合的顶部回风口。

（5）采用置换通风、地板送风时,应设在人员活动区的上方。

（6）设有空气调节系统和机械排风系统的建筑物,其送风口、回风口和排风口位置的设置要有利于维持房间内所需要的空气压力状态。

2）建筑物外墙新风口、排风口布置

新风口是指通风空调系统室外取新风的入口;排风口是指室内空气排至室外时的风口。建筑设计时,均需在外围护结构上预留孔洞。

（1）新风口设置通常要满足以下要求:应避开周围建筑的排风口（或有较远的距离）,并设在室外空气比较清洁的地方,宜设在北墙上;应尽量设在本楼排风口的上风侧（即新、排风口同时使用时主导风向上风侧）,且应低于排风口,应避免新风、排风短路;进风口底边距离室外地面不宜小于 2 m,当进风口布置在绿化地带时,不宜小于 1 m。

（2）排风口的布置除应考虑与本楼新风口的间距和朝向外,还应考虑对周围环境的影响及排出空气的性质,同时,也应符合当地环保部门的有关规定。对于普通排气（如卫生间、设备间及普通库房的换气）,保持排风口距室外地面 2 m 以上较为合理;如果是有害气体（如车库、厨房排气等）,应提高排风口高度。有条件时,排风口最好是设置于建筑屋面等不影响人员活动的场所。

8.4　半集中式空调系统

半集中式空调系统是由冷热源、冷热媒管道、空气处理设备、送风管道和风口组成。半集中式空调系统空气处理设备包括对新风进行集中处理的空调器（称新风机组）和在各空调房间内分别对回风进行处理的末端装置（如风机盘管、诱导器等）。

8.4.1　半集中式空调系统的选择

半集中式空调系统根据末端装置的不同可以分为新风加风机盘管系统和新风加诱导器系统。当有集中冷热源、建筑规模大、空调房间多、空间较小而各房间具体使用要求各异、不宜布置大风管且室内温湿度要求一般或层高较低时,可选择半集中式空调系统,如宾馆客房、办公用房等民用建筑。

风机盘管加新风系统的空气调节系统能够实现居住者的独立调节要求,它适用于旅馆客房、公寓、医院病房、大型办公建筑,同时,又可与变风量系统配合使用在大型建筑的外区。

诱导器式系统可用于多房间需要单独调节控制的建筑,也可用于大型建筑物的外区。

8.4.2　风机盘管系统

风机盘管机组在空调工程中的应用大多是和经单独处理的新风系统相结合的。新风由新风机组集中处理,分别送入各个房间;房间回风由设在其内的风机盘管处理,然后与新风混合送入室内或送入室内后混合。与一次回风全空气集中系统相比,该系统送风管小,不需设回风管,节省建筑空间。

1. 风机盘管机组

风机盘管由风机、表面式热交换器(盘管)过滤器组成,其形式有卧式和立式两种。

2. 风机盘管空调系统的新风供给方式

风机盘管空调系统由风机盘管机组、水系统、新风系统和冷凝水系统四部分组成。风机盘管系统新风供给方式有房间缝隙自然渗入,机组背面墙洞引入新风,独立新风系统供给室内。其中最后一种新风供给方式是目前最常用的。

3. 风机盘管水系统

风机盘管空调冷、热媒分别由冷源和热源集中供给,其水系统分为双管制系统、三管制系统和四管制系统,见表8-10。

表 8-10　风机盘管水系统

水管体制	特点	使用范围
双管制	供回、水管各一根,夏季供冷水,冬季供暖水,简便,省投资,冷热水量相差较大	全年运行的空调系统,仅要求按季节进行冷却或加热转换,适用于一般空调系统
三管制	盘管进口处设有三通阀,由室内温度控制装置控制,按需供应冷水或热水;使用同一根回水管,存在冷热量混合损失;初投资较高	全年运行的空调系统,建筑物内负荷差别很大的场合,过渡季节有些房间要求供冷有些房间要求供暖,适用于较高档次的空调系统
四管制	占空间大,比三管制运行费低,在三管制基础上加一回水管或采用冷却、加热两组盘管,供水系统完全独立,初投资更高	全年运行的空调系统,建筑物内负荷差别很大的场合;过渡季节有些房间要求供冷有些房间要求供暖,或冷却和加热工况交替频繁时为简化系统和减少投资,亦有把机房总系统设计成四管制,把所有立管设计为双管制,以便按朝向或内、外区分别供冷或供暖;适用于高档次的空调系统

在建筑初步设计阶段应考虑风机盘管水系统中的以下几个问题:

(1)水系统在高层建筑中,需按承压能力进行竖向分区(每区高度可达100 m),因而中间应设设备层。两管制系统还应按朝向或内、外区做分区布置,以便调节。

(2)风机盘管水系统为闭式循环,屋顶一般需设膨胀水箱间。膨胀水箱的膨胀管应接在回水管上。此外管道应该有坡度,并考虑排气和排污装置。

(3)风机盘管承担室内和新风湿负荷时,盘管为湿工况工作,应考虑冷凝水管系统的布置。

8.4.3 诱导器系统

采用诱导器做末端装置的空调系统称为诱导器系统。

诱导器由外壳、表面式热交换器(盘管)、喷嘴、静压箱和一次风连接管等组成,按安装形式分卧式、立式和吊顶式,按结构形式分全空气型、空气-水型。

经集中处理的一次风(即新风,也可混合部分回风)由风机送入设在空调房间的诱导器静压箱中,然后以很高的速度从喷嘴喷出,在喷出气流的引射作用下,诱导器内将形成负压,因而可将室内空气(即回风,又称二次风)吸入,一、二次风混合后送入空调房间。二次风经过盘管时可以被加热,也可以被冷却或冷却减湿。这种带盘管的诱导器称为空气-水诱导器或冷热诱导器。不带盘管的诱导器称为全空气诱导器或简易诱导器。全空气诱导器不能对二次风进行冷、热和湿处理,但可以减小送风温差,加大房间换气次数。

8.5 分散式空调系统

8.5.1 分散式空调系统的特点

设备可以放在房间内,也可以安装在空调机房内;机房面积较小,机房层高要求低;系统小,风管短,各个风口风量的调节比较容易达到均匀;直接放在室内时,可不接送风管,也没有回风管;各空调房间之间不会互相污染、串声;发生火灾时也不会通过风管蔓延,对建筑防火有利;安装简单,施工安装工作量小;更换维修方便,不影响建筑物整体使用;能量消费计量方便,适用于出租房屋;就地制冷制热,冷热量输送效率高;使用方便、灵活,易于满足各种使用要求(如加班时使用)。

8.5.2 空调机组的应用

空调机组应用方式见表 8-11。

表 8-11 空调机组应用方式

方式	适用性
个别方式	单台机组独立使用是局部空调机组常见的应用方式,一台机组服务一个房间
多台机组合用方式	1. 对于较大空间,如餐厅、小型电影院、会堂、教室等可采用多台独立设置的空调机组,有利于调节容量 2. 也可以将多台机组并联安装,连接总送风管后送风,集中回风再由各机组分别吸入,但风机应具备一定输送余压 3. 要注意新风供给方式及噪声控制
多台机组构成热回收方式	利用水热源热泵机组的水循环系统把大量机组组合起来,可对该建筑物的不同房间同时供冷或供暖,即冬季从内区供冷房间取出的热量作为外区热泵供暖的热源使用,这种系统称为闭式水环路热泵系统

8.5.3　几种新型的局部空调机组方式

1. 穿墙式机组

穿墙式机组有立式（设在外墙窗台下）、卧式（设在靠外墙的吊顶内），分为附有全热交换器和不带全热交换器两种。其特点是压缩冷凝机组（风机为离心式）和室内蒸发器机组均在室内，墙上设有较大的进、排风口面积，对建筑立面有影响。应注意的问题是：建筑立面与装置的配合必须协调考虑，设计时应统一预留进、排风口。

该系统可应用于办公楼建筑作为外区空调方式，负担外区负荷（内区为集中式空调方式，空调用能源可不用电力驱动，增加了使用的灵活性）。

2. 变冷剂量空调机组系统

变冷剂量（Variable Refrigerant Volume，VRV）系统属于冷剂系统，每台室外机可以配置不同规格、不同容量的多台室内机。在这种系统中，冷剂配管长度最大可达 100 m，室内、外机之间的高差可达 50 m（当室外机高于室内机时）。该系统的关键技术依靠的是电子控制技术（电子膨胀）、冷剂配管的分流技术（分支接头）、回流技术和变频技术。在这种系统的基础上最新开发了称为"三通路"的一机多匹配系统，它利用高压气体的排热可满足不同房间同时有供冷或供暖的需求，可以实现热回收。建筑设计时应考虑室外机的安装位置、冷剂配管的管井以及新风供给方式对建筑的要求。

该系统可用于多居室的住宅或别墅以及中、小型办公楼及其他类型的建筑物。在建筑物较大时，可分层按容量选定。使用 VRV 方式应配备新风系统（最好带热回收装置）。与集中式空调系统相比，它节省了机房、水系统等。

3. 闭环水源热泵系统

闭环水源热泵系统是一种局部机组系统化的形式（见表 8-11 中多台机组构成热回收方式），由水源热泵单元机组（水-空气热泵）、辅助加热装置、冷却塔和水系统所组成。由于在建筑物内使用时，通过同时供冷、供暖的热回收过程不可能是随时平衡的，故夏季时冷却塔要投入运行，而冬季则需投入辅助加热器。

闭环水源热泵系统有热回收功能，是理想的节能系统；在建筑物内可随时供冷供暖，机组停开相互无影响，灵活性大；不需设制冷机房和锅炉房，初投资比一般集中空调系统节省；水管在室内，水温适中，不必保温，安装方便；各室计量方便、可靠，适用于出租房屋。

从节能和热回收考虑，该系统宜用在建筑规模较大的场合，内区面积要大于或相近于周边区，即两者冷热负荷相当为好，且这种冷热负荷的平衡时间越长越经济，适用于已有大楼的空调增设工程，该系统对建筑层高和外立面均无影响。但采用这种系统时应注意噪声处理和新风的供给设施占用的建筑空间。

8.6　几种新型的空调方式

8.6.1　辐射供冷方式

辐射供冷是利用高温冷水（供水温度在 16 ℃以上）作为空调冷源。辐射换热装置仅负担室内显热负荷,由通风换气的新风负担室内湿负荷,故供冷时冷水温度较高,不会在板面产生结露现象。

采用辐射冷盘管时,盘管设在吊顶者为多,低温顶面(壁面)的辐射供冷,利用吊顶作为送风静压箱,静压箱底面(即吊顶)就构成了辐射面,从而突出了辐射换热效果。在室内利用壁后通路构成下送风的方式,壁面接近送风温度,表冷器可设在顶部,借自然热压作用即能构成空气循环。

室内采用部分冷吊顶,送风口与冷盘管顶板相结合。借送风口出风在顶部的诱导作用吸入室内空气以形成均匀的空气分布和提高顶板的对流换热量。

辐射方式在机理上有舒适、节能的优点,有时还有蓄能的作用,且室内不设暴露的末端设备,由于风量较小,噪声易于控制,在高级的办公楼、体育设施、小型的美术馆、会议室等中可采用。

8.6.2 "低温"空调系统

在冰蓄冷系统能制备较低温度冷媒(1.1~3.3 ℃)的条件下,则有可能将冷却减湿后的空气温度降至 3.5~10.5 ℃;相对于常规空调用 7 ℃供水、12 ℃回水处理空气使其达到 13~15 ℃而言,前者可谓是一种"低温"的空气处理,因而也使"低温"空调系统的设计具有某些特点。

空调能耗问题和电力供应紧张问题成为人们关注的焦点。由于"低温"送风空调系统可以降低空调的初投资和运行费用,弥补由于采用冰蓄冷系统引起的投资增加,因此将冰蓄冷技术与"低温"空调技术相结合,能提高空调系统的整体性能水平,并且实现电力负荷的移峰填谷。所以,近年来这种系统得到了较大的发展。

"低温"空调系统具有以下很多优点。

(1)由于"低温"送风温度要比常规送风温度低 10 ℃左右,因而同样冷热负荷条件下送风量要比常规送风量低,所需风机功率随之降低,节省了运行费用。

(2)"低温"空调系统中,由于送风量的减少,空气处理设备及风道尺寸相应减少,所占空间减少;可使空调风系统初投资、土建初投资都减少。

(3)采用"低温"空调系统的建筑物,其室内相对湿度低于常规空调系统的相对湿度。在相对湿度较低时,可以通过提高干球温度使空调房间内的有效温度与采用常规空调系统时室内空气的有效温度相同。因而可以防止室内人员有冷感,另一方面还可以节能。

(4)由于低温抑制了有害细菌的生长且凝结水量大,使得"低温"空调系统凝结水中的有毒物浓度低于常规空调系统,因而提高了送风卫生质量。

8.6.3 下送风复合型空调方式

下送风属全空气空调方式,在气流分布上有一定的特殊性,并可与"个人空调"相结合成为一种能明显改善室内工作人员热舒适和空气品质的空调方式。空调设备可采用专用的下送风空气处理箱。地板为架空结构,地板下即为送风静压箱,设地面送风口(有带小型风机和不带风机的两种),地下静压层高度一般在 300 mm 左右。回风口设在吊顶上,可与灯具完美结合,有利于排除余热。

随着办公楼建筑的智能化发展,办公自动化机器设备的增加,对空调送风和建筑物内配线的灵活性要求更高。故在办公室、计算机房中被逐步采用。至于其他场合,如大剧院、博物馆等大空间内热源大的建筑亦有采用。

8.7　空调水系统

空调水系统包括冷、热水系统及冷却水系统、冷凝水系统。

冷、热水系统:空调冷、热源制取的冷、热水要用管道输送到空调机或风机盘或诱导器等末端处,输送冷、热水的系统称为冷、热水系统。

冷却水系统:空调系统中专为水冷冷水机组冷凝器、压缩机或水冷直接蒸发式整体空调机组提供冷却水的系统称为冷却水系统。

冷凝水系统:空调系统中为空气处理设备排除空气去湿过程中的冷凝水而设置的水系统称为冷凝水系统。

8.7.1　冷、热水和冷却水参数

1. 冷、热水参数

空气调节冷、热水参数,应通过技术经济比较后确定,宜采用以下数值:空气调节冷水供水温度在 5~9 ℃,一般为 7 ℃;冷水供回水温差在 5~10 ℃,一般为 5 ℃;热水供水温度在 40~65 ℃,一般为 60 ℃;热水供回水温差在 4.2~15 ℃,一般为 10 ℃。

2. 冷却水参数

空气调节用冷水机组和水冷整体式空气调节器的冷却水水温,应按下列要求确定(不包括水源热泵等特殊系统的冷却水)。

(1)冷水机组的冷却水进口温度不宜高于 33 ℃。

(2)冷却水进口最低温度应按冷水机组的要求确定:电动压缩式冷水机组不宜低于 15.5 ℃;溴化锂吸收式冷水机组不宜低于 24 ℃;冷却水系统,尤其是全年运行的冷却水系统,宜对冷却水的供水温度采取调节措施。

(3)冷却水进出口温差应按冷水机组的要求确定:电动压缩式冷水机组宜取 5 ℃,溴化锂吸收式冷水机组宜为 5~7 ℃。

8.7.2　空调冷、热水系统

1. 空调冷、热水系统的形式

(1)按水压特性可分为闭式系统和开式系统。

闭式系统:管路系统不与大气相接触,仅在系统最高点设置膨胀水箱。为了防止开式水箱引起的腐蚀或在屋顶设置水箱间有困难时,也可采用落地式气体定压罐。

开式系统:管路系统与大气相通。

(2)按各种末端设备的水流程划分为同程式系统和异程式系统。

(3)按冷、热水管道的设置方式可分为双管制系统、三管制系统和四管制系统。

(4)按水量特性划分为定流量系统和变流量系统。

定流量系统:流经用户管道中的水流量恒定,当空气处理器需要的冷热量发生变化时,改变调节旁通水量或改变水温。空气处理器水量调节为三通或不设调节。

变流量系统:流经用户管道中的水流量随空气处理器需要的冷(热)量而变化。空气处理器水量调节为二通。

(5)按循环泵设置可分为一次泵系统和二次泵系统。

一次泵系统:只设一级循环泵,冷、热源侧与负荷侧合用一组水泵。

二次泵系统:设两级循环泵,冷、热源侧与负荷侧分别配置循环水泵。

2. 冷、热水系统的分区

冷、热水系统可按水系统压力分区和按承担空调负荷的性质分区。

1)按压力分区

水系统的竖向分区应根据设备、管道及附件的承压能力确定。在超高层建筑中,水系统常按竖向分为低区、中区或高区。

2)按负荷性质分区

按负荷性质(包括固有性质和使用性质)分区是将水系统的分区与空调风系统的划分结合起来考虑。空调风系统划分的原则是将负荷特性、使用时间和功能、设计参数和空调精度相近的划在同一系统中,各区设独立管道,不用时最大限度地节省能源,灵活方便。按负荷的固有特性,水系统的管路按建筑物的朝向及内外区分区布置。所以,在某些建筑中冷、热水系统可能既有竖向分区,又有水平分区。

8.7.3　冷却水系统

1. 冷却水系统种类

1)直流供水系统

天然水如自来水、地下水、湖泊、江河或水库中的水,对于空调冷却水系统来说都是优良的冷源。水经过设备后也不会产生污染,可综合利用。

2)循环冷却水系统

循环冷却水系统只需要补充少量水,但需要增设循环水泵和冷却塔等。

2. 冷却塔的布置

冷却塔应放在室外通风良好处,在高层民用建筑中,最常见的是放在裙房或主楼屋顶。布置时首先应保证其排风口上方无遮挡,在进风口应保证进风气流不受影响。另外,进风口不应邻近有大量高湿热空气的排风口。布置在裙房屋顶时,应注意噪声对周围建筑和塔楼的影响;布置在主楼屋顶时,要满足冷水机组承压要求。冷却塔的布置还会对结构荷载和建筑立面产生影响。

8.7.4　冷凝水系统

空气处理设备在去湿工况下运行时,被处理的空气会产生冷凝水。使用表面式换热器的空气处理器,其冷凝水被收集在随机组配置的凝水盘中,然后由凝水管路系统及时排除,以确保空气处理器连续正常运行。

冷凝水系统一般有水平式、垂直式和单独(就近)排除式等。因冷凝水系统为重力非满管流,管道沿水流方向坡度较大,因而受建筑层高限制,水平管路不宜太长。垂直冷凝水系统的水平支管一般较短,立管可与冷、热水管一同设在管井内,易于排除冷凝水,且占用建筑空间少,是一种较好的冷凝水系统。这种冷凝水系统多用于宾馆客房和写字楼中新风机组及风机盘管凝结水的排除。一台处理设备单独设置冷凝水排除系统的方式多见于大空间中的组合式空调箱,其冷凝水可就近排入空调机房的地漏。冷凝水排入污水系统时,应有空气隔断措施;冷凝水管不得与室内密闭雨水系统直接连接。

8.8　空调系统的冷热源

8.8.1　空调系统的冷源

1. 天然冷源

天然冷源主要是地下水(深井水)、地道风和山涧水等。

天然冷源的特点是节能,造价低,但由于受各种条件的限值,不是在任何地方都可以获得。

2. 人工冷源

人工冷源是指利用制冷设备和制冷剂制取冷量,其优点是不受条件的限制,可满足所需要的任何空气环境;其缺点是初投资大,运行费用高。

1)制冷机分类

(1)制冷机按工作原理分为压缩式制冷机、吸收式制冷机和蒸汽喷射式制冷机三类。目前压缩式制冷机的应用最为广泛。

压缩式制冷机:将电能转换成机械能,通过压缩式制冷循环达到制冷目的的制冷方式。根据压缩机工作原理的不同,压缩式制冷机又可分为活塞式制冷机、螺杆式制冷机、离心式制冷机等多种形式。

吸收式制冷机:直接以热能为动力,通过吸收式制冷循环达到制冷目的的制冷方式。根据所使用热源的不同,吸收式制冷又可分为蒸汽热水式制冷机和直燃式制冷机两种。

蒸汽喷射式制冷机:直接以热能为动力,通过蒸汽喷射式制冷循环,达到制冷目的制冷方式。

(2)制冷机按冷却介质分为水冷式制冷机和风冷式制冷机。

水冷式制冷机是用水冷却冷凝器内的制冷剂,一般要在室外设冷却塔。大、中型工程多采用水冷式。

风冷式制冷机是用室外空气直接冷却冷凝器内制冷剂,冷凝器应设在室外或通风较好的室内。中、小型工程可采用风冷式。

(3)制冷机按功能分为单冷式制冷机和冷热水机。

单冷式制冷机只产冷水,如压缩式制冷机、蒸气式溴化锂吸收式冷水机组、热水式溴化锂吸收式冷水机组。

2)制冷剂、载冷剂和冷却剂

制冷剂是制冷系统中完成制冷循环的工作物质。目前,常用的制冷剂有氨和卤代烃

（又名氟利昂）。空调中使用较多的溴化锂吸收式制冷机是采用水和溴化锂组合的溶液,其中沸点低的水作为制冷剂,沸点高的溴化锂作为吸收剂,只能制取 0 ℃以上的冷冻水。

载冷剂是间接制冷系统中,用以吸收被制冷空间或介质的热量,并将其转移给制冷剂的一种流体,也称冷媒,常用的载冷剂有水、盐水和空气。

冷却剂是在冷凝器中带走高温高压气态制冷剂冷凝为高温高压液态制冷剂时放出的热量的工作物质,常用的冷却剂有水(如井水、河水、循环冷却水等)和空气等。

3)冷水机组的特性与用途

冷水机组是把压缩机、冷凝器、蒸发器、节流以及电气控制设备组装在一起,为空调系统提供冷冻水的设备。其特点是:结构紧凑,占地面积小,机组产品系列化,冷量可组合配套,便于设计选型,施工安装和维修操作方便;配备有完善的控制保护装置、运行安全;以水为载冷剂,可进行远距离输送分配和满足多个用户的需要;机组电气控制自动化,具有能量自动调节功能,使于运行节能。设备用户只需要做基础连接冷冻水管、冷却水管及电动机电源,即可进行设备调试。

8.8.2　空调系统的热源

空调系统的热源有集中供暖,自备燃油、燃气、燃煤锅炉,直燃式(燃油、燃气)溴化锂吸收式冷热水机组(夏季制冷水、冬季生产空调热水),各种热泵机组(利用各种废热如工厂余热、垃圾焚烧热或空气、水、太阳能、地热等可再生能源热)。

由于空调系统要求的热媒温度低于采暖系统的热媒温度,所以集中供暖热源和自备锅炉房热源的热水或蒸汽要经过换热站制备空调专用热水,才可送入空气处理机。下面就热泵系统的冷热联供做简要介绍。

热泵是能实现蒸发器与冷凝器功能转换的制冷机,利用同一台热泵可以实现既供暖又供冷。所有制冷机都可以用作热泵,以吸收低温的热量(输出冷量)为目的的装置叫作制冷机;以输出较高温度的热量或同时(或交替)输出冷热量为目的的装置叫作热泵。像水泵能将水从低处提升到高处一样,热泵可以将热量从低温物体转移到高温物体。

1. 热泵的种类

按工作原理的不同,热泵可以分为机械压缩式热泵、吸收式热泵、蒸汽喷射式热泵。

按应用场合及大小的不同,热泵可以分为小型(家用)热泵、中型(商业或农业用)热泵、大型(工业或区域用)热泵。

按低温热源的不同,热泵可分为空气热泵、地表水热泵、地下水热泵、污水热泵、土壤热泵、太阳能热泵和各种废热热泵。

按热输出类型的不同,热泵可以分为热空气热泵、热水热泵。

2. 热泵的应用

同时既需要制冷又需要制热的生产工艺过程是最适合于应用热泵的。热泵要求冷却的过程吸取热量,将其温度升高后应用于需要加热的过程。热泵的吸热量和放热量同时都有收益,加之生产工艺过程大多是常年进行的,因而极为经济。有些场所例如冬季利用电厂循环冷却水的排热或回收现代化大楼内区的发热量作为低温热源的热泵也属于这一类。热泵可以在不同季节交替制冷或制热,如对于空气调节应用,需在夏季制冷,冬季制热。

3. 热泵的节能

1)热泵作为暖通空调热源的能源利用系数要比传统的热源方式高

表 8-12 为不同暖通空调热源的能源利用系数。显然,从能源利用观点看,热泵作为暖通空调的热源优于目前传统的热源方式。

表 8-12　不同暖通空调热源的能源利用系数

热源类型	小型锅炉房	中型锅炉房	热电联合供暖	电动热泵	燃气驱动热泵
能源利用系数	0.5	0.65~0.7	0.88	1.41	1.41

2)热泵系统合理地利用了高位能

热泵供暖系统利用高位能推动一台动力机(如电动机),再由动力机来驱动工作机(如制冷压缩机)运转,工作机像泵的作用一样从低温热水(如水)吸取热量,并把这部分热量的温度升高,向暖通空调系统供出热量,这样热泵使用高位能是合理的。

3)热泵热源是解决传统热源中矿物燃料燃烧对生态环境污染的有效途径

与燃煤锅炉相比,使用热泵平均可减少 30% 的 CO_2 排放量;与燃油锅炉相比,CO_2 排放量减少 68%,排热量也减少。所以,热泵在暖通空调中的应用将会带来环境效益,对降低温室效应也有积极作用。

4)暖通空调用热是热泵的理想用户

热泵的制热性能系数随着供暖温度的降低或低温热源温度的升高而增加,而暖通空调用热一般都是低温热量,如风机盘管只需要 50~60 ℃的热水;同时,建筑物排放的废热总量很大,品位也较高,如空调的排风均为室温,这为使用热泵创造了一定条件。也就是说,在暖通空调工程中采用热泵,有利于提高它的制热性能系数。因此,暖通空调是热泵应用中的理想用户之一。

5)空调工程采用热泵的节能情况

(1)热泵式房间空调器。在我国用得最多的空气-空气热泵是可以进行全年空调的热泵式房间空调器,有整体式和分体式两类,一套制冷设备可夏季制冷、冬季供暖,一机两用,提高了设备利用率,安装方便,自动化程度高,操作简单,容易购买,无须机房,适用于各种新建和改建的建筑。

(2)集中式热泵空调系统。集中式热泵空调系统的所有空气处理设备和空气输送设备都集中在空调机房,一套制冷设备可夏季制冷、冬季供暖,一机两用,常用在地下水源、地表水源、污水源、土壤源和电厂冷却水热回收系统中。

(3)热泵用于建筑中热回收。在一些现代建筑中,往往可以将建筑物划分为周边区和内区两大部分。内区即使在冬季也需要供冷,即把内区中灯光、人员、设备(如复印机、电脑等)的热量提取到周围环境中去,另外建筑中的排风系统也会把热量排到周围环境中去。如果把这些本来排到周围环境中去的热量加以有效利用,则称为热回收,用热泵可以回收建筑物内部的热量。

8.9　空调系统的布置

空调系统布置包括制冷和供暖机房、空调机房、管道层、设备层水管和风管等的布置。布置时应尽可能构成一个合理的运行环路,以节省投资和运行费。

8.9.1　制冷和供暖机房(空调主机房)

中央空调主机房一般指冷、热源设备机房和热交换站。安装制冷机及其附属设备的房间称为制冷机房,又称"冷冻机房"或"冷冻站"。下面着重讲述冷冻机房设计对土建的基本要求。

1. 制冷机房设计对土建的基本要求

1)制冷机房的位置

制冷机房应尽可能靠近负荷中心,力求输送管道最短,吸收式和蒸汽喷射制冷,还应尽可能靠近热源。一般应充分利用建筑物的地下室,由于条件限制不宜设在地下室时,也可设在裙房中或与主体建筑分开设置。对于超高层建筑,也可以设在设备层或屋顶上。

氟利昂压缩式制冷机可布置在民用建筑、生产厂房及辅助建筑物内,也可布置在地下室,但不能直接布置在楼梯间、走廊和建筑物出入口处。

氨制冷机不得布置在民用和工业企业辅助间内,也不许布置在地下室,要布置在单独建筑或隔开的房间内。

蒸汽喷射制冷机要露天布置(主要是工业企业用),溴化锂吸收式制冷机应布置在室内或地下室,条件许可时可布置在室外,但控制仪表、电气设备应在室内。

2)高层建筑中制冷机房的位置及特点

冷、热源集中布置在地下室,如有裙房,冷却塔可放在裙房屋顶上,对维修、管理和噪声、振动等处理比较有利,但设备(蒸发器、冷凝器和泵等)承压大,应根据水系统高度校核设备承压能力。直燃机烟囱占建筑空间比较大。

冷、热源集中布置在最高层,冷却塔和制冷机之间接管短,蒸发器、冷凝器和水泵承压小,管道节省,直燃机烟囱短且占建筑空间小。但应注意燃料供应、防火、设备搬运、消声隔振等问题。

热源布置在地下室,制冷机布置在顶层,这样兼有前面两者的优点。

部分冷冻机布置在中间层,对使用功能上分低区(中区)和高区的建筑物较合适。

冷、热源集中布置在中间层,设备承受一定压力,管理方便,但中间设备层要比标准层高,噪声和振动容易上下传递,结构上应做消声防振处理。

如果是大型高层建筑,有塔楼和裙楼,塔楼为筒体和剪力墙,那么制冷机房最好布置在裙楼下,且上一层房间应对消声隔振无严格要求。

冷、热源(指风冷单冷或热泵机组)布置在裙房屋顶或主楼层顶或通风良好的设备层中(一定要保证通风良好,否则将严重影响机组出力),在非严寒和寒冷地区是一个较好的选择。在冬季室外温度很低不适用热泵的地区,夏季可用风冷机组,冬季必须加设换热器,特别适用于超高层建筑的最上区。

制冷机布置在地下室,应与低压配电间邻近,且靠近电梯间为好。

当无地下室可利用或在原有高层建筑增设空调时,可设置独立机房,其优点是利于隔声防振,但管线较长。

3)制冷机房对土建专业的基本要求

(1)大中型制冷机房内的制冷主机应与辅助设备及水泵等分开布置,与空调机房亦分开设置。

(2)大中型制冷机房内应设值班室、控制室、维修间和卫生设施、给排水设施、通信装置(如电话)。

(3)制冷机布置在地下室时,要处理好隔声防振问题,特别是压缩式制冷机要注意水泵和支吊架的传振问题。

(4)大中型制冷机房与控制间之间应设玻璃隔断,并做好隔声处理,小型制冷机视具体情况而定。

(5)机房内留出必要的安装、操作、检修距离,当利用通道作为检修用地时应根据设备类型,适当加宽。

(6)制冷机房的建筑形式、结构、柱网、跨度、高度、门窗大小及房间分隔等要求应与设备专业设计人员共同商定。

(7)制冷机房所有房间的门窗均应朝外开启,氨制冷机房不应设在食堂、托儿所附近或人多的房间附近,且应设两个互相尽量远离的出口,其中至少应有一个出口直接通向室外。

(8)制冷机房荷载,应根据制冷机具体型号选定,估算为 40~60 kN/m²,且有振动。

(9)在建筑设计中,还应考虑需要预留大型设备的进出安装和维修用的孔洞,并配备必要的起吊设施。当设在地下室时,还应考虑要有通风设施预留洞。

(10)门窗的设置要尽量利用天然采光和自然通风。当周围环境对噪声、振动等有特殊要求时,应考虑建筑隔声、消声、隔振等措施。

(11)当选用直燃型吸收式制冷机组时,燃料的贮存、输送、使用等对建筑设计的要求可参照国家颁布的各种防火规范的设计要求。

(12)冷水机组的基础应高出机房地面 150~200 mm。基础周围和基础上应设排水沟与机房的集水坑或地漏相通,以便及时排除可能产生的漏水或漏油。

(13)制冷机房地面和设备机座应易于清洗。

(14)对于活塞式制冷机、小型螺杆式制冷机,制冷机房净高(地面到梁底)应控制在 3.0~4.5 m;对于离心式制冷机,大中型螺杆式制冷机,其净高控制在 4.5~5.0 m;对于溴化锂吸收式制冷机,设备最高点距梁底不小于 1.5 m;氨制冷机房净高不小于 4.8 m;设备间净高不小于 3 m。有电动起吊设备时,还应考虑起吊设备的安装和工作高度。

8.9.2　空调机房

1. 空调机房设计对土建的基本要求

1)空调机房选址的原则

空调机组体积大,重量轻,可以靠近空调区设置,也可设屋顶,但应注意消声与隔振,一般应遵循以下原则。

（1）应尽量靠近空调房间,并宜设在负荷中心;同时,离冷冻机房的距离不宜太远,以减少冷量损失;还要兼顾主风管和管井位置,以减少风管长度,节省投资和风机功率(一般作用半径不要太大,为 30~40 m,且一个系统服务面积以 500~800 m² 为宜);必要时,空调机房可按集中与分散相结合的原则布置。

（2）对室内声学要求高的建筑物,如广播、电视、录音棚以及空调风量大的公共建筑的空调机房宜布置在地下室中;一般办公、旅馆等公共部分机房可布置在每层楼上,但应远离对室内声学环境要求严格的房间,如贵宾室、会议室、报告厅等。

（3）高层或超高层民用建筑中的空调机房可布置在建筑物的地下室、顶层和中间设备层。裙房的空调机房宜分层设置,最好能在每一层的同一位置上成串布置,这样有利于冷、热水管道的布置,达到节省能源和投资的要求。但空气调节系统竖向分设时,应符合现行《建筑设计防火规范(2018 年版)》(GB 50016—2014)的有关规定。

（4）空气-水系统用于高层建筑时,其新风机房宜每层或几层(一般不超过 5 层)设一个新风机房。当新风量较小,吊顶内可以放置空调机组时,亦可将新风机机组放在吊顶内。新风干管一般布置在内廊吊顶内,要求吊顶与梁底净高 $H \geqslant 500$ mm。

（5）空调机房宜有非正立面的外墙,以便引入新风。

2）空调机房对土建专业的基本要求

空调机房宜按防火分区分别独立设置。根据机房面积大小和系统的复杂程度,在机房内设值班室、厕所及上下水设施。管理室(或值班室)内应设电话。空调机房的面积和净高应按系统负荷的大小和参数要求由选定的设备及风管尺寸决定,并保证有足够的操作空间及检修通道。放在地下室或大型建筑物内区的空调机房,应有足够断面的新风和排风竖井或通道。大型空调机房应有独立通往室外及搬运设备的出入口。如设备构件过大不能由门搬入时,应预留安装孔洞。空调设备荷载可取 5~6 kN/m²。空调机房的门、窗、基础、墙面和屋顶均应考虑隔声措施,机房内所有转动设备均应考虑减振措施。空调机房不宜与空调房间共用一个出入口,空调机房的门朝外开启,机房内应设有地漏。

在高层建筑内的通风、空调机房,应采用耐火极限不低于 2.0 h 的隔墙、1.5 h 的楼板和甲级防火门与其他部位隔开。

2. 空调机房的面积和高度

空调机房的面积和层高的概算指标见表 8-13。

表 8-13　空调机房面积和层高概算指标

总建筑面积(m²)	各类机房面积占总建筑面积比(%)			机房层高(m)
	分层机组	新风 + 风机盘管	集中式空调机房	
< 10 000	7.5~5.5	4~3.7	7~4.5	4~4.5
10 000~25 000	5~4.8	3.7~3.4	4.5~3.7	5~6
30 000~50 000	4.7~4	3~2.5	3.6~3	6.5

3. 小型空调设备安装与建筑设计的关系

安装在窗户或外墙上的窗式空调器,由于安装位置的限制,既要满足室内装修要求,又要照顾外立面,尤其对外立面的影响较大,且该类机组噪声大。

分体式空调器一部分为装在房间里的空气冷却装置(室内机),另一部分为装在附近的压缩冷凝机组或冷凝器(室外机)。室外机组可装在室外地面、平台、屋面或挂于外墙上,室内机组装于室内地面(柜式机)、吊顶下或挂于内墙,二者通过冷媒管道连接。冷媒管道穿墙或楼板时应预留直径 100 mm 的孔洞,两机高差应控制在 3~5 m 范围内,室内、外机的最大距离(冷媒管最大长度)通常在 10 m 以内,或根据样本要求确定。这类空调器室内机有多种造型,可根据装修要求选定。室外机宜统一预留安装平台位置和冷凝水排水管。

8.9.3 管道层与设备技术层设置

1. 管道层的设置

高层建筑中管道层的位置及数量与建筑物的高度及系统的复杂程度有关。管道层的层高一般为 2.2 m,以 15~20 层设一管道层为宜。

2. 设备技术层的设置

单层和多层建筑,应尽可能不设专门的技术层;20 层以内高层建筑,宜在上部或下部设一个技术层;20~30 层的高层建筑,宜设上、下两个技术层;30 层以上高层建筑,宜设上、中、下三个技术层;高层建筑中还可设下部和侧旁技术层。

制冷机、锅炉等大型、沉重的设备,宜布置在下部技术层;为防止设备承受静压过大,换热器、空调器等宜布置在中、上层技术层;设备层位置还应依建筑物类型、规模、设备方式、使用机器和系统的不同而异;由主设备室和各层设备室所组成,并应配备相应的管沟和管井。

设备技术层的空调设备、水管、风管、电缆电线等由下到上的布置顺序为:$h = 2$ m 布置空调设备和水泵等;$h = 2.5~3$ m 布置冷水管道;$h = 3.6~4.6$ m 布置通风、空调管道;$h = 4.6$ m 布置电缆电线。其中 h 为离地距离。

设备技术层的层高可参考表 8-14 确定。若设备技术层内无锅炉和制冷机,层高一般可降 2.2 m。

表 8-14 设备技术层层高概略值

建筑面积 (m²)	设备层(包括制冷机、锅炉)层高(m)	泵房、水池、变配电、发电机房屋高(m)	建筑面积 (m²)	设备层(包括制冷机、锅炉)层高(m)	泵房、水池、变配电、发电机房屋高(m)
1 000	4.0	4.0	15 000	5.5	6.0
3 000	4.5	4.5	20 000	6.0	6.0
5 000	4.5	4.5	25 000	6.0	6.0
10 000	5.0	5.0	30 000	6.5	6.5

8.9.4 空调系统管路的布置与敷设

空调系统管道包括风管和水管。风管包括送风管、回风管、新风管、排风管和排烟管等;水管包括冷、热水管,冷却水管,冷凝水管等。管道的布置与敷设不仅要考虑建筑、结构等方面的实际情况,而且还要考虑室内给水管、排水管、消防管道、电气、电话、宽带、闭路电视管道(或桥架)的布置要求。

1. 空调风管布置

空调系统的风管主要采用镀锌钢板、玻璃钢等材料制作,有时也采用砖风道和混凝土风道。玻璃钢风管的特点是防腐、防火,但阻力大、造价高。砖和混凝土风道漏风大,但振动和噪声小。

空调系统的风管由于需要的断面大,为了与建筑配合,一般采用矩形风道。风管的断面尺寸根据风量和风速计算确定。

风管的布置除尽量不穿越防火分区外,还要考虑便于调节和阻力平衡。当一个系统为多个房间送风时,可根据房间的用途分为几组支风道送风,以便于调节和控制。

当空调机组集中设置在地下室或某层时,通常主风管垂直布置,在各楼层内接出水平风管,吊顶内水平风管需要的空间净高为 500~600 mm。

2. 水管布置

空调系统中,常用水管管材有焊接钢管、无缝钢管、镀锌钢管及聚氯乙烯(PVC)等塑料管。焊接钢管和无缝钢管常用于空调冷、热水及冷却水回路。镀锌钢管不易生锈,对冷凝水管来说比较合适,它也可满足冷冻水和冷却水系统的压力要求。空调冷凝水管近来也大量采用塑料管,其内表面光滑、流动阻力小、施工安装方便,一般不需再做防结露保温处理,是一种值得推广的管材。

空调水系统布置方式常用的有下分双管式、上分双管式和水平双管式。上分双管式除主供回水立管外,还有许多支立管,管道布置需占竖井面积;水平双管式虽只有主供回水立管和水平管,但其水平管的布置要占用建筑层高空间,特别是较大的水平系统。除此之外,冷凝水系统,冷却塔供回水管,消防水管,冷、热给水管,下水管,甚至雨水管等都要占用竖井面积和层高空间。因此,合理布置各种水管对建筑设计非常重要。

3. 管道井

空调系统中有许多竖向设置的风管和水管,通常宜设置在管道井内,并需要占用一定的面积。无论是水系统还是风系统,如果每层水平布置,管道井占用面积都是最小的(一般只需要主立管管道井)。如果采用垂直式布置,则部分甚至全部支立管需设置在管道井内。一般来说,采用水平式系统时,空调管道井面积约占建筑面积的 0.5%,而采用垂直式系统时,此比例可达到 2%~3%。但垂直系统有可能将一些机房放在次要地点,并集中布置(或几个合并),可省出宝贵的使用面积,且水平式系统将使层高要求加大,因此总的经济效益比较要视具体工程的不同实际情况而定。

1)管道井尺寸

确定管道井尺寸时考虑安装维修的可能,应留有 600 mm 维修空间。装风管的管道井应为风管尺寸的 2 倍。风管距墙壁应当留有 150~300 mm 的施工操作空间。冷、热水管道的外壁(或保温层的外表面)离墙面的距离不应小于 150 mm,各管道外壁(或保温层的外表面)之间距离不应小于 100~150 mm。当靠墙时,小风管距墙尺寸不小于 150 mm,大风管距墙尺寸不小于 300 mm。

2)管道井的设置

管道井宜设置在建筑物每个防火分区的中心部位,且应靠近空调机房,上下贯通,中途不能拐弯。由于空调系统各层均有风管和水管井、出管道井,在管道井墙上必须开孔洞,因此应当注意把管道井设置在墙上开洞不会破坏建筑结构刚度的地方。风管、水管在穿越墙体和楼板处,一般预留孔洞的大小为:不保温风管预留孔洞尺寸取风管外形尺寸加 100 mm;保温风管预留孔洞尺寸取风管外形尺寸加 150 mm;不保温水管预留孔洞尺寸比其管径大两号;保温水管预留孔洞尺寸取其管径加 150 mm。另外,在检修通道上要预留 1.2 m × 0.6 m 的检修门(或人孔)。

防排烟管道井在建筑中占有不少面积,每个疏散楼梯及消防前室的加压送风竖井约需 0.8 m²(净面积),每层机械排烟竖井面积占该层建筑面积的 0.1%~0.2%。加压风机和排烟风机一般设在塔楼屋顶或裙房屋顶,超高层建筑需要分段加压送风时,风机房也可设在中间设备层。

8.10　建筑防排烟及通风空调系统的防火

为防止和减少建筑火灾的危害,保障人身和财产的安全,所采取的手段大致可分为预防(防止起火)和消防两类。

8.10.1　建筑设计防火分区与防烟分区

在建筑设计中防火分区的目的是防止火灾的扩大,分区内应该设置防火墙、防火门、防火卷帘等设备。防烟分区则是对防火分区的细分化,能有效地控制火灾产生的烟气流动。

1. 防火分区

建筑的防火分区见《建筑设计防火规范(2018 年版)》(GB 50016—2014)中的规定。每个防火分区的最大建筑面积为:耐火等级一、二级的高层民用建筑,防火分区的最大允许建筑面积为 1 500 m²;耐火等级一、二级的单、多层民用建筑,防火分区的最大允许建筑面积为 2 500 m²;耐火等级三级的单、多层民用建筑,防火分区最大允许建筑面积为 1 200 m²;耐火等级四级的单、多层民用建筑,防火分区最大允许建筑面积为 600 m²;一级耐火等级的地下或半地下建筑(室),防火分区的最大允许建筑面积为 500 m²。

当建筑内设置自动灭火系统时,其允许最大建筑面积可按上述规定增加 1.0 倍;局部设置时,防火分区的增加面积可按该局部面积的 1.0 倍计算;裙房与高层建筑主体之间设置防火墙时,裙房的防火分区可按单、多层建筑的要求确定。

对于高层办公楼的每一个水平防火分区来说,根据疏散流程可划分为第一安全地带(走廊)、第二安全地带(疏散楼梯前室)和第三安全地带(疏散楼梯)。各安全地带之间用防火墙或防火门隔开。

2. 防烟分区

防烟分区不应超过 500 m²,且不得跨越防火分区。防烟分区可用隔墙,也可用挡烟垂壁。在各防烟分区内分别设置一排烟口(排烟口有手动开启装置)。排烟口与该防烟分区内最远点的水平距离不超过 30 m。

8.10.2　防烟、排烟设施的设置部位

1. 防烟设施的设置部位

建筑应设防烟设施的部位有:防烟楼梯间及其前室、消防电梯前室和合用前室、避难层

（间）、避难走道的前室。

2. 排烟设施的设置部位

民用建筑应设排烟设施的部位有：设置在一、二、三层且房间建筑面积大于 $100\ m^2$ 的歌舞、娱乐、放映、游艺场所，设置在四层及以上楼层、地下或半地下的歌舞、娱乐、放映、游艺场所；中庭；公共建筑内建筑面积大于 $100\ m^2$ 且经常有人停留的地上房间；公共建筑内建筑面积大于 $300\ m^2$ 且可燃物较多的地上房间；建筑内长度大于 $20\ mm$ 的疏散走道；地下或半地下建筑（室）、地上建筑内的无窗房间，当总建筑面积大于 $200\ m^2$ 或一个房间建筑面积大于 $50\ m^2$，且经常有人停留或可燃物较多时。

8.10.3　防烟、排烟方式

1. 防烟

防烟楼梯间、防烟楼梯间前室、消防电梯前室、防烟楼梯间和消防电梯合用前室、封闭避难层（间）等疏散和避难部位通过送风加压，使其空气压力高于走道和房间的空气压力，烟气不能侵入，或通过可开启的外窗或排烟窗把烟气及时排走，以利于人员疏散，这叫作防烟。防烟分为机械加压送风的机械防烟和可开启外窗的自然排烟。

2. 排烟

利用自然或机械作用力将烟气排至室外，称为排烟。利用自然作用力的排烟称为自然排烟；利用机械（风机）作用力的排烟称为机械排烟。排烟分为机械排烟和可开启外窗的自然排烟。排烟的部位有着火区和疏散通道。着火区排烟的目的是将火灾发生的烟气排到室外，降低着火区的压力，不使烟气流向非着火区，以利于着火区的人员疏散及救火人员的扑救。疏散通道的排烟是为了排除可能侵入的烟气，以保证疏散通道无烟或少烟，以利于人员安全疏散及救火人员通行。

8.10.4　自然排烟对建筑设计的要求

除建筑高度超过 $50\ m$ 的一类公共建筑和建筑高度超过 $100\ m$ 的居住建筑外，靠外墙的防烟楼梯间及其前室、消防电梯前室和合用前室，宜采用自然排烟方式，当不具备自然排烟条件时，应设置独立的机械加压送风防烟设施。

不同部位采用自然排烟的开窗面积应符合表 8-15 的规定。

表 8-15　自然排烟部位及开窗面积

序号	自然排烟部位	开窗有效面积	开窗形式
1	长度 ≤ 60 m 的内走道	≥ 走道面积的 2%	外窗
2	需排烟的房间	≥ 房间面积的 2%	外窗
3	靠外墙的防烟楼梯间前室，或消防电梯前室	≥ 2 m²	外窗
4	靠外墙的合用前室	≥ 3 m²	外窗
5	靠外墙的防烟楼梯间	每 5 层 ≥ 2 m²	外窗
6	净高 < 12 m 的中庭	≥ 地面积的 5%	外窗或高侧窗

防烟楼梯间前室或合用前室,利用敞开的阳台、凹廊或前室内有不同朝向的可开启外窗自然排烟时,该楼梯间可不设置防烟设施。

自然排烟窗宜设置在房间、走道、楼梯间的上部或靠近屋顶的外墙上方,并应有方便开启的装置。排烟窗距防烟分区最远点的水平距离不应超过 30 m。

8.10.5　机械排烟对建筑设计的要求

一类高层建筑和建筑高度超过 32 m 的二类高层建筑应设置机械排烟设施的部位见表 8-16。

表 8-16　机械排烟部位及设置条件

序号	设置部位	设置条件
1	内走道	无直接自然通风,且长度大于 20 m 的内走道或虽有直接自然通风,但长度大于 60 m 的内走道
2	地上房间	面积超过 100 m² ,且经常有人停留或可燃物较多的地上无窗房间或设固定窗的房间
3	室内中庭	不具备自然排烟条件或净空高度超过 12 m 的中庭
4	地下室房间	除利用窗井等开窗进行自然排烟的房间外,各房间总面积大于 200 m² 或一个房间面积超过 50 m² ,且经常有人停留或可燃物较多的地下室

排烟口应设置在顶棚上或靠近顶棚的墙面上,且与附近安全出口沿走道方向相邻边缘之间的最小水平距离不应小于 1.5 m。设置在顶棚上的排烟口距可燃构件和可燃物的距离不应小于 1.0 m。排烟口应尽量设置在与人流疏散方向相反的位置处。

走道长度超过 30 m,但小于 60 m,当起排烟作用的可开启外窗只能设置在走道一端且不能满足自然排烟的要求时,应在走道设置机械排烟,其排烟口位置应保证到走道内任一点的水平距离不超过 30 m,该部分的排烟量按走道的全面积考虑。

在地下室设置机械排烟系统时,要同时设置补风系统,补风量不宜小于排烟量的 50%。排烟风机和用于补风的送风风机宜设置在通风机房内,机房围护结构的耐火极限应不小于 2.5 h,机房的门应采用乙级防火门。设置在室外时,应有防护设施并便于维护。

预留排烟系统的补风系统室外进风口与排烟出口水平距离不宜小于 10 m,或垂直距离不宜小于 3 m,且进风口宜低于排烟口。排烟管道不应穿越前室或楼梯间,如确有困难必须穿越,其耐火极限不应小于 2 h。

8.10.6　机械加压送风对建筑设计的要求

下列部位应设独立的机械加压送风防烟设施:不具备自然排烟条件的防烟楼梯间、消防电梯间前室或合用前室;采用自然排烟措施的防烟楼梯间,其不具备自然排烟条件的前室;封闭避难层(间)。

层数超过 32 层的高层建筑,其送风系统及送风量(管道井)应分段设计。剪刀楼梯间可合用一个风道,但其风量应按两个楼梯间风量计算,送风口应分别设置。封闭避难层(间)的机械加压送风量应按避难层净面积每平方米不小于 30 m³/h 计算。高层民用建筑楼梯间加压送风口宜每隔二至三层设一个,前室的加压送风口应每层设一个。

机械加压送风防烟楼梯间和合用前室宜分别独立设置送风系统。采用机械加压送风系统的楼梯间或前室,当某些层有外窗时,应尽量减少开窗面积或设固定窗扇。加压送风的楼梯间与前室的隔墙下部宜预留安装泄压装置的洞口。

8.11　空调系统的消声和减振

建筑内部的噪声主要是设置空调、给水、排水、电气设备后产生的,其中以空调设备产生的噪声影响最大。

8.11.1　空调系统的噪声及其自然衰减

1. 空调系统设备的噪声

通风机噪声的大小与叶片形式、片数、风量、风压等因素有关。通风机噪声以空气动力性噪声为主。同系列同型号的通风机,其噪声随着转速的增高而增大。

电动机噪声以电动机冷却风扇引起的空气动力性噪声为最强,机械性噪声次之,电磁噪声最小。电动机噪声可根据经验公式估算。

空调设备噪声包括风机、压缩机运转噪声、电动机噪声和电磁噪声等,其中以风机、压缩机运转噪声为主。

冷水机组噪声分为压缩机噪声和电动机噪声,随着机组制冷量的加大,噪声也随之增加。有关冷水机组噪声可从样本或有关书籍中查找。

2. 空调系统气流噪声

空调系统中由于风道内气流流速和压力的变化引起钢板的振动而产生的噪声,尤其是当气流遇到障碍物(如门、三通、弯头、风口等)时产生的噪声较大。在高速风管中,这种噪声不能忽视,而在低速风管内(风速 < 8 m/s),即使存在气流噪声,但与较大的噪声源叠加后也可以忽略。因而从减少噪声的角度考虑,应尽可能采用较小的风速。

3. 空调系统中噪声的自然衰减

空调系统中噪声的自然衰减机理是很复杂的,例如噪声在直管中可被管材吸收一部分,还可能有噪声透射到管外。在风管转弯处和断面变形处以及风管开口(风口)处,还有一部分噪声被反射,从而引起噪声衰减。这种自然衰减包括直管的噪声衰减、弯头的噪声衰减、三通的噪声衰减、变径管的噪声衰减、风口反射的噪声衰减等。

4. 空气进入室内噪声的衰减

通过设备噪声、气流噪声和自然衰减的计算,可以算得从风口进入室内的声功率级(声源发生能量大小的度量),而室内测点的声强与人耳(或测点)离声源(风口)的距离以及声音辐射出来的方向和角度有关。另外,室内的声强必然由于建筑内壁、平顶、家具设备等的吸声面积和吸声系数的不同而有相当大的差异,这相当于噪声进入房间后进人耳前的又一次衰减。

8.11.2　空调风道系统的消声

消声是通过一定手段,对噪声加以控制,使其降低到允许范围内的技术。通风与空调系统产生的噪声,当自然衰减不能达到允许的噪声标准时,应设置消声设备或采取其他消声措施。

消声器是利用声的吸收、反射、干涉等原理,降低通风与空调系统中气流噪声的装置。根据不同消声原理可以分为阻性型、抗性型和阻抗复合型等。

选择消声设备时,应根据系统所需消声量、噪声源频谱特性和消声设备的声学性能及空气动力特性等因素,经技术经济比较确定。

8.11.3　设备机房噪声控制措施

机房设备产生的振动而引起的噪声应用减振、隔声和吸声等措施来解决。表 8-17 为设备机房噪声控制设计的主要技术措施。

表 8-17　设备机房噪声控制设计的主要技术措施

措施	机房			
	风机房	水泵房	冷冻机房	冷却塔
隔声	风机隔声箱、隔声机房、隔声值班室	局部隔声罩、隔声泵房、隔声值班室	隔声机房、隔声值班室	隔声屏障
消声	进风消声器、出风消声器			进风消声器、出风消声器、淋水消声装置
吸声	吸声平顶及墙面空间吸声体	同风机房	同风机房	
减振	风机减振器	水泵减振垫、橡胶软接管	冷冻机、减振器、橡胶软接管	底脚减振
通风散热	利用进风消声器冷却电动机散热	机械排风(低噪声轴流风扇 + 消声器)、消声柜、消声百叶窗或通风消声窗进风		

第3篇　建筑电气工程

第9章　建筑供配电系统

9.1　电力系统组成及特点

电能是国民经济和人民生活的重要能源之一。电力系统的出现,使电能得到广泛应用,推动了社会生产各个领域的变化,开创了电力时代,出现了近代史上的第二次技术革命。20 世纪以来,电力系统的大发展使动力资源得到更充分的开发,工业布局也更为合理,电能的应用不仅深刻地影响着社会物质生产的各个方面,也越来越广地渗透到人类日常生活的各个层面。电力系统的发展程度和技术水准已成为各国经济发展水平的标志之一。

9.1.1　电力系统组成

电力系统是由发电厂、输配电网、变电所及用户组成的电能生产与消费系统的总称。

电力系统运行的主要特点如下。

(1)电能是一种重要能源,电能是国民经济各部门使用的主要能源,电能供应的情况将直接影响国民经济各部门的正常运转。

(2)正常输电过程和故障过程都非常迅速。发电机、变压器、电力线路、电动机等元件的投入和退出,电力系统的短路等故障都在一瞬间完成,该过程非常短促。

(3)电能的生产和使用同时完成。电能的生产、分配、输送和使用几乎是同时进行的,即发电厂任何时刻生产的电能必须等于该时刻用电设备使用的电能和在分配、输送过程中损耗的电能之和。

针对电力系统的特点,对电力系统运行的基本要求如下。

(1)保证供电的可靠性。供电的可靠性是衡量供电质量的一个指标。供电的可靠性一般用供电企业的实际供电小时数与全年时间内总小时数的百分比来衡量,也可以用全年的停电次数和停电持续时间来衡量。这就要求电力系统的各个部门应加强现代化管理,提高设备的运行和维护质量。

(2)保证电能质量。电能质量是衡量供电质量的另一个指标。电能质量主要由电压、波形和频率所决定。当系统的频率、电压和波形不符合电气设备的额定值要求时,往往会影响设备的正常工作,危及设备和人身安全,影响用户的产品质量等。

(3)保证电力系统运行的稳定性。当电力系统的稳定性较差,或对事故处理不当时,局部事故的干扰有可能导致整个系统的全面瓦解,而且需要长时间才能恢复,严重时会造成大面积、长时间停电。

(4)保证运行人员和电气设备工作的安全。这是电力系统运行的基本原则,这一方面要求在设计时合理选择设备,使之在一定电压和短路电流的作用下不致损坏;另一方面还应按规程要求及时安排对电气设备进行预防性试验,及早发现隐患,及时进行维修。在运行和操作中要严格遵守有关的规章制度。

（5）保证电力系统运行的经济性。电能成本的降低不仅会使各用电部门的成本降低，更重要的是节省了能量资源，因此会带来巨大的经济效益和长远的社会效益。

9.2　负荷分级及供电措施

这里"负荷"的概念是指用电设备，"负荷的大小"是指用电设备功率的大小。不同的负荷，重要程度是不同的。重要的负荷对供电可靠性要求较高，反之则低。

9.2.1　负荷分级及供电要求

电力负荷等级是根据对供电可靠性的要求及中断供电在政治、经济上所造成的损失或影响的程度进行划分的。根据《供配电系统设计规范》（GB 50052—2009），我国的电力负荷等级被分为三级，分别为一级负荷、二级负荷和三级负荷。

（1）符合下列情况之一时，应视为一级负荷。

①中断供电将造成人身伤害。

②中断供电将在经济上造成重大损失。例如：重大设备损坏、重大产品报废、用重要原料生产的产品大量报废、国民经济中重点企业的连续生产过程被打乱需要长时间才能恢复等。

③中断供电将影响重要用电单位的正常工作。例如：重要交通枢纽、重要通信枢纽、重要宾馆、大型体育场馆、经常用于重要活动的大量人员集中的公共场所等用电单位中的重要电力负荷。

特别说明：在一级负荷中，当中断供电时将造成人员伤亡或重大设备损失或发生中毒、爆炸和火灾等情况的负荷，以及特别重要场所的不允许中断供电的负荷，应视为一级负荷中特别重要的负荷。

（2）符合下列情况之一时，应视为二级负荷。

①中断供电将在经济上造成较大损失。例如：主要设备损坏、大量产品报废、连续生产过程被打乱需较长时间才能恢复、重点企业大量减产等。

②中断供电将影响较重要用电单位的正常工作。例如：交通枢纽、通信枢纽等用电单位中的重要电力负荷，以及中断供电将造成大型影剧院、大型商场等较多人员集中的重要公共场所秩序混乱。

（3）不属于一级和二级负荷者应为三级负荷。

表 9-1 列出了我国民用建筑中部分建筑物主要用电负荷的分级，以供参考。

表 9-1　民用建筑中部分建筑物主要用电负荷分级

序号	建筑物名称	电力负荷名称	负荷级别
1	国家级会堂、国宾馆、国家级国际会议中心	主会场、接见厅、宴会厅照明用电，电声、录像、计算机系统用电，消防用电	特别重要
		客梯电力、总值班室、会议室、主要办公室、档案室用电	一级

续表

序号	建筑物名称	电力负荷名称	负荷级别
2	国家级省部级防灾中心	防灾、电力调度及交通指挥计算机系统用电,消防用电	特别重要
3	地、市级办公建筑	主要办公室、会议室、总值班室、档案室及主要通道照明用电	二级
4	商场、超市	大型商场及超市运营管理用计算机系统用电	特别重要
		大型商场及超市运营厅备用照明、消防用电	一级
		大型商场及超市自动扶梯、空调电力用电,中型百货商场营业厅备用照明	二级
5	一类高层建筑	走道照明、值班照明、警卫照明、障碍照明。屋顶停机坪信号灯用电,主要业务和计算机系统用电,安防系统用电,电子信息设备机房用电,客梯电力、排污泵、生活水泵用电,消防用电	一级
6	二类高层建筑	主要通道及楼梯间照明用电,客梯电力、排污泵、生活水泵用电,消防用电	二级

不同等级用电负荷的建筑物,对供电电源要求也不同,供电负荷等级对应的供电措施应满足下列规定。

(1)一级负荷供电措施应满足下列要求。

①一级负荷应由双重电源供电,当一个电源发生故障时,另一个电源不应同时受到损坏。

②一级负荷中特别重要的负荷供电,除应由双重电源供电外,尚应增设应急电源,并不得将其他负荷接入应急供电系统。

(2)二级负荷供电,宜由两回线路供电。在负荷较小或地区供电条件困难时,二级负荷可由一回 6 kV 及以上专用的架空线路供电。

这里的两回线路与双重电源略有不同,二者都要求线路有两个独立部分,而后者还强调电源的相对独立。

(3)三级负荷的供电没有特别要求,配电中做到经济合理即可。

9.2.2　供电电压及引入方式

表 9-2 列出了我国三相交流电网的额定电压。额定电压是指电气设备正常运行且获得最佳经济效果的电压。

用电设备、发电机、变压器的额定电压都有相应的规定。

(1)用电设备的额定电压应与电网的额定电压一致。

(2)发电机的额定电压一般比同级电网额定电压高出 5%,用于补偿电网上的电压损耗。

(3)变压器的额定电压分为一次和二次绕组。对于一次绕组,当变压器接于电网时,其额定电压与电网一致;当变压器接于发电机输出端时,其额定电压应与发电机额定电压相同,即高于同级电网额定电压 5%。对于二次绕组,考虑变压器承载时自身电压损失,变压器二次绕组额定电压应比电网额定电压高 5%;当二次侧输电距离较长时,还应考虑到线路电压损失,此时二次绕组额定电压应比电网额定电压高 10%。

表 9-2 我国三相交流电网的额定电压

分类	标准电压 （V）	分类	标准电压 （kV）	分类	标准电压 （kV）	分类	标准电压 （kV）
低压	220/380 380/660 1 000/1 140	高压	3 6 10 20	高压	35 66 110 220	高压	330 500 750 1 000

注：1 140 V 仅限于某些行业内部系统使用，3 kV 及 6 kV 一般在工业设计时采用，民用建筑电气设计基本不采用此电压等级。

建筑物或建筑群电源的电压等级和引入方式的选择，应根据当地城市电网的电压等级、建筑用电负荷大小、用户距电源距离、供电线路的回路数、用电单位的远景规划、当地公共电网现状和其发展规划等因素，经过综合技术经济分析比较后确定。

单幢建筑物，建筑物较小或用电设备负荷量较小（6.6 kW 及以下），而且均为单相、低压用电设备时，可由城市电网的 10/0.4 kV 柱上变压器，直接架空引入单相 220 V 的电源。若建筑物较大或用电设备负荷量较大（250 kW 及以下），或者有三相低压用电设备，可由城市电网的 10/0.4 kV 柱上变压器，直接架空引入三相四线 380/220 V 的电源。若建筑物很大，或用电设备负荷量很大（250 kW 或供电变压器在 160 kV·A 以上），或者有高压用电设备，则电源供电电压应采取高压。

电源引入方式由城市电网的线路敷设方式及要求决定。当布电为架空线路时，宜采用架空引入的方式。在人流较多的场所，出于安全和美观的考虑，则采用电缆引入方式。当市网为地下电缆线路时，宜采用电缆引入方式。若此引入电缆并非终端，还需装设 π 形接线转接箱将电源引入建筑物。10 kV 电源引入建筑物后，通过配电设备直接向高压用电设备配电，同时在建筑物内设变压器室，装设 10/0.4 kV 变压器，向照明和低压动力用电设备供电。不能就近获得 10 kV 电源，或用电容量和送电距离超过 10 kV 供电范围的工业与民用建筑物可采用 35 kV 等级的电压供电。

9.3 变配电所及应急电源

9.3.1 变配电所的类型

变配电所是各级电压的变电所和配电所的总称，不包括 35 kV 以上变电所时，也可称为配变电所。10(6)kV 配电所，有时也被称为开闭所。变配电所类型很多，从整体结构而言大体可以分为如下几类。

（1）变电所，由 110 kV 及以下交流电源经电力变压器变压后对用电设备供电。

（2）配电所，其内只有起开闭和分配电能作用的高压配电装置，母线上无主变压器。

（3）露天变电所，变压器位于露天地面上，完全暴露于空气中。

（4）半露天变电所，变压器位于露天地面上，但变压器的上方有顶棚或挑檐。

（5）附设变配电所，其一面或数面墙与建筑物的墙共用，且变配电所的门和通风窗开向建筑物外。

（6）车间内变配电所,其位于车间内,且变配电室的门开向车间内。

（7）独立变配电所,其为独立的建筑物。

（8）室内变配电所,其为附设变配电所、车间内变配电所和独立变配电所的总称。

（9）组合式变配电所,也称箱式变配电站（简称箱变）,是由高压室、变压器室和低压室三部分组合而成的箱式结构的变配电站。箱变是一种新型设备,其特点是可以使变配电系统一体化,而且体积小,安装方便,广泛适用于城市公园、生活小区、中小型工厂以及铁路、油田等场所。当前,箱变已经被广泛采用,并表现出良好的发展势头。

9.3.2　变配电所的位置选择及布置要求

1. 配电所的位置选择

变配电所的位置选择应综合考虑下列因素来确定。

（1）接近负荷中心。

（2）进出线方便。

（3）接近电源侧。

（4）设备运输方便。

（5）不应设在有剧烈振动或高温的场所。

（6）不宜设在多尘或有腐蚀性气体的场所,当无法远离时,不应设在污染源盛行风向的下风侧。

（7）不应设在厕所、浴室或其他经常积水场所的正下方,且不宜与上述场所相贴邻。如果贴邻,相邻隔墙应做无渗漏、无结露等防水处理。

（8）不应设在有爆炸危险环境的正上方或正下方,且不宜设在有火灾危险环境的正上方或正下方,当与有爆炸或火灾危险环境的建筑物毗连时,应符合现行国家标准《爆炸危险环境电力装置设计规范》（ GB 50058—2014 ）的规定。

（9）不应设在地势低洼和可能积水的场所。

另外,变配电所可设置在建筑物的地下层,宜设在通风和散热条件较好的场所,但不宜设置在最底层。当地下只有一层时,应采取适当抬高变配电所地面等防水措施,还应采取预防洪水、消防水或积水从其他渠道浸泡变配电所的措施。

2. 配电所的布置要求

变配电所一般由变压器室、高压配电室、低压配电室、电容器室、值班室（ 控制室 ）、备品间和厕所等构成。根据规模和要求的不同,变配电所可能由以上全部或部分的功能房间构成。变配电所的设置和布局既要考虑到安装设备的安全操作间距和检修通道要求,也要考虑建筑防火以及其他相关专业的要求。

（1）干式变压器,其外廓与四周墙壁的净距不应小于 0.6 m,干式变压器之间的距离不应小于 1 m ,并应满足巡视维修的要求。全封闭型干式变压器可不受上述距离的限制。可燃油油浸变压器外廓与变压器室墙壁和门的最小净距,应符合表 9-3 的规定。

表9-3 可燃油油浸变压器外廓与变压器室墙壁和门的最小净距 单位:mm

变压器容量(kV)	100~1 000	1 250 及以上
变压器外廓与后壁、侧壁净距	600	800
变压器外廓与门净距	800	1 000

（2）配电装置的长度大于6 m时,其柜(屏)后通道应设两个出口,低压配电装置两个出口间的距离超过15 m时,还应增加出口。低压配电室内成排布置的低压配电屏前、后通道的最小宽度应符合表9-4的规定。高压配电室内各种通道的最小宽度应符合表9-5的规定。高(低)压配电室内,宜留有适当数量配电装置的备用位置。

表9-4 低压配电屏前、后通道的最小宽度 单位:mm

形式	布置方式	屏前通道	屏后通道
固定式	单排布置	1 500	1 000
	双排面对面布置	2 000	1 000
	双排背对背布置	1 500	1 500
抽屉式	单排布置	1 800	1 000
	双排面对面布置	2 300	1 000
	双排背对背布置	1 800	1 000

表9-5 高压配电室内各种通道的最小宽度 单位:mm

开关柜布置方式	柜后维护通道	柜前操作通道	
		固定式	手车式
单排布置	800	1 500	单车长度 +1 200
双排面对面布置	800	2 000	双车长度 + 900
双排背对背布置	1 000	1 500	单车长度 +1 200

注:1. 固定式开关柜为靠墙布置时,柜后与墙净距应大于50 mm,侧面与墙净距应大于200 mm;
 2. 通道宽度在建筑物的墙面遇有柱类局部凸出时,凸出部位的通道宽度可减少200 mm。

（3）带可燃性油的高压配电装置,宜装设在单独的高压配电室内。当高压开关柜的数量为6台及以下时,可与低压配电屏设置在同一房间内。室内变配电所的每台油量为100 kg及以上的三相变压器,应设在单独的变压器室内。不带可燃性油的高、低压配电装置和非油浸的电力变压器,可设置在同一房间内。

（4）变配电所一般被设计成单层建筑,但在用地面积受到限制或布置有特殊要求的情况下,也可以设计成多层建筑,为了操作和管理方便,一般不宜超过两层。当采用双层布置时,变压器应设在底层。设于二层的配电室应设搬运设备的通道、平台或孔洞。

（5）长度大于7 m的配电室应设两个出口,并宜布置在配电室的两端。长度大于60 m时,宜增加一个出口。当变配电所采用双层布置时,位于楼上的配电室应至少设一个通向室外的平台或通道的出口。

（6）高压配电室宜设不能开启的自然采光窗,窗台距室外地坪不宜低于 18 m;低压配电室可设能开启的自然采光窗。配电室临街的一面不宜开窗。变压器室的通风窗应采用非燃烧材料。

（7）变压器室、配电室、电容器室的门应向外开启。相邻配电室之间有门时,此门应能双向开启。

（8）配电所各房间经常开启的门、窗,不宜直通相邻的酸、碱、蒸汽、粉尘和噪声严重的场所。

（9）变压器室、配电室、电容器室等应设置防止雨、雪和蛇、鼠类小动物从采光窗、通风窗、门、电缆沟等进入室内的设施。

（10）配电所、变电所的电缆夹层、电缆沟和电缆室,应采取防水、排水措施。

（11）变压器室和电容器室尽量避免布置在朝西方向,控制室和值班室尽可能朝南。

（12）在防火要求较高的场所,有条件时宜选用不燃或难燃的变压器。在高层民用主体建筑中,设置在首层或地下层的变压器不宜选用油浸变压器,设置在其他层的变压器严禁选用油浸变压器。布置在高层民用主体建筑中的配电装置,亦不宜采用具有可燃性能的断路器。

（13）可燃油油浸电力变压器室的耐火等级应为一级。高压配电室、高压电容器室和非燃(或难燃)介质的电力变压器室的耐火等级不应低于二级。低压配电室和低压电容器室的耐火等级不应低于三级,屋顶承重构件应为二级。

（14）变压器宜采用自然通风。夏季的排风温度不宜高于 45 ℃,进风和排风的温差不宜大于 15 ℃。变压器室、电容器室当采用机械通风时,其通风管道应采用非燃烧材料制作。

（15）高压配电室、低压配电室、变压器室、电容器室、控制室内,不应有与其无关的管道和线路通过。

9.3.3　应急电源

应急电源的种类很多,应根据一、二级负荷的容量,允许中断供电的时间,要求的电源是交流还是直流等条件来确定。应急电源的种类如下。

（1）柴油发电机组,用于允许停电时间为 15 s 以上,需要驱动电动机且启动电流冲击负荷较大的重要负荷。

（2）应急电源装置(Emergency Power Supply,EPS),用于允许停电时间为 0.25 s 以上,要求交流电源的重要负荷。

（3）不间断供电装置(Uninterrupted Power Supply,UPS),用于允许停电时间为毫秒级,且容量不大又要求交流电源的重要负荷。

（4）蓄电池装置,用于允许停电时间为毫秒级,且容量不大又要求直流电源的重要负荷。

（5）太阳能光伏蓄电池电源系统,用于允许停电时间为毫秒级,要求交流电源的重要负荷。

这些应急电源既可以单独使用,也可以几种同时使用。但不论采用哪种方式的应急电源供电,都必须避免应急电源与正常电源之间并列运行,即应急电源与正常电源之间必须有可靠的防止并列运行的措施,以防止应急电源向正常电源倒送电。

1. 柴油发电机房

柴油发电机房由发电机间、控制及配电室、贮油间等组成,各房间耐火等级及火灾危险性类别见表 9-6。

表 9-6　柴油发电机房部分房间耐火等级及火灾危险性类别

房间名称	耐火等级	火灾危险性类别
发电机间	一级	丙
控制及配电室	二级	戊
贮油间	一级	丙

机房平面布置应根据设备型号、数量和工艺要求等因素确定。机房要求通风和采光良好,对单台容量在 200 kW 以上且发电机间单独设置时,应设天窗。在我国南方炎热地区也宜设普通天窗。当该地区有热带风暴发生时,天窗应设挡风防雨板,或设专用双层百叶窗。在我国北方及风沙大的地区窗口应设防风沙侵入的设施。机房噪声控制应符合国家标准要求,否则应做隔声、消声处置,如机组基础采取减振措施,防止与房屋产生共振等。在机房内管沟和电缆沟内应有一定的坡度(0.3%),利于排放沟内油和水。沟边应做挡油排入设施。柴油机基础周边可设置排油污沟槽以防油浸。

机房中发电机间应有两个出入口,门的大小应能使搬运机组出入,否则应预留吊装设备孔口,门应向外开,并有防火、隔声的功能。发电机间与控制及配电室之间的窗和门应能防火和隔声,门应开向发电机间。贮油间与发电机房如相连布置,其隔墙上应设防火门,门朝向发电机间开。发电机间、贮油间地面应防止油、水渗入,一般做水泥压光地面。

2. 电池

EPS、UPS 以及其他蓄电池电源装置,都是以蓄电池作为主要储能元件,并配以充电器、逆变器等组成应急电源系统。这种应急电源系统的容量应根据市电停电后由其维持的供电时间的长短要求选定。蓄电池室要根据蓄电池类型采取相应的技术措施,如酸性蓄电池室顶棚做成平顶对防腐有利,顶棚、墙、门、窗、通风管道、台架及金属结构等应涂耐酸油漆,地面应有排水设施并用耐酸材料浇筑。

蓄电池室朝阳窗的玻璃应能防阳光直射,一般可用磨砂玻璃或在普通玻璃上涂漆。门应朝外开。当所在地区为高寒区及可能有风沙侵入时,应采用双层玻璃窗。

9.4　负荷计算

电气负荷是供配电设计的主要依据和基础资料。电气负荷一般是随时间变动的。

负荷计算的目的是确定设计各阶段中选择和校验供配电系统及其各个元件所需的各项负荷数据,即计算负荷。计算负荷是一个假想的持续性负荷,其在一定时间间隔内所产生的热效应与实际变动负荷所产生的最大效应相等。

9.4.1　设备功率的确定

进行负荷计算时,需将用电设备按其性质分为不同的用电设备组,然后确定设备功率。用电设备的额定功率,或额定容量,是指铭牌上的数据。对于不同负载持续率下的额定功率或额定容量,应换算为统一负载持续率下的有功功率,即设备功率。

1. 单台用电设备的设备功率

（1）连续工作制电动机的设备功率 P_e 等于额定功率 P_r,即 $P_e = P_r(kW)$。

（2）短时或周期工作制电动机（如起重机用电动机等）的设备功率 P_e 是指将额定功率 P_r 换算为统一负载持续率为 25% 下的有功功率。

$$P_e = \sqrt{\frac{\varepsilon_r}{\varepsilon_{0.25}}}P_r = \sqrt{\frac{\varepsilon_r}{0.25}}P_r = 2P_r\sqrt{\varepsilon_r} \tag{9-1}$$

式中　ε_r——额定负载持续率。

（3）电焊机的设备功率 P_e 是将额定容量 P_r 换算到负载持续率为 100% 下的有功功率。

$$P_e = \sqrt{\frac{\varepsilon_r}{\varepsilon_{100}}}P_r = \sqrt{\varepsilon_r}\,S_r\cos\varphi \tag{9-2}$$

式中　S_r——额定容量,kV·A;

　　　$\cos\varphi$——功率因数。

（4）整流变压器的设备功率是指额定直流功率。

（5）白炽灯和卤钨灯的设备功率为灯泡额定功率。气体放电灯的设备功率为灯管额定功率加镇流器的功率损耗（荧光灯采用普通型电感镇流器加 25%,采用节能型电感镇流器加 15%~18%,采用电子镇流器加 10%;金属卤化物灯、高压钠灯、荧光高压汞灯采用普通电感镇流器时加 14%~16%,采用节能型电感镇流器时加 9%~10% ）。

2. 用电设备组的设备功率

用电设备组的设备功率是指不包括备用设备在内的所有单个用电设备的设备功率之和。

3. 变配电所或建筑物的总设备功率

配变电所或建筑物的总设备功率应取所供电的各用电设备组设备功率之和,但应剔除不同时使用的负荷。

（1）消防设备容量一般可不计入总设备容量。

（2）季节性用电设备（如制冷设备和采暖设备）应择其最大者计入总设备容量。

4. 柴油发电机的负荷统计

（1）当柴油发电机仅作为消防、保安性质用电设备的应急电源时,用电负荷应计算消防泵（含消火栓泵、喷淋泵、消防加压泵和排水泵）、消防电梯、防排烟设备、消防控制设备、安防设备、电视监控设备、应急照明设备等的功率。

（2）当采用柴油发电机作为备用电源时,除计算保安性质负荷的用电设备外,根据用电负荷的性质和需要,还应计算所带其他负荷的设备功率。由于发生火灾时,可停掉除保安性质负荷用电设备以外的非消防用电设备的电源,而非消防状态下消防设备又不投入运行,二者不同时使用,所以应取其大者作为确定发电机组容量的依据。

（3）民用建筑设计中,在方案和初步设计阶段可按供电变压器容量的 10%~20% 估算柴油发电机容量。

9.4.2　负荷计算的方法

负荷计算的方法有需要系数法、利用系数法、单位指标法等几种。需要系数法比较简便,应用广泛,尤其适用于配变电所的负荷计算,多用于初步设计和施工图设计。利用系数法理论根据是概率论和数理统计,因而计算结果比较接近实际,但计算过程烦琐,实际应用较少。单位指标法用在用电设备功率和台数无法确定时或者设计前期,如可行性研究和方案设计阶段。

1. 需要系数法求计算负荷

1）用电设备组的计算负荷

有功功率

$$P_c = K_x P_e \, (\text{kW}) \tag{9-3}$$

无功功率

$$Q_c = P_c \tan\varphi \, (\text{kvar}) \tag{9-4}$$

视在功率

$$S_c = \sqrt{P_c^2 + Q_c^2} \, (\text{kV·A}) \tag{9-5}$$

计算电流

$$I_c = \frac{S_c}{\sqrt{3}U_r} \, (\text{A}) \tag{9-6}$$

式中　P_e——用电设备组的设备功率,kW;

　　　K_x——需要系数,可以从相关设计手册查到;

　　　$\tan\varphi$——用户设备组的功率因数角相对应的正切值;

　　　U_r——用电设备额定电压（线电压）,kV。

2）配电干线或变电所的计算负荷

有功功率

$$P_c = K_{\Sigma P}\sum_{i=1}^n P_{ci} \, (\text{kW}) \tag{9-7}$$

无功功率

$$Q_c = K_{\Sigma Q}\sum_{i=1}^n Q_{ci} \, (\text{kvar}) \tag{9-8}$$

视在功率

$$S_c = \sqrt{P_c^2 + Q_c^2} \, (\text{kV·A}) \tag{9-9}$$

计算电流

$$I_c = \frac{S_c}{\sqrt{3}U_r} \, (\text{A}) \tag{9-10}$$

式中　$K_{\Sigma P}$、$K_{\Sigma Q}$——有功功率、无功功率同时系数,分别取 0.8~1.0 和 0.93~1.0。

2. 单位指标法求计算负荷

$$P_{c} = \frac{p_{s}S}{1\,000}\ (\text{kW})\tag{9-11}$$

式中　p_{s}——负荷密度(单位面积功率),W/m^2;

　　　S——建筑面积,m^2。

表 9-7 列出了部分民用建筑的负荷密度。

表 9-7　部分民用建筑的负荷密度

建筑类别	负荷密度(W/m^2)	建筑类别	负荷密度(W/m^2)
住宅建筑	20~60	剧场建筑	50~80
公寓建筑	30~50	医疗建筑	40~70
旅馆建筑	40~70	教学建筑	20~40
办公建筑	30~70	展览建筑	50~80
商业建筑	40~120	演播室	250~500
体育建筑	40~70	汽车库	8~15

9.5　电气设备的选择

供配电系统在正常工作条件下,电流需要母线(汇流排)、导线和绝缘子等电气装置进行输配;通断电流需要开关(如刀闸、油断路开关等);为能够进行线路检修需要安装隔离开关;为随时了解运行参数、检查计量,需要安装电压、电流互感器;为适时进行事故保护,除需要安装相应的互感器外,还需要熔断器;此外,对供配电系统为防止雷电危害需要安装避雷器;为提高系统的功率因数而并联接入电容器;需考虑减小短路电流而串联接入电抗器设备。上述这些电气装置统称为电气设备。

电气设备选择的一般原则为:①应满足正常运行、检修、短路和过电流情况下的要求,并考虑远景发展;②应按当地环境条件校核;③应力求技术先进和经济合理;④与整个工程的建设标准应协调一致;⑤同类设备应尽量减少品种;⑥选用的新产品均应具有可靠的试验数据,并经正式鉴定合格。

电气设备选择时,应根据供电系统的主要参数、环境条件、绝缘水平等进行选择和校验。电气设备按其工作电压可分为高压电气设备和低压电气设备(通常以 1 000 V 为界)。

9.5.1　高压电气设备

常用的高压电气设备主要有高压断路器、高压负荷开关、高压隔离开关、高压熔断器、限流电抗器、电流互感器、电压互感器、消弧线圈(电磁式)、接地变压器、接地电阻器、支柱绝缘子、穿墙套管以及高压开关柜和环网负荷开关柜等。下面介绍几种常用的高压电气设备。

1. 高压断路器

高压断路器不仅可以切断或闭合高压电路中的空载电流和负荷电流,而且可以当系统发生故障时通过继电器保护装置的作用,自动迅速地切断过负荷电流和短路电流,它具有相当完善的灭弧结构和足够的断流能力,可分为油断路器(多油断路器、少油断路器)、六氟化硫断路器(SF_6 断路器)、真空断路器、压缩空气断路器等。

2. 高压负荷开关

高压负荷开关能通断一定的负荷电流和过负荷电流,用于控制电力变压器。它是一种功能介于高压断路器和高压隔离开关之间的电器。它不能断开短路电流,所以一般与高压熔断器串联使用,借助熔断器来进行短路保护。

3. 高压隔离开关

高压隔离开关主要用来保证高压电器及装置在检修工作时的安全,起隔离电压的作用,不能用于切断、投入负荷电流和开断短路电流。高压隔离开关是发电厂和变电站电气系统中重要的开关电器,需要与高压断路器配套使用。

4. 高压熔断器

高压熔断器用来保护电气设备免受过载和短路电流的损害。按安装条件及用途可以选择不同类型的高压熔断器,如屋外跌落式、屋内式等。

9.5.2　低压电气设备

常用的低压电气设备主要有低压断路器、低压熔断器、剩余电流动作保护器、刀开关、接触器、继电器以及低压开关柜等。下面介绍几种常用的低压电气设备。

1. 低压断路器

低压断路器可以接通和分断正常负荷电流和过负荷电流,还可以接通和分断短路电流。低压断路器在电路中除起控制作用外,还具有一定的保护功能,如过负荷、短路、欠压和漏电保护等。低压断路器一般分为万能式断路器、塑壳断路器和微型断路器等。

2. 低压熔断器

低压熔断器用来保护电气设备免受过载和短路电流的损害。低压熔断器有时也被称为"保险丝"。熔断器主要由熔体和熔管以及外加填料等部分组成。使用时,将熔断器串联于被保护电路中,当被保护电路的电流超过规定值并经过一定时间后,由熔体自身产生的热量熔断熔体,使电路断开,从而起到保护的作用。

3. 剩余电流动作保护器

剩余电流动作保护器(Residual Current Device, RCD)能迅速断开接地故障电路,以防发生间接电击伤亡和引起火灾事故。它除了具有断路器的基本功能外,对漏电故障能自动迅速做出反应,因此又称为漏电断路器。漏电断路器分为塑壳漏电断路器和微型漏电断路器,其外形只是比相对应的断路器略大。

4. 刀开关

刀开关又称闸刀开关或隔离开关,是手控电器中最简单且使用较广泛的一种低压电气设备。

5. 接触器

接触器是一种用来频繁接通和断开交直流回路的自动电器。它经常运用控制电动机,也可控制工厂设备、电热器、工作母机和各样电力机组等电力负载。接触器不仅能接通和切断电路,而且还具有低电压释放保护作用。接触器控制容量大,适用于频繁操作和远距离控制,是自动控制系统中的重要元件之一。

6. 继电器

继电器是一种根据电量或非电量的变化来接通或断开电路的自动电器。继电器一般都有能反映一定输入变量(如电流、电压、功率、温度、压力、时间、光等)的感应机构;有能对被控电路实现通、断控制的执行机构。根据输入变量的不同,继电器可以分为时间继电器、热继电器、温度继电器、信号继电器等。

9.6　线路的选择与敷设

9.6.1　线路的选择

导线和电缆是传送电能的基本通路,应按低压配电系统的额定电压、电力负荷、敷设环境,及其与附近电气装置、设施之间能否产生有害的电磁感应等要求,选择合适的型号和截面。线路的选择要从以下几个方面考虑。

1. 材料

材料选择是指选择导体的材料和导体外部的绝缘材料,表 9-8 列出了常用导线的型号和用途。

表 9-8　常用导线

型号	名称	用途
BLXF(BXF)	铝(铜)芯氯丁橡皮线	固定敷设,尤其适用于户外
BLX(BX)	铝(铜)橡皮线	固定敷设
BV(BLV)	铜芯(铝芯)聚氯乙烯绝缘电线	适用于低压,可明、暗敷设
BVV(BLVV)	铜(铝)芯聚氯乙烯绝缘护套线	室内、电缆沟、隧道、管道埋地
BVR	铜芯聚氯乙烯软电线	同 BV 型,要求导线柔软时使用

2. 发热条件

发热条件由最高允许温升决定,导线和电缆的最高工作(允许)温度由其绝缘材料的性质限定,一般导线为 65 ℃,当超过此温度时会加速绝缘材料老化和导体材料的性能变化而导致故障。导线和电缆的实际工作温度是由其发热和散热条件所决定的,可通过考虑流过导线电流大小的载流量、影响导线温升的环境温度、影响导线温升和散热的敷设方式等因素确定。不同的敷设条件和环境下各种线路的最大载流量可以参考相关电工手册。

3. 端子电压

端子电压对用电设备的工作特性和使用寿命有很大影响,为保证用电设备的高效性,对用电设备接线端子电压做出了具体规定。表 9-9 为部分用电设备端子电压偏移允许值。

表 9-9　部分用电设备端子电压偏移允许值

电动机电压偏移允许值（%）		照明灯电压偏移允许值（%）	
正常情况下	−5~+5	视觉要求较高的场所	−2.5~+5
特殊情况下	−10~+5	一般工作场所	−5~+5
		事故照明、道路照明、警卫照明	−10~+5
		其他用电设备无特殊规定时	−5~+5

4. 经济评价

导线和电缆的截面越大，电能损耗就越小，但有色金属消耗量却要增加，所以从经济方面考虑，应选择一个合理的截面，既可以使电能损耗小，又可以节省有色金属的耗量。

5. 导线最小允许截面

导线最小允许截面与导线的型号、敷设方式及地点等因素有关，见表 9-10。

表 9-10　导线最小允许截面

敷设方式及地点	芯线最小截面积（mm²）	
	铜	铝
室外敷设在遮檐下的绝缘支持件上	1.0	2.5
室外沿墙敷设在绝缘支持件上	2.5	4.0
室内绝缘导线敷设于绝缘子上间距 2 m 以下	1.0	2.5
室内绝缘导线敷设于绝缘子上间距 6 m 以下	2.5	4.0
控制线（包括穿管敷设）	1.5	
移动设备用软线和电缆	1.5	
室内灯头引接线	0.5	
室外灯头引接线	1.0	

6. 配电系统的中性线 N、保护线 PE 及中性保护线 PEN 截面的选择

在不考虑线路中谐波的情况下，配电系统的中性线 N、保护线 PE 及中性保护线 PEN 截面可以参考表 9-11 选择。

表 9-11　中性线 N、保护线 PE 及中性保护线 PEN 截面的选择

相导体截面（mm²）	相应保护导体的最小截面（mm²）
$16 < S_1 \leqslant 35$	16
$S_1 > 35$	$S_2/2$

用何种方法选择导线截面应由具体情况确定。一般对室内布线可按发热条件选择，按电压损失和机械强度校核；对远距离配电按电压损失选择，按发热条件和机械强度校核；对高压（35 kV 以上）线路按经济电流密度选择，按发热条件、电压损失和机械强度校核。

9.6.2　线路的敷设

1. 室外线路敷设

根据城市电网线路形式和现场安全、美观、投资等要求和条件,室外线路敷设可采用架空导线和埋地电缆两种方式。

架空线,对高压 6~10 kV 接户线可采用铝绞线或铜绞线;进户点对地距离不应小于 4.5 m;最小截面,铝绞线需 25 mm²,铜绞线需 16 mm²。

低压配电 0.38/0.22 kV 室外接户线应采用绝缘导线。进户点对地距离不应小于 2.5 m。架空导线与路面中心的垂直距离,若跨越通车道路应不小于 6 m,若跨越通车困难的道路和人行道不应小于 3.5 m。

低压接户线与建筑各相关部位应保持足够的安全距离,导线与下方窗口的垂直距离应保持 300 mm;导线与上方窗口或阳台应保持垂直距离为 800 mm;导线与窗户或阳台的水平距离应保持 750 mm;与墙壁或其他建筑构件距离应保持 50 mm。

高、低压电缆接户线一般采用直接埋地敷设,埋深不应小于 0.7 m,并应埋于冰冻线以下。在电缆上、下各铺以 100 mm 厚的软土或砂层,再盖混凝土板、石板或砖等保护板。其覆盖宽度应超过电缆两侧各 50 mm。电缆穿钢管引入建筑,保护钢管伸出建筑物散水坡外的长度不应小于 250 mm。

2. 室内线路敷设

建筑物内部采用的导线有绝缘导线和电缆两类。敷设方式有明敷、暗敷和电缆沟内敷设等方式。

明敷时应注意美观和安全,应和建筑物的轴向平行,线路之间及线路与其他相邻部件之间保持有足够的安全距离。明敷又分为导线明敷及电缆直接明敷或穿管明敷等。穿线管有水煤气钢管、电线管、硬聚氯乙烯管和软聚氯乙烯管等多种。根据使用环境和建筑投资选择配线管的材料,根据导线或电缆的截面与根数确定配线管的直径。

导线或电缆穿管后也可以埋在墙内、楼板内,或在地面下敷设,称为暗敷。暗敷时应考虑到使穿线方便,利于施工和维修,使线路尽量短,节省投资。

在高低压配电室内,由于导线数量多,截面大,为便于和高、低压配电柜的安装配合,方便维修管理,常把线路敷设在电缆沟中。在多功能的高层建筑中,由于各种线路很多,为便于各层间线路的相互连接,又尽量减少和避免与其他管线、建筑物构件的交叉和矛盾,需要设置电缆竖井,在井内集中敷设各种建筑电气线路。

第 10 章　建筑照明系统

　　建筑照明是创造光环境的技术,利用阳光实现的建筑照明称为自然照明;将其他形式能量转换为光能光源的人为照明称为人工照明。其中,利用电能转换为光能的电光源称为电气照明。电气照明应用于人们的生产、生活中,可以创造出良好的光环境,能满足各种建筑的多功能需求。

10.1　照明基础知识

10.1.1　基本概念

　　1. 光通量

　　光源在单位时间内向周围空间辐射出去的,并能使人眼产生光感的能量,称为光通量,以符号 Φ 表示,单位为 lm(流明)。

　　2. 照度

　　照度表示物体被照亮的程度。当光通量投射到物体表面时,可把物体照亮,因此对于被照面,用落在它上面的光通量的多少来衡量它被照射的程度。

　　投射到被照物体表面的光通量与该物体被照面积的比值,即单位面积 ds 上接收到的光通量 Φ 称为被照面的照度,以符号 E 表示,单位为 lx(勒克斯)。

$$E = \frac{\mathrm{d}\Phi}{\mathrm{d}s} \tag{10-1}$$

$$1 \text{ lx} = 1 \text{ lm/m}^2$$

　　3. 色温

　　光源发出的光与黑体(能吸收全部光源的物体)加热到在某一温度所发出光的颜色相同(对气体放电光源为相似)时,称该温度为光源的颜色温度,简称色温。色温用绝对温度表示,光源中含有短波蓝紫光多,色温就高;含有长波红橙光多,色温就低以符号 T_{cp} 表示,单位为 K(开)。

　　4. 色表

　　色表指光源颜色给人的直观感觉,照明光源的颜色质量取决于光源的表观颜色及其显色性能。室内照明光源的颜色,可根据相关色温分为三类,即冷色、暖色和中间色。

　　5. 显色指数

　　显色指数 Ra 是显色性能的定量指标。物体在某光源照射下显现颜色与日光照射下显现颜色相符的程度称为某光源的显色指数。显色指数越高,显色性能越好。

　　显色指数用 1~100 无量纲数字表示。日光的显色指数定为 100,通常显色指数分为不小于 90、80、60、40、20 五级。

6. 眩光值

眩光是指视野中由于不适宜亮度分布,或在空间或时间上存在极端的亮度对比,以致引起视觉不舒适和降低物体可见度的视觉条件。视野内产生人眼无法适应的光亮感觉、可能引起厌恶、不舒服甚或丧失明视度。眩光是引起视觉疲劳的重要原因之一。

对眩光的度量称为眩光值。眩光值有两种,分别为统一眩光值(Unified Glare Rating, UGR)和眩光值(Glare Rating,GR)。UGR 是用来度量室内处于视觉环境中的照明装置发出的光对人眼引起不舒服感主观反应的心理参量; GR 是用来度量室外体育场和其他室外场地照明装置对人眼引起不舒服主观反应的心理参量。

7. 配光曲线

配光曲线是照明设备技术性能的一个重要概念。电光源在空间中对各个方向的发光强度是不同的,在极坐标图上标出各方位的发光强度值所连成的曲线就是配光曲线。从配光曲线中可看出光强(单位为 Cd,坎德拉)的变化、分布以及最大光强角等,不同的灯具配光曲线不同,配光曲线是照明布局和设计的重要依据。

10.1.2　照度标准

根据《建筑照明设计标准》(GB 50034—2013)的相关规定,民用建筑照度标准所规定的照度值为作业面或参考平面上的维持平均照度值。

建筑照明设计的照度计算值和选定的照度标准值,允许有 10% 的偏差,即不应超过标准值的 110%,也不得低于其 90%,这是考虑到了灯具布置要求一定的对称性和光源功率不是连续变化等因素。一个房间设计灯具少于 10 套时,允许适当超过此偏差。

10.1.3　照度质量

照明质量是指视觉环境内的亮度分布,包括一切有利于视觉功能、舒适感、易于观察、安全与美观的亮度。照明质量主要体现在以下几个方面。

1. 照度均匀度

照度均匀度是规定表面上的最小照度与平均照度之比。在工作环境中,人们希望被照场所的照度均匀或比较均匀,否则将会导致视觉疲劳。公共建筑的工作房间和工业建筑作业区域的一般照明的照度均匀度不应小于 0.7,而作业面邻近周围的照度均匀度不应小于 0.5。

2. 亮度分布

当物体发出可见光(或反光)时,人才能感知物体的存在,它愈亮,看得就愈清楚。若亮度过大,人眼会感觉不舒适,超出眼睛的适应范围,则灵敏度下降,反而看不清楚。照明环境不但应使人能清楚地观看物体,而且要给人以舒适的感觉,所以在整个视场(如房间)内各个表面都应有合适的亮度分布。

3. 光源颜色

选择照明光源要考虑使用条件、光效及光源颜色质量等因素。光源颜色的选取可参考表 10-1。

表 10-1　光源颜色及适用场所

色表特征	相关色温（K）	适用场所示例
暖	＜3 300	客房、卧式、病房、餐厅、酒吧
中间	3 300~5 300	教室、办公室、阅览室、诊室、实验室、机加工车间、仪表装配
冷	＞5 300	热加工车间、高照度场所

4. 照度稳定性

照度变化引起照明的忽暗忽明，不但会分散人们的注意力，给工作和学习带来不便，而且会导致视觉疲劳。照度的不稳定性主要是由电源电压的波动所致。另外，光源的摆动也会影响视觉，而且影响光源本身的寿命。总之，可通过照度补偿、控制电压波动和灯具移动等来实现照度的稳定性。

5. 频闪效应

由交流电源供电的光源，其光通量会发生周期性的变化。特别是气体放电灯的这种现象较显著，最大光通量和最小光通量差别很大，使人眼产生明显的闪烁感觉，即频闪效应。避免频闪效应的有效方法是将相邻的灯采用分相接入电源的方法或将单相供电的两根荧光灯管用移项相接法。

10.2　灯具的选择

灯具主要由电光源和控照器（灯罩）组成。控照器的作用是重新分配光源发出的光通量、限制光源的眩光作用、减少和防止光源的污染、保护光源免遭机械破坏、安装和固定光源并和光源配合起一定的装饰作用。控照器一般为金属、玻璃或塑料制成。按照控照器的光学性质可分为反射型、折射型和透射型等多种类型。控照器的主要特性包括配光曲线、光效率和保护角等。

1. 灯具的分类

灯具的分类方法有如下很多种。

（1）按光源可以分为白炽灯、卤钨灯和荧光灯等。

（2）按光源数目可以分为普遍灯具、组合花灯灯具（由几个到几十个光源组合而成）。

（3）按控照结构的密封程度可以分为开启式灯具（光源和外界环境直接接触）、防护式灯具（有封闭的透光罩，但罩内外可以自由流通空气，如走廊吸顶灯等）、密闭式灯具（透光罩将内外空气隔绝，如浴室的防水防尘灯）和防爆灯具（严格密封，在任何情况下都不会因灯具而引起爆炸，用于易燃易爆场所）。

（4）按配光曲线可以分为直射型灯具、半直射型灯具、漫射型灯具、反射型灯具和半反射型灯具。

（5）按配光曲线的形状可以分为广照型灯具、均匀配照型灯具、配照型灯具、深照型灯具和特深照型灯具。

（6）按材料的光学性能可以分为反射型灯具、折射型灯具和透射型灯具。

（7）按安装方式可以分为自在器线吊式灯具、固定线吊式灯具、防水线吊式灯具、人字线吊式灯具、杆吊式灯具、链吊式灯具、座灯式灯具、吸顶式灯具、壁式灯具、嵌入式灯具等。

2. 灯具的选择

灯具的选择应根据环境条件和使用地点,合理地选定灯具的光强分布、效率、遮光角、类型、造型尺度以及灯的表观颜色等,还要满足技术、经济、使用、功能等方面的要求。

技术性要求是指满足配光和限制眩光方面的要求。经济性要求是指要全面考虑综合一次性投资和年运行管理费用。使用性要求是指结合环境条件、建筑结构情况等安装使用中的各种因素。功能性要求是指根据不同的建筑功能,恰当确定灯具的光、色、形、体和布置,合理运用光照的方向性、光色的多样性、照度的层次性和光点的连续性等技术手段,起到渲染建筑、烘托环境的作用及满足各种不同的需要。

3. 灯具的布置

照明产生的视觉效果不仅和光源与灯具的类型有关,而且和灯具的布置方式有很大关系。灯具的布置内容包括灯具的安装高度(竖向布置)和平面布置。

应周密考虑光的投射方向、工作面的照度、反射眩光和直射眩光、照明均匀性、视野内各平面的亮度分布、阴影、照明装置的安装功率和初次投资、用电的安全性、维护管理的方便性等因素。

一般照明系统的灯具采用均匀布置,做到考虑功能、照顾美观、防止阴影、方便施工,并应与室内设备布置情况相配合,即尽量靠近工作面,但不应安装在高大型设备上方,应保证用电安全,即裸露导电部分应保持规定的距离,还应考虑经济性。

10.3 照明

10.3.1 照明方式

根据使用场所的特点和建筑条件,在满足使用要求条件下降低电能消耗而采取的基本制式,称为照明方式。照明方式有以下几种。

(1)一般照明:为照亮整个场所而设置的照明。工作场所都应设置一般照明。

(2)分区一般照明:同一场所内的不同区域有不同的照度要求时,应采用分区一般照明。

(3)局部照明:为某些特定的作业部位(如机床操作面、工作台面)的较高视觉条件需要而设置的照明。在一个工作场所内不应只采取局部照明。

(4)混合照明:由一般照明和局部照明组成的照明。对于照度要求高、作业面的密度不大,单靠一般照明来达到其照度要求在经济和节能方面不合理时,应采用混合照明。

10.3.2 照明种类

按照明的功能区分,照明种类如下。

(1)正常照明:正常情况下使用的照明,工作场所均应设置。

(2)应急照明:正常照明失效而使用的照明。应急照明包括疏散照明、安全照明、备用照明。

①疏散照明:用于确保疏散通道被有效地辨认和使用的照明。在发生故障或灾害,特别是火灾等导致正常照明熄灭时,疏散照明可以保证人员能迅速疏散到安全地带。疏散照明由疏散应急照明和疏散指示照明构成。

②安全照明:在正常照明发生故障时,为确保处于潜在危险中的人员的安全而提供的照明。安全照明仅在有特别需要的作业部位装设。

③备用照明:用于确保正常活动继续进行的照明。在正常照明因故障熄灭后,可能造成爆炸、火灾或人身伤亡等严重后果的场所,或停止工作将造成很大影响或经济损失的场所,应设置继续工作用的备用照明。

(3)值班照明:非工作时间,为值班而设置的照明。在大面积生产场所以及商场营业厅、体育场馆、剧场、展厅等公共场所,应设置值班照明,以做清扫、巡视等用。

(4)警卫照明:用于警戒而安装的照明。在重要的工厂区、库区及其他场所,根据警戒防范的需要,应设置警卫照明。

(5)障碍照明:在可能危及航行安全的建筑物或构筑物上安装的标志灯。在飞机场及航道附近的高耸建筑、烟囱、水塔等处,对飞机起降可能构成威胁的,应按民航部门的标准或规定装设航空障碍照明。在江河等水域两侧或中间的建筑物或其他障碍物上,对船舶航行可能造成威胁的,应按交通部门的标准或规定装设航行障碍照明。

10.3.3　照度计算

在照明设计中首先是制定合理的照明标准,然后进行照度计算。我国执行的是最低照度标准,即工作面上照度最低的地方、视觉工作条件最差的地方所具有的照度应该达到标准规定的要求。

照度计算的方法主要有:利用系数法、单位容量法和逐点计算法。任何一种计算方法都只能做到基本合理,完全准确是不可能的,设计误差控制在 ±10%~ ±20% 为宜。下面主要介绍利用系数法进行照度计算。

采用利用系数法计算维持平均照度的公式为

$$E_{av} = \frac{N\varPhi UK}{A} \qquad (10\text{-}2)$$

式中　E_{av}——工作面上的维持平均照度,lx;

　　　N——场所内光源数量;

　　　$\varPhi$——光源的光通量,lm;

　　　U——利用系数;

　　　K——维护系数;

　　　A——房间或工作面面积,m^2。

10.3.4　照明设计

1. 电压选择

对一般照明的光源电压采用 220 V, 1 500 W 及以上高强度气体放电灯的电源电压宜采用 380 V。移动式和手提式灯具以及某些特殊场所,应采用安全特低电压(Safety Extra Low Voltage, SELV)供电,其工频交流电压值在干燥场所不大于 50 V,在潮湿场所不大于 25 V。

2. 系统设计

（1）照明配电宜采用放射式和树干式相结合的配电系统。三相配电干线的各负荷宜分配平衡。配电箱宜设置在靠近照明负荷中心便于操作维护的位置。

（2）每一单相分支回流的电流不宜超过 16 A，所接光源数不宜超过 25 个；连接组合灯具时，回路电流不宜超过 25 A，光源数不宜超过 60 个；供高压气体放电灯（High Intensity Discharge，HID）的单相分支回路的电流不应超过 30 A。

（3）插座和照明宜分回路设置。

（4）道路照明除配电回路设保护电器外，每个灯具应设单独的保护电器。观众厅、比赛场地等的照明，当顶棚内有人行检修通道，单灯功率为 250 W 及以上时，每个灯具宜装设单独保护电器。

（5）供气体放电灯的配电线路，宜在线路或灯具内设置电容补偿，使功率因数不低于 0.9。气体放电灯的频闪效应对视觉有影响的场所，采用电感镇流器时，相邻灯具应分接在不同相序，以降低频闪深度。

（6）照明配电线路应设置短路保护、过负载保护和接地故障保护，每段配电线路的首段应装设保护电器（熔断器或断路器）。

（7）居住建筑应按住户设置电能表，工厂宜按车间、办公楼宜按单位设置计量表。

3. 照明控制

照明控制应能满足各种工作状况、各用途、各种场景的视觉需要，在此条件下，达到最大限度地节约电能，并且还应做到安全、可靠、灵活、方便操作、经济性好。

第4篇　建筑设备智能化技术

第11章 建筑设备智能化

11.1 建筑设备智能化特点及发展趋势

随着社会经济水平的不断提高和科学技术的不断发展,人们逐渐加大了对智能建筑的需求量,并对智能建筑提出了更高的要求。在这样的背景下,各类建筑设备智能化系统应运而生,其综合运用了通信技术和信息技术,为人们打造了舒适、温馨、便捷的生活环境和工作环境。因此,加强对建筑设备智能化系统的设计和应用尤为重要。

11.1.1 建筑设备智能化系统的特点

1. 效率高

建筑设备智能化系统是计算机技术、通信技术、信息技术、人工智能技术等与建筑物本身结构和功能有机结合的统一整体,可以将建筑结构和智能化系统、服务、用户管理等进行最优化组合,以人为本,帮助使用者节省大量人力成本、财力成本和物力成本,一些人工作业可以由机器完成,极大地提高了工作人员的工作效率和工作质量,并提高了单位管理的规范性和标准性。

2. 安全性能好

建筑设备智能化系统具有良好的安全性能,在具体的运行中,通过系统内部包含大量的先进、高科技设备,由相应的自动化设备完成相关的操作,可以显著减少人为的操作失误和疏漏。例如在某学校改造项目中,将升级后的人脸识别技术集成到校园安全防范系统中,再利用校园网,通过快速查找和获取信息数据,实现了安防系统的加强,也使学生考勤统计更为便利。

11.1.2 建筑设备智能化发展趋势

20 世纪 90 年代末,智能建筑规范开始颁布,如今建筑设备智能化规范已基本完善(只待"施工规范"的颁布),这些规范与标准规范了智能建筑行业的行为,同时在总结成熟技术的基础上引导了新技术、新产品的发展。

最能体现"智能"二字的建筑弱电系统就是建筑物内机电设备监控系统(过去称为楼宇控制系统),这些机电设备的控制充分反映了"智能"性。众多建筑物内的机电设备控制已从原模拟体制转向数字体制,从注重营造舒适环境转向节能控制,其运用控制策略,合理安排运行管理程序,并大力推广节能效果更好的变风量(Variable Air Volume,VAV)控制(采用变静压的 VAV 效果更明显),通过与建筑结构设计相配合,已使建筑耗能大户本身及建筑机电设备的耗能有了明显的下降,可以说,智能化技术是节能技术。

空调系统是建筑设备自动化系统的重点监控对象。由于受室外气候参数,室内机电设备、照明设备运行及人员活动等多因素的影响,建筑室内热湿环境实际是一个高维多变量的实时变化过程,具有强耦合、非线性、不确定性、慢时变、大滞后的特点。基于数学模型的传统控制理论及方法难以取得理想的控制效果。智能控制是自动化学科的崭新分支,是人工智能、控制理论和运筹学的交叉学科。作为一门新兴的交叉学科,其基本思想是模仿人的智能,实现对复杂、不确定系统的有效控制。在智能控制的诸多方法中,模糊控制、神经网络控制和专家控制是三种最为典型的智能控制。智能控制技术的发展与应用,有望解决上述复杂控制系统的控制难题。

建筑设备自动化系统从初期的单一设备的控制发展到了今天的综合优化控制、在线设备故障诊断、全局信息管理和总体运行状态协调等高层次的集中管理分散控制方式。显然,面向建筑物设备的建筑设备自动化系统已经将信息、控制、管理和决策有机地融合在一起。

随着物联网技术的发展,俗称电子标签的射频识别技术得到广泛应用。它是一种非接触式的自动识别技术,通过射频信号自动识别目标对象并获取相关数据。射频识别技术芯片可以从接收器的射频信号中取得微弱的电能,从而支持其以无线方式发出身份信号。建筑设备自动化系统能准确地了解每一个佩戴射频识别技术芯片证章的人员所处的位置和建筑物内每个空间区域内人员的数量。利用这些信息,可以更好地根据人数调节空调、通风、照明系统的运行,更有效地做好安保和人员流动控制;在火灾情况下,则通过准确掌握每个人的位置,可以更有效地组织疏散和避难。另外,利用射频识别技术组建城市内建筑自动化物联网,可以综合掌握一个区域内建筑的能耗情况,从而分析不同建筑的运行数据,找到建筑物运行的问题并提高整体用能效率和运行水平。

11.2 建筑设备能耗监控系统

11.2.1 建筑设备能耗监控系统构成

能耗监控系统是指通过对国家机关办公建筑和大型公共建筑安装分类和分项能耗计量装置,采用远程传输等手段及时采集能耗数据,实现重点建筑能耗的在线监测和动态分析功能的硬件系统和软件系统的统称。

能耗监控系统由设备层、传感/控制层、监控层、综合管理层和云服务/应用层组成,系统架构如图11-1所示。

建筑设备能耗监控系统具有以下功能。

(1)数据采集。通过有效通信接收从数据采集器发送来的合法数据,一方面对原始数据包进行存储,另一方面将接收到的数据传送到数据处理子系统进行处理。

(2)数据处理。对数据采集系统接收的数据包进行校验和解析,并对原始采集数据进行拆分计算,进而得到分项能耗数据保存到数据库中。

(3)分析展示。对经过数据处理后的分类分项能耗数据进行分析、汇总和整合,通过静态表格或者动态图表方式将能耗数据展示出来,为节能运行、节能改造、信息服务和制定政策提供信息服务。

(4)数据存储。信息储存子系统主要是对能耗监管平台需要的各种信息进行录入和维护。

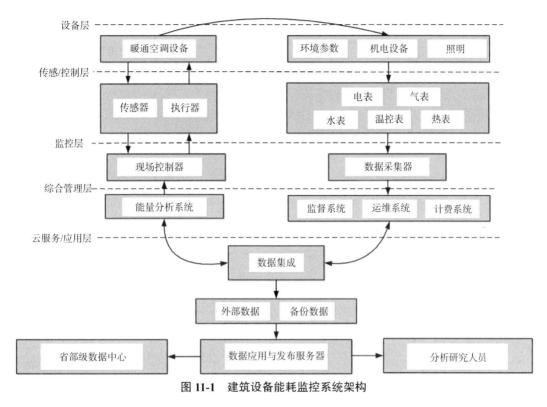

图 11-1　建筑设备能耗监控系统架构

建筑设备能耗监控系统不仅采集各系统能耗、分析能耗数据及上传和储存能耗数据，还根据系统能耗数据分析结果及时控制调节系统状态，有着提高能效性能和环境性能的作用。

1. 提高能效性能

建筑设备能耗监控系统有着节能降耗、提高系统能效的作用，在实际建筑控制调节过程中分别对主要的用能系统进行监控。对于暖通空调系统，不论是夏季工况还是冬季工况，建筑设备能耗监控系统对空调系统的运行状态、新风温湿度、回风温湿度和送风温湿度等运行参数进行监控，根据各项能耗参数指标来分析选择控制器的控制策略，实现提高系统能效性能的作用。对于照明系统，建筑设备能耗监控系统可针对建筑各层进行细分，每层再根据区域功能的区别进行分项统计显示。同时监控系统通过控制各设备（如总开关、电表等）来实现对现场设备的节能管理，实现提高系统能效的作用。对给排水系统，系统分为给水和排水两个子系统，监控系统通过安装的各种传感器，如液位传感器、压力传感器等，分别对各水系统阀门、水泵等设备进行控制和调节，实现节约用水和提高系统能效的作用。

2. 提高环境性能

建筑设备能耗监控系统通过各适宜的控制调节，能提供安全、热舒适好和高效便捷的建筑环境，能够确保人、财、物的高度安全并具有对灾害和突发事件的快速反应能力，还提供适宜的室内温度、湿度和新风以及多媒体系统、装饰照明、公共环境背景音乐等，可大大提高人们工作、学习和生活的质量。连接分离的设备、子系统、功能、信息等,通过计算机网络集成为一个相互关联统一协调的系统,实现信息、资源、任务的重组和共享,为人们提供一个高效便捷的工作、学习和生活环境。

11.2.2 数据采集导则

根据建筑的使用功能和用能特点,将采集对象建筑分为八类:办公建筑、商场建筑、宾馆饭店建筑、文化教育建筑、医疗卫生建筑、体育建筑、综合建筑和其他建筑。

建筑基本情况数据采集指标根据建筑规模、建筑功能、建筑用能特点划分为基本项和附加项。

基本项为建筑规模和建筑功能等体现建筑基本情况的数据,八类建筑对象的基本项均包括建筑名称、建筑地址、建设年代、建筑层数、建筑功能、建筑总面积、空调面积、采暖面积、建筑空调系统形式、建筑采暖系统形式、建筑体型系数、建筑结构形式、建筑外墙材料形式、建筑外墙保温形式、建筑外窗类型、建筑玻璃类型、窗框材料类型、经济指标(电价、水价、气价、热价)、填表日期、能耗监控工程验收日期。

附加项为区分建筑用能特点的建筑基本情况数据,八类建筑对象的附加项分别包如下。

(1)办公建筑:办公人员人数。

(2)商场建筑:商场日均客流量、运营时间。

(3)宾馆饭店建筑:宾馆星级(饭店档次)、宾馆入住率、宾馆床位数量。宾馆饭店档次见《餐饮企业的等级划分和评定》(GB/T 13391—2009)的相关规定。

(4)文化教育建筑:影剧院和展览馆的参观人数、学校学生人数等。

(5)医疗卫生建筑:医院等级、医院类别(专科医院或综合医院)、就诊人数、床位数。

(6)体育建筑:体育馆客流量或上座率。

(7)综合建筑:综合建筑中不同建筑功能区中区分建筑用能特点的建筑基本情况数据。

(8)其他建筑:其他建筑中区分建筑用能特点的建筑基本情况数据。

根据建筑用能类别,分类能耗数据采集指标分为六项:耗电量、耗水量、燃气用量(天然气用量或煤气用量)、集中供暖耗热量、集中供冷耗冷量、其他能源消耗量(如集中热水供应量、煤、油、可再生能源等)。具体如图11-2所示。

分类能耗中,电量应分为四个分项,包括照明插座用电、空调用电、动力用电和特殊用电。电量的四个分项是必分项,各分项可根据建筑用能系统的实际情况灵活细分为一级子项和二级子项,是选分项。其他分类能耗不应分项。

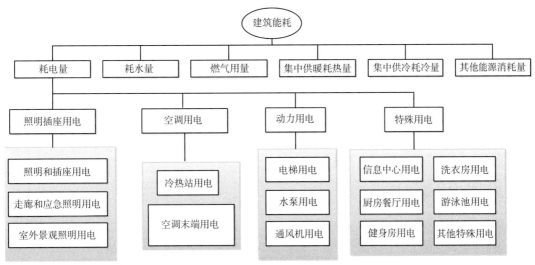

图 11-2　分类能耗数据的具体采集项目

（1）照明插座用电是指建筑物主要功能区域的照明、插座等室内设备用电的总称。照明插座用电包括照明和插座用电、走廊和应急照明用电、室外景观照明用电，共三个子项。

照明和插座用电是指建筑物主要功能区域的照明灯具和从插座取电的室内设备，如计算机等办公设备的用电；若空调末端用电不可单独计量，空调末端用电应计算在照明和插座子项中，包括全空气机组、新风机组、空调区域的排风机组、风机盘管和分体式空调器等的用电。

走廊和应急照明用电是指建筑物的公共区域灯具，如走廊等的公共照明设备的用电。

室外景观照明用电是指建筑物外立面用于装饰的灯具及用于室外园林景观照明的灯具的用电。

（2）空调用电是为建筑物提供空调、采暖服务的设备用电的总称。空调用电包括冷热站用电、空调末端用电，共两个子项。

冷热站是空调系统中制备、输配冷量的设备总称，其用电即为冷热站用电。常见的系统主要包括冷水机组、冷冻泵（一次冷冻泵、二次冷冻泵、冷冻水加压泵等）、冷却泵、冷却塔风机等和冬季采暖循环泵（采暖系统中输配热量的水泵；对于采用外部热源、通过板换供暖的建筑，仅包括板换二次泵；对于采用自备锅炉的建筑，包括一、二次泵）。

空调末端用电是指可单独测量的所有空调系统末端，包括全空气机组、新风机组、空调区域的排风机组、风机盘管和分体式空调器等的用电。

（3）动力用电是集中提供各种动力服务（包括电梯、非空调区域通风、生活热水、自来水加压、排污等）的设备（不包括空调采暖系统设备）用电的总称。动力用电包括电梯用电、水泵用电、通风机用电，共三个子项。

电梯用电是指建筑物中所有电梯（包括货梯、客梯、消防梯、扶梯等）及其附属机房的专用空调等设备的用电。

水泵用电是指除空调采暖系统和消防系统以外的所有水泵，包括自来水加压泵、生活热水泵、排污泵、中水泵等的用电。

通风机用电是指除空调采暖系统和消防系统以外的所有风机，如车库通风机，厕所排风机等的用电。

（4）特殊用电是指不属于建筑物常规功能的用电设备的耗电量,特殊用电的特点是能耗密度高、占总电耗比重大。特殊用电包括信息中心用电、洗衣房用电、厨房餐厅用电、游泳池用电、健身房用电或其他特殊用电。

采集方式包括自动采集方式和人工采集方式。通过自动采集方式采集的数据包括建筑分项能耗数据和分类能耗数据,由自动计量装置实时采集,通过自动传输方式实时传输至数据中转站或数据中心;通过人工采集方式采集的数据主要包括不能通过自动方式采集的能耗数据,如建筑消耗的煤、液化石油、人工煤气、汽油、煤油、柴油等能耗量。

11.2.3 数据传输系统

能耗数据传输系统由数据采集子系统、被监测建筑到数据中心(或数据中转站)传输子系统、数据中心(或数据中转站)到上一级数据中心传输子系统等部分组成。

数据采集子系统包括被监测建筑中的各计量装置、数据采集器和数据采集通道。

数据采集器应支持根据数据中心命令采集和主动定时采集两种数据采集模式,且定时采集周期可以从 10 min 到 1 h 灵活配置。一台数据采集器应支持对不少于 32 台计量装置设备进行数据采集,同时对不同用能种类的计量装置进行数据采集,包括电能表(含单相电能表、三相电能表、多功能电能表)、水表、燃气表、热(冷)量表等。

数据采集器应支持对计量装置能耗数据的处理,具体包括:

（1）利用加法原则,从多个支路汇总某项能耗数据;

（2）利用减法原则,从总能耗中除去不相关支路数据得到某项能耗数据;

（3）利用乘法原则,通过典型支路计算某项能耗数据。

数据采集器应将采集到的能耗数据进行定时远传,一般规定分项能耗数据每 15 min 上传 1 次,不分项的能耗数据每 1 h 上传 1 次。在远传前数据采集器应对数据包进行加密处理。如因传输网络故障等原因未能将数据定时远传,则待传输网络恢复正常后数据采集器应利用存储的数据进行断点续传。

数据采集器性能指标要求见表 11-1。

表 11-1 数据采集器性能指标要求

参数	指标要求
采集接口	至少具有 RS-485 接口
采集通信速率	最大速率不小于 9 600 bps
支持计量设备数量	不少于 32 台
采集周期	根据数据中心命令,定时周期从 10 min 到 1 h 可配置
数据处理方式	解析协议,加、减、乘运算,添加附加信息
存储容量	不少于 16 MB
远传接口	至少 1 个有线或无线接口
远传周期	根据采集周期实时远传
支持数据服务器数量	至少 2 个

续表

参数	指标要求
配置/维护接口	具有本地配置/维护接口
网络功能	接收命令、上报故障、数据加密、断点续传、DNS 解析
功率	小于 10 W

数据中心接收并存储其管理区域内被监测建筑和数据中转站上传的数据,并对其管理区域内的能耗数据进行处理、分析、展示和发布。数据中心分为部级数据中心、省(自治区、直辖市)级数据中心和市级数据中心。市级和省(自治区、直辖市)级数据中心应将各种分类能耗汇总数据逐级上传。部级数据中心对各省(自治区、直辖市)级数据中心上报的能耗数据进行分类汇总后形成国家级的分类能耗汇总数据,并发布全国和各省(自治区、直辖市)的能耗数据统计报表以及各种分类能耗汇总表。

数据采集器和数据中心通信过程,如图 11-3 所示。数据采集器和数据中心的通信连接成功后数据采集器定时向数据中心发送心跳包以保持连接的有效性,数据采集器根据系统配置在主动定时和被动查询模式间选择。

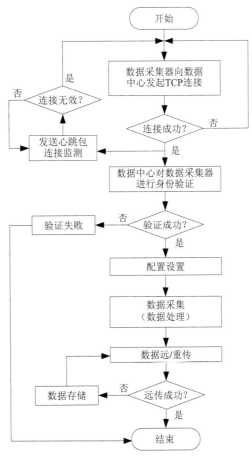

图 11-3　数据采集器和数据中心通信过程

11.2.4 数据处理方式

各分项能耗增量应根据各计量装置的原始数据增量进行数学计算,同时计算得出分项能耗日结数据,分项能耗日结数据是某一分项能耗在一天内的增量和当天采集间隔时间内的最大值、最小值、平均值;根据分项能耗的日结数据,进而计算出逐月、逐年分项能耗数据及其最大值、最小值与平均值。

建筑总能耗为建筑各分类能耗(除耗水量外)所折算的标准煤量之和,即建筑总能耗 = 耗电量折算的标准煤量 + 燃气用量(天然气用量或煤气用量)折算的标准煤量 + 集中供暖耗热量折算的标准煤量 + 集中供冷耗冷量折算的标准煤量 + 其他能源消耗量折算的标准煤量。

11.3 建筑设备智能控制技术

供暖通风与空气调节(Heating, Ventilation, and Air Conditioning, HVAC)系统中常用的控制方法如图 11-4 所示。

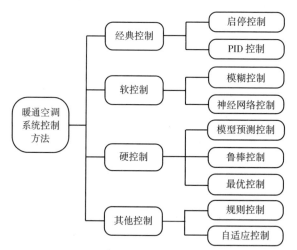

图 11-4 HVAC 系统常用的控制方法

11.3.1 经典控制

1. 启停控制

像电炉等设备,是一种取暖设备,为了保持一定温度最基本的控制方式是启停(ON/OFF)控制。近些年,随着基于变频器的控制逐渐多起来,已经不经常使用这种控制方式了。

在 ON 和 OFF 之间设置了一个动作间隙,如果要尽量接近设定值,那么 ON 和 OFF 之间的动作间隙就要设置得尽量小。动作间隙设置得越小,ON/OFF 切换频率就越高。在加热器的场合 ON/OFF 频率即使很高,也没有问题,但是,在室内空调机或柜式空调机等电力启停的场合,如果 ON/OFF 频率过高,就可能损坏设备或缩短设备使用周期。这种现象叫作脉动或波动。

由 ON/OFF 反复切换实现的控制叫作循环运行。另外超过 ON 点或 OFF 点的短时间内,因加热器的余热等原因存在的一个动作不能反转的状态,叫作超调。像控制对象时间常数过大、加热器的余热量过大的场合,超调量也较大。

2. 比例积分微分控制

比例积分微分(Proportional Integral Derivative,PID)控制是一种经典的反馈控制方法,通过将系统的实际输出值与给定设定值的差值作为调控信号,通过对该差值进行比例、积分和微分等操作实现对被控对象的控制,由于其结构简单、稳定性好,在空调系统中应用广泛,包括冷却盘管机组的动态控制、室温控制、送风压力控制、送风温度控制、变风量机组温度控制、加热器控制等。

PID 控制器是比例、积分、微分控制器并联构成的,其动态特性表达是三种基本控制规律的叠加,基本原理如图 11-5 所示。

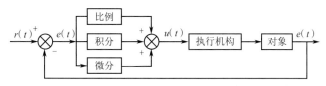

图 11-5　PID 控制器基本原理

图中:$r(t)$为给定输入值,$c(t)$为实际输出值,$e(t)$为信号偏差量,$u(t)$为修正值,PID控制的基本控制策略如下式所示:

$$u(t) = k_{\mathrm{P}}e(t) + k_{\mathrm{I}}\int_0^t e(\tau)\mathrm{d}(\tau) + k_{\mathrm{D}}e'(t)$$

式中　$u(t)$——PID 控制器的输入;

　　　$e(t)$——信号偏差量;

　　　k_{P}、k_{I}、k_{D}——比例系数、积分时间系数、微分时间系数。

比例控制是基础,积分控制可以消除稳态误差但可能增加超调量,微分控制可以提高惯性系统的响应速度并减弱超调的趋势。

PID 控制器与纯比例控制器及比例积分控制器相比,被控参数波动的幅值会有所降低,波动周期也会有所减小,与纯比例控制器相比,静态偏差也会相对有所降低。但微分控制作用强弱要适当,微分控制作用太弱,微分作用不显著;反之,微分作用太强,不仅不能使系统趋向稳定,反而容易引起被控参数大幅度的振荡。

PID 控制器一般用于对象时间常数大、容积迟延大、负荷变化又大又快的场合。想要实现对被控参数的良好控制,需要对 k_{P}、k_{I}、k_{D} 三个参数进行整定,但准确的整定过程比较烦琐,耗时耗力,并且如果操作条件与调节条件不同,控制器的性能会下降。在制冷空调系统中采用双位、比例和比例积分控制器已能满足条件的情况下,不必再加微分调节作用。

11.3.2　软控制

1. 模糊控制

模糊控制的主要思想是模仿人类决策的推理行为并进行抽象处理,其主要流程有模糊化、模糊推理和解模糊化三个步骤,如图 11-6 所示。

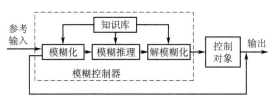

图 11-6　模糊控制基本原理

模糊控制器首先对输入量进行模糊化,再通过创建的模糊规则进行模糊推理,运算出相应的模糊量之后,再进行解模糊化。在模糊算法中,所使用的规则并不是精确的数字量,而是以模糊的语言形式存在的,输入量和输出量往往是数字的形式,这就需要对其进行模糊化和解模糊化处理,采用隶属度函数对数字量进行模糊化处理,通常有以下三种形式:高斯型隶属函数、三角型隶属函数及梯型隶属函数。

模糊规则是人们依据实际操作经验而产生的经验公式,而推理规则就是这种经验的表达形式。一般采用 IF-THEN 的语句来构成知识库,即

R1:IF A IS AI,B IS B1,THEN C IS C1;

R2: IF A IS A2 B IS B2, THEN C IS C2;

R3:IF A IS A3 B IS B3, THEN C IS C3;

将所有的准则归纳在一起,就可以构成模糊规则库了。

经过模糊规则推理计算后,需要在推理得到的模糊集合中取一个最能代表这个模糊集合的单值,这就是对模糊量进行解模糊化处理。解模糊化的方法不同,最后得到的取值也有所不同,解模糊化的方法一般有最大隶属度法、中位数法和重心法。

2. 神经网络控制

常用的神经网络结构有两种:前馈型神经网络和反馈型神经网络。前馈型神经网络又称为前向网络(Feedforward Neural Network),由输入层、隐层(中间层)和输出层组成,每一层神经元只接收前一层神经元的输入。典型的前馈型神经网络有径向基函数(Radial Basis Function,RBF)神经网络、前向反馈(Back Propagation,BP)神经网络等。反馈型神经网络从输出层到输入层均有反馈,任意一个神经元既可以接收来自前一层各个神经元的输入,同时也可以接收来自其后的任意一个神经元的反馈输入。另外,由输出神经元引回其自身的输入而构成的自环反馈也属于反馈输入。反馈型神经网络是一种反馈动力学系统,它需要工作一段时间才能达到稳定。霍普菲尔德(Hopfield)神经网络是一种最简单的应用广泛的反馈型神经网络,具有联想记忆的功能,在一定条件下还可以解决快速寻优问题。

系统辨识就是在输入和输出数据的基础上,从一组给定的模型中,确定一个与所测系统等价的模型。由于实际中不可能找到与被测系统完全等价的模型,只能从辨识模型中选择

一个模型,根据其静态特性与动态特性两个方面能否与被测系统拟合来确定该模型是否合适。将神经网络用于系统辨识,就是利用神经网络来构成系统的模型,利用神经网络模型来逼近被测系统。基于神经网络的非线性系统辨识如图 11-7 所示。

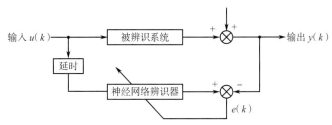

图 11-7　基于神经网络的非线性系统辨识

11.3.3　硬控制

1. 模型预测控制

模型预测控制(Model Predictive Control, MPC)起源于 20 世纪 70 年代末的石油化工过程控制领域,其出现是现代控制理论和计算机技术相结合的必然产物。模型预测控制不是指具体的控制算法,而是一大类处理离散系统约束优化控制问题的流程框架,是一类在线优化控制策略。每个采样时刻,以系统当前状态作为初始状态,通过系统模型预测未来有限时域的状态变化,求解该有限时域的开环最优控制问题,获取最优控制序列,并将该序列的第一个值作用于被控系统。

经典的 MPC 控制流程如图 11-8 所示。

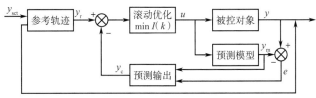

图 11-8　模型预测控制流程

一般来说,不论模型预测控制的算法形式如何,都应包含预测模型、滚动优化和反馈校正三部分。

(1)预测模型的功能是根据系统的历史信息和未来输入预测其未来输出,具有展示系统未来行为的功能,通过观察系统在不同控制策略下的输出情况,从而为选择最优控制策略提供基础。

(2)滚动优化是反复在线进行的优化算法,在每个采样时刻,通过预测模型求解未来有限时域的开环最优控制问题,并执行最优控制序列的第一步。这样的处理方法能够很好地保障在空调系统运行过程中受到外界干扰影响时,模型预测控制却能够及时进行调整,不会将干扰的影响一直持续到后面更多的时刻。

(3)反馈校正是为了防止模型失配或者环境干扰引起控制对理想状态的偏离,在每个时刻通过检测系统的实际输出对预测模型进行修正,从而构成闭环。

2. 鲁棒控制

鲁棒控制（Robust Control）方面的研究始于 20 世纪 50 年代。在过去的 20 年中,鲁棒控制一直是国际自控界的研究热点。所谓"鲁棒性",是指控制系统在一定的参数摄动下,维持某些性能的特性。根据对性能的不同定义,可分为稳定鲁棒性和性能鲁棒性。以闭环系统的鲁棒性作为目标设计得到的固定控制器称为鲁棒控制器。

鲁棒控制的目的是设计一个能在时变干扰和参数变化下良好工作的控制器,在空调领域的应用包括送风温度控制、送风气流速率控制和区域温度控制等。

3. 最优控制

最优控制是指在给定的约束条件下,寻求一个控制,使给定的系统性能指标达到极大值（或极小值）。它反映了系统有序结构向更高水平发展的必然要求。对于给定初始状态的系统,如果控制因素是时间的函数,没有系统状态反馈,称为开环最优控制。

最优控制算法的目的是解决一个优化问题,使某一成本函数最小化。暖通空调系统的优化目标通常是能源消耗的最小化和热舒适的最大化。最优控制在空调领域的应用包括主动蓄热控制、被动蓄热控制、暖通空调系统能量优化、变风量空调系统控制、建筑冷暖控制等。

11.4　智能建筑

11.4.1　智能建筑的定义

智能建筑是以建筑物为平台,通过研究它的结构、系统、服务等要素的内在联系,以最优的设计理念建设一个投资合理又高效的优雅舒适、便利快捷、高度安全的环境空间。智能建筑的内涵随着科学技术的进步和人们对其功能要求的变化而不断补充、更新。因国家、地域位置、文化背景、经济、技术等多种因素的不同和影响,智能建筑没有也不可能有一个统一的、严格的或完整的定义。下面列举几个国内外较著名的、基本上得到公认的有关智能建筑的定义。通过这些定义,可以从不同侧面了解、领会智能建筑的内涵。

1. 日本电机工业协会的定义

日本电机工业协会认为,智能建筑是综合计算机、信息通信等方面的最先进技术,使建筑物内的电力、空调、照明、防灾、防盗、运输等设备协调工作,以期发挥最大效率,实现建筑物自动化、通信和办公自动化。

2. 国际智能工程学会的定义

国际智能工程学会认为,智能建筑是指建筑中设计了可提供响应的功能,且用户对建筑物用途、信息技术要求变动时响应功能可以灵活适应。智能建筑应该具有安全、舒适、有效利用投资、节能的特点,并且具备很强的使用功能,以满足用户实现高效率的需要。

3. 欧洲智能建筑集团的定义

欧洲智能建筑集团认为,智能建筑是指使用户发挥最高效率,同时以最低保养成本最有效地管理本身资源的建筑。智能建筑应能提供反应快速、效率高和支持力较强的环境,使用户能达到迅速实现其业务的目的。

4. 美国智能建筑研究中心的定义

美国智能建筑研究中心认为,智能建筑通过对建筑物的结构、系统、服务和管理四个基本要素,以及它们之间内在联系的最优化组合,从而提供一个投资合理又高效、舒适、便利的环境。

5. 新加坡公共事业部门的定义

新加坡公共事业部门认为,智能建筑必须具备三个条件:一是具有保安、消防与环境控制等先进自动化控制系统,能对建筑内的温度、湿度、灯光等进行自动调节,为用户提供舒适安全的环境;二是具有良好的通信网络设施,以保证数据在建筑内部的流通;三是能够提供足够的对外通信设施与能力。

6. 我国的定义

我国《智能建筑设计标准》(GB 50314—2015)给出的智能建筑的定义为:以建筑为平台,兼备建筑设备、办公自动化及通信网络系统,集结构、系统、服务、管理及它们之间的最优化的组合,向人们提供一个高效、舒适、便利、安全的建筑环境。

不同定义反映出不同国家、地区对事物认识角度的不同。无论从智能建筑功能的抽象描述,还是从构成角度来具体认识智能建筑,都各有特色。通过对比不难发现,高效、舒适、便利、安全、节能是共同的目标。建筑设备自动化、通信网络、办公自动化三大系统不仅是统一的、公认的共识,也是智能建筑的技术基础与支持。

11.4.2　智能建筑的构成

智能建筑是由建筑物内的建筑设备自动化系统(Building Automation System,BAS)、通信网络系统(Communication Automation System,CAS)和办公自动化系统(Office Automation System,OAS),通过综合布线系统(Generic Cabling System,GCS)的有机结合而形成的一个综合的整体,因而,智能建筑习惯上又被人们简称为 3A 系统。

1. 建筑设备自动化系统

建筑设备智能化首先是从建筑设备自动化系统开始的。智能建筑内有大量的设备、设施,如供配电设备、暖通空调设备、照明设备、给排水设备、消防与安全防范系统设备等。这些设备、设施就是建筑设备自动化系统的被控对象,建筑设备自动化系统的功能就是调节、控制建筑物内的这些设备、设施,检测、显示其运行参数,监视、控制其运行状态,根据外界条件、环境因素、负载变化等情况自动调节相应设备,使其始终在最佳状态运行;自动监测并处理诸如停电、火灾、地震等意外事件。这些设备既保障工作或生活环境舒适、安全,又确保节约能源。

建筑设备自动化系统的监控范围,通常包括暖通与空调、给排水、供配电、照明、电梯停车场、消防和保安等系统,通常又分为设备运行管理和监控系统、消防系统和安防系统三个独立的系统。

2. 通信网络功能

通信网络系统既是保证智能建筑的语音、数据、图像传输的基础,同时又与外部通信网(如公共电话网、数据通信网、计算机网络、卫星以及广电网等)相连,与世界各地区互通信息,及时地为建筑物提供有效的信息服务。

　　智能建筑中的通信网络系统包括通信系统和计算机网络系统两大部分。其中通信系统目前主要由两部分组成,即用户程控交换系统和有线电视网,前者是由电信系统发展而来的,后者是由广电系统发展而来的。智能建筑中的计算机网络系统包括计算机局域网及互联网、接入网。

3. 办公自动化系统

　　办公自动化系统是智能建筑基本功能之一。办公自动化系统提供的主要功能有文字处理、图形处理、图像处理、情报检索、统计分析、决策支持、计算机辅助设计、印刷排版,文档管理、电子商务、电子函件、电子数据交换、来访接待、电子黑板、会议电视、同声传译等。另外,先进的办公自动化系统还可以提供从低级到高级的为领导办公服务的决策(或辅助决策)支持系统。

4. 综合布线系统

　　综合布线系统,又称开放式布线系统,也称建筑物结构化综合布线系统,是建筑物内或建筑群之间的一个模块化设计、统一标准实施的信息传输网络。它不仅能使建筑物或建筑群内部的电话、电视、计算机、办公自动化设备、通信网络设备、测控设备以及各种信息设施之间彼此相连,而且还能使它们方便地接入外部公共通信网络。理论上,在一套综合布线系统中,可以传输包括语音、数据、视频、监控等在内的多种信号,它为建筑设备自动化系统、通信网络系统和办公自动化系统提供相互连接的有效手段。但实际上,要想使综合布线系统真正成为智能建筑中各种信号的公共传输网络,还有很长的路要走。

11.4.3　智能建筑的功能

　　从建筑功能来看,智能建筑应当提供的功能有以下几点。

　　(1)对建筑物内所有设备、设施的综合性监督、控制和管理要一体化。

　　(2)全方位安全(安防、消防、建筑安全等)的监督、控制要一体化。

　　(3)应具有对多种信息的获取、处理、传递及应用能力。

　　(4)应具有充分的灵活性、适应性、可扩展性。

　　(5)已具有的各种功能,应能随技术进步和社会发展的需求而扩充。

　　与普通建筑相比,智能建筑的优越性主要体现在以下几个方面。

　　(1)创造了安全、健康、舒适宜人的办公、生活环境。智能建筑首先确保安全和健康,其防火与保安系统要求智能化;其空调系统能监测出空气中的有害污染物含量,并能自动消毒,使之成为"安全健康大厦"。智能大厦要对温度、湿度、照度均加以自动调节,甚至控制色彩、背景噪声与味道,使人们有在家里一样的舒畅心情,从而能大大提高人们的工作效率。

　　(2)节能降耗,节省运行维护人工费用。以现代化的商厦为例,其空调与照明系统的能耗很大,约占大厦总能耗的70%。在满足使用者对环境要求的前提下,智能大厦应通过其"智慧",尽可能利用自然光和大气冷量(热量)来调节室内环境,以最大限度减少能源消耗。按事先在日历上确定的程序,区分"工作"与"非工作"时间,对室内环境实施不同标准的自动控制,下班后自动降低室内照度与温、湿度控制标准,已成为智能大厦的基本功能。利用空调与控制等行业的最新技术,最大限度地节省能源是智能建筑的主要特点之一,其经济性也是该类建筑得以迅速推广的重要原因。

（3）现代化的通信手段与办公条件,具有多种内外部信息交换手段,高水平管理可以大大提高工作效率并为用户提供优质服务。在智能建筑中,用户通过国际直拨电话、可视电话、电子邮件、声音邮件、电视会议、信息检索与统计分析等多种手段,可及时获得全球性金融商业情报、科技情报及各种数据库系统中的最新信息;通过国际计算机通信网络,可以随时与世界各地的企业或机构开展商贸等各种业务工作。

11.4.4　智能建筑核心技术

从系统的观点来看,智能建筑是一种技术先进、内容丰富、功能广泛、多人使用共同协作、可提供各种服务、需要专业人士维护、无统一定式、无完全相同结构的复杂系统。抛开观念、认识、行业等方面的差异,智能建筑的实质是多种高新技术在建筑中的综合应用。智能建筑的核心技术有现代计算机控制技术、现代通信技术、信息处理技术、计算机网络技术等。

第12章　建筑设备监控系统

12.1　建筑设备监控技术基础

12.1.1　检测技术

检测技术是利用各种物理化学效应,选择合适的方法和装置,将能够反映出各种运行过程的信息参数,进行定性或定量的测量、处理、传输、转换模拟信号或数字信号等处理。通常,将能够自动完成整个检测处理过程的技术称为自动检测与转换技术。

1. 概述

在建筑设备自动化系统中,需要检测技术检测出建筑环境和安全防范措施中的各种运行参数,以便对各种系统进行有效的控制管理。检测参数常有电流、电压、功率、温度、湿度、压力、流量、行程、火情等物理量。

1)电量参数检测

在建筑设备自动化系统中,供配电系统、照明系统中设备的运行状态通常由电压、电流、功率、频率、阻抗等电量参数表示。这些电量参数通常能够反映出电气设备在运行过程中的正常和事故等工作状态。

在自动检测技术中,变送器是将测量到的现场设备的电量参数进行放大或衰减处理后传出信息,达到能被控制器识别的标准范围。变送器可分为电量变送器和非电量变送器,通常也可以与传感器组合在一起直接输出标准电量信号。

Ⅰ.被测信号的电量处理

在建筑设备自动化系统中,机电设备的运行状态参数主要是电压与电流参量。直流电量需要经过放大、转化处理,交流电量需要经互感器、交直流变换器等进行处理。不论是交流电量还是直流电量,经过处理后的电量均为标准电量模拟信号。

通常情况下,标准直流电压范围有 0~5 V、0~10 V、0~15 V、1~5 V、2~10 V 等,标准直流电流范围有 0~10 mA、4~20 mA。

Ⅱ.接收标准信号的控制器

以微电子技术为基础的控制器,通过模拟信号/数字信号(Analog to Digital,A/D)转换器,将标准电信号转换为数字信号输送到微处理器(Central Processing Unit,CPU),通过程序进行运算处理,经过与设定值、槛值比较,向执行器输出控制信号。微处理器 CPU 具有打印显示功能。

2)非电量检测

在建筑设备自动化系统中,空调系统、给排水系统和通风系统的运行状态通常由温度、湿度、压力、流量、风量、气体浓度等非电量物理量来表示。传感器能够检测出非电量物理量参数,并转化为电量。传感器在自动检测技术中具有重要的作用。

2. 常用传感器

传感器是一种检测装置,能感受并检测到被测对象的物理量信息,并能将信息按一定规律变换成为电信号输出,满足信息的传输、处理、存储、显示、记录和控制等要求。传感器是实现建筑设备自动化控制的首要环节。

1)传感器分类

(1)按输入被测参数或用途分类,传感器可以分为温度传感器、湿度传感器、压力传感器、位移传感器、液位传感器、速度传感器等。

(2)按输出信号性质分类,传感器可以分为模拟量传感器和数字量传感器。

(3)按工作原理分类,传感器可以分为电容式传感器、压电式传感器、磁电式传感器、智能传感器、无线传感器等。

(4)按基本效应分类,传感器可以分为物理型传感器、化学型传感器、生物型传感器等。

在建筑设备自动化系统中传感器常根据工程被测参数和输出信号性质进行分类。

2)传感器常用技术参数

(1)额定载荷。额定载荷是指在设计此传感器时,在规定技术指标范围内能够测量的最大负荷。但实际使用时,一般只用额定量程的 1/3~2/3。

(2)灵敏度。灵敏度是加额定载荷时和无载荷时传感器输出信号的差值。由于传感器的输出信号与所加的激励电压有关,所以灵敏度以单位 mV/V 来表示,如 2 mV/V 等。

(3)非线性。非线性是表征传感器输出的电压信号与负荷之间对应关系的精确程度的参数,是由空载荷时的输出值和额定载荷时的输出值所决定的直线和增加负荷时实测曲线之间的最大偏差对额定输出的百比分。

(4)重复性误差。重复性误差是指在相同的环境条件下,对传感器反复加载荷到额定载荷并卸载,加载荷过程中同一负荷点上输出值的最大差值对额定输出的百分比。这项特性很重要,能更确切地反映出传感器的品质。

(5)允许使用温度。允许使用温度规定了传感器适用的温度场合。例如常温传感器一般标注为 -20~70 ℃,高温传感器标注为 -40~250 ℃。

(6)零点温漂。零点温度是环境温度的变化引起的零点平衡变化,一般以温度每变化10 ℃时,引起的零点平衡变化量对额定输出的百分比来表示。

(7)温度补偿范围。传感器的测量值应在温度补偿范围内,额定输出和零点平衡均经过严密补偿,不会超出规定的范围。常温传感器一般标注为 -10~55 ℃。

(8)安全过载。安全过载是传感器允许施加的最大负荷,一般为 120%~150%。

(9)极限过载。极限过载是传感器能承受的不使其丧失工作能力的最大负荷。当工作超过此值时,传感器将会受到永久损坏。

3. 温度传感器

温度传感器是指能感受温度并转换成输出电信号的传感器。温度传感器主要类型有热电阻、热电偶、热敏电阻、电阻温度检测器(Resistance Temperature Detector, RTD)和集成温度传感器。集成温度传感器又包括模拟输出和数字输出两种类型。

1)热电阻传感器

热电阻传感器是利用金属导体的电阻值随温度变化而改变来进行温度测量的。感温元件热电阻通常用铂、铜、镍、锰等纯金属材料制成,热电阻所反映的是较大空间的平均温度,

通常用于测量 −200~500 ℃范围内的温度,常用于自动测量和远距离测量中。

热电阻传感器主要由电阻体、绝缘体、不锈钢套管、接线盒、引线等构成。热电阻传感器的引线通常为二线式。为了提高精度,减小引线电阻的影响,可采用三线式或四线式。

热电阻传感器的基准电阻是指参考温度(通常为 0 ℃)时的电阻值。在建筑设备自动化系统中常采用阻值为 50 Ω、100 Ω、150 Ω 的铂、铜作为电阻体,表示为铂热电阻 Pt50、Pt100、Pt150,铜热电阻为 Cu50、Cu100、Cu150。贵重金属铂,具有耐高温、温度特性好、使用寿命长等特点。

铂热电阻阻值与温度之间的关系是非线性的。当温度在 0~630 ℃时,其电阻值与温度之间的关系为

$$R_t = R_0(1 + \alpha t + \beta t^2) \tag{12-1}$$

式中　R_t——铂热电阻的电阻值,Ω;

　　　R_0——铂热电阻在 0 ℃时的电阻值,Ω(其值为 100 Ω);

　　　α——一阶温度系数,$\alpha = 3.908 \times 10^{-3}$ ℃;

　　　β——二阶温度系数,$\beta = 5.802 \times 10^{-7}$ ℃;

　　　t——温度,℃。

铜热电阻阻值与温度呈线性关系。当温度在 −50~150 ℃时,其电阻值与温度之间的关系为

$$R_t = R_0(1 + At) \tag{12-2}$$

式中　R_t——铜热电阻的电阻值,Ω;

　　　R_0——铜热电阻在 0℃时的电阻值,Ω;

　　　A——铜热电阻的温度系数,$A = 4.25 \times 10^{-3} \sim 4.28 \times 10^{-3}$ ℃。

金属热电阻通常为正温度系数,热电阻传感器的阻值随温度升高而增大。铂热电阻式温度传感器测量精度高,测温复现性好,但价格较高。铜热电阻在测温范围内线性好,灵敏度高,但容易氧化,适用无水及无腐蚀性介质的测温场所。在测温精度要求不高,且测温范围比较小的情况下,可采用铜热电阻代替铂热电阻。

2)热敏电阻传感器

热敏电阻传感器是利用半导体的温度变化引起电阻变化进行温度测量的。热敏电阻通常由半导体陶瓷材料组成,常温器件适用于 −55~315 ℃的温度范围。

热敏电阻传感器可分为正温度系数(Positive Temperature Coefficient,PTC)型、负温度系数(Negative Temperature Coefficient,NTC)型、临界温度(Critical Temperature Resistor,CTR)型等类型。

3)热电偶传感器

将两种不同的金属导体 A 和 B 连接起来,组成一个闭合回路,当导体 A 和 B 的两个接点 1 和 2 之间存在温差时,导体 A 的 B 之间便产生电动势 ,在回路中形成一定大小的电流,把温度信号转换成为电信号,通过仪表转换成被测介质的温度。

常用热电偶可分为标准热电偶和非标准热电偶两大类。标准热电偶是指国家标准规定了其热电势与温度的关系和允许误差,并有统一的标准分度表的热电偶。它有与其配套的显示仪表可供选用。非标准化热电偶在使用范围或数量级上均不及标准化热电偶,一般也

没有统一的分度表,主要用于某些特殊场合的测量。

热电偶测量时不需要外加电源便能直接将被测量转换成电量输出,使用十分方便,结构简单。热电偶测取某具体点的温度,常被用作测量炉子、管道内的气体或液体的温度及固体的表面温度。它的测温范围通常在 -270~2 500 ℃。但它的灵敏度比较低,容易受到环境的信号干扰。

4)集成模拟温度传感器

传统的热电阻、热敏电阻、热电偶传感器因输出模拟温度信号属于模拟传感器,在一些温度范围内线性不好、热惯性大、响应时间慢。集成模拟温度传感器将各种对信号的处理电路以及必要的逻辑控制电路集成在单片机上,具有灵敏度高、线性度好、响应速度快、实际尺寸小、使用方便等特点。

5)集成数字温度传感器

集成数字温度传感器是能把模拟温度量,通过温度敏感元件和相应电路转换成方便计算机、可编程逻辑控制器(Programmable Logic Controller,PLC)、智能仪表等数据采集设备直接读取的数字量的传感器。如 MAX6575 数字温度传感器可通过单线和微处理器进行温度数据的传送,测量精度为 ±0.8 ℃,一条线最多允许挂接 8 个传感器,温度测量范围为 -45 ℃~125 ℃。

6)非接触式温度传感器

非接触式温度传感器是利用物体的热辐射能量随温度的变化而变化的原理进行温度测量的。接收检测装置可将被测对象发出的热辐射能量转换成可测量和显示的信号,实现温度的测量。非接触式温度传感器的类型主要有光电高温传感器、红外辐射温度传感器、光纤高温传感器等。

4. 其他传感器

1)湿度传感器

湿度传感器利用湿敏元件把相对湿度转换成电信号进行相对湿度(Relative Humidity,RH)的测量。湿度传感器主要有干湿球式、电容式、电阻式等类型。电容式湿度传感器测量范围为 10%RH~90%RH,可输出标准电压(0~5 V、0~10 V)信号或电流(4~20 mA)信号。

在建筑设备自动化系统中常用的湿度传感器有干湿球湿度计、电容式湿度计、氯化锂电阻式湿度计等,其性能比较参见表 12-1。

表 12-1　常用的湿度传感器性能比较

分类	监测原理	应用特点
干湿球湿度计	一只干球温度计,一只湿球温度计,能反映与湿球水温相同的饱和空气温度。利用干湿球温差反映空气中的相对湿度	干湿球湿度计的准确度只有 5%RH~7%RH,维护简单,适用于在高温及恶劣环境中使用
电容式湿度计	模板电容器的容量正比于极板间介质的介电常数,而介电常数与空气的相对湿度成正比	测量范围在 0~100%RH,体积小,线性和重复性好,响应快,不怕结露
氯化锂电阻式湿度计	氯化锂在空气中具有很强的吸湿特性,吸湿量与空气的相对湿度有关,吸湿后氯化锂电阻值减小,通过电阻值可间接测量空气相对湿度,有氯化锂电阻湿度计和氯化锂露点湿度计两种	结构简单、体积小、响应快、灵敏度高,但易老化,受环境温度影响大,需要温度补偿

2）压力传感器

压力传感器是将压力转化成电信号输出的传感器。压力传感器一般由弹性敏感元件和位移敏感元件组成。弹性敏感元件的作用是使被测压力作用于某个面积上并转换为位移或应变，然后由位移敏感元件或应变计转换为与压力成一定关系的电信号。压力传感器主要用于监测风道和供回水管网中的流体参数状况。

3）液位传感器

在 BAS 中，需要液位传感器监测储水池、给水箱、污水池等中的液体深度，来进行给水泵和排污泵的启停控制。液位传感器是利用磁浮球发出多点开关信号的装置。在导管内的不同高度装有干簧管，当磁浮球随液位变化而上下浮动时，浮球内的磁钢使相应位置上干簧管的触点吸合或断开，发出开关信号，并且具有自保持功能。

4）压差传感器

压差传感器是一种用来测量两个压力之间差值的传感器。当被测压力差直接作用于传感器的膜片上时，膜片产生与压差成正比的微位移，使传感器的电阻值发生变化，输出一个与压差相对应的标准测量信号。空气压差开关主要用于通风机空调系统中空气过滤网、风机两侧的气流压差监测。水压差传感器主要用于冷热源系统中水泵运行状态和管道压差监测。

12.1.2　常用执行器

在建筑设备自动化系统中，执行器的任务是接收控制器的指令，转换为对应的位移信号，通过调节机构调节控制管道内流体的输送量，从而实现对流量、温度、压力、相对湿度等物理量的控制。

执行器通常由执行机构和调节机构组成。执行机构按照控制器指令产生推力和位移信号，调节机构接收执行机构产生的位移信号，来改变阀芯与阀座之间的流通面积，达到调节管道内流体的输送量的目的。

执行器通常分为电动、气动、液动三种。电动执行器以电能作为动力源，气动或液动执行器以压缩空气或液体作为动力源。在建筑自动化系统中常用电动执行器。

电动执行器主要采用电动机或电磁线圈作为电动执行机构的动力部分，将控制器传出的指令信号转变为阀门的开度。在建筑设备自动化系统中常用的电动执行机构的输出类型有直行程和角行程。直行程执行机构可与直线移动的调节阀配合使用，角行程执行机构可与旋转的球阀或蝶阀配合使用。

电动执行机构一般采用随动系统。一方面来自控制器的输入信号通过伺服放大器驱动电动机转动、经过减速器带动调节阀动作，同时经位置传感器将杆行程的位移行程反馈给伺服放大器，伺服放大器将输入信号和来自位置传感器的反馈信号进行比较，输出偏差信号，驱动电动机转动，保证控制器信号准确地转换为门位移行程。随动系统主要完成调节阀的输出与输入信号呈线性关系，保证输入信号准确地转换成杆的行程。

在建筑设备自动化系统中常用的电动执行器有电磁阀、电动调节阀、风阀等。

1. 电磁阀

电磁阀是利用线圈通电产生电磁引力，提升活动铁芯，带动活动中心杆及阀芯，控制流体通断。电磁阀的执行机构是电磁线圈及铁芯,调节机构是阀芯。电磁阀能够实现通、断两位控制,通常不能实现连续调节。常见的电磁阀有直动式和先导式两种。

直动式电磁阀,当线圈通电时,固定铁芯和动铁芯之间的电磁力大于恢复弹簧的弹力,活动中心杆联动阀芯开启,打开阀门,流体通过阀门。当线圈断电时,电磁力消失,恢复弹簧推动活动中心杆及阀芯,关闭阀门,切断流体流动。先导式电磁阀有导阀和主阀,活动中心杆与主阀分开,线圈控制导阀,通过导阀的先导作用促使主阀开闭。

直动式电磁阀结构简单,动作迅速,但容易产生水锤现象,常用于小口径管路。先导式电磁阀结构复杂,动作慢,有延迟现象,无水锤作用,常用于大口径管路。电磁阀的通径可与工艺管路的直径相同。

2.电动调节阀

电动调节阀由以电动机为动力元件的执行机构和调节阀为调节机构共同组成,能够连续输出调节动作的执行器。

1)电动执行机构

电动执行机构输出方式有直行程、角行程和多转式三种。直行程的电动执行机构配备直线移动的调节阀,角行程的电动执行机构配备旋转的碟阀,多转式的电动执行机构配备多转的感应调节阀。

直线移动的电动调节阀的工作原理为执行机构接收控制器输出的电信号(DC 0~10 mA 或 DC 4~20 mA),并将其转换为相应的直线位移,推动下部的调节阀动作,改变阀芯和阀座之间的截面积大小,直接调节流体的流量。

电动执行机构有自动连续调节控制和手动控制方式。当电动执行机构需要就地手动操作时,通过切换装置,摇动手轮就可以实现手动操作。

智能型变频电动执行机构是利用数字化变频技术调节电动机转速,使阀芯的调节速度发生变化。它与各种阀体配合,可以组成各类智能型变频电动调节阀。当输入信号和位反馈信号偏差较大时,电动调节阀加速调节动作。当输入信号和位反馈信号偏差较小时,电动调节阀速度会变慢。在平衡点附近阀门会一点点打开或关闭,提高了阀门的控制精度。

智能型电动执行机构是利用微处理器技术作为执行机构中的控制器,通过软件控制,可以在输出结果的同时显示输出信息,还可以实现远程通信以及故障报警功能。

2)电动调节阀的工作特性

I.理想流量特性

电动调节阀的理想流量特性又称固有流量特性,是指在电动调节阀两端压差保持恒定的条件下,流体流经电动调节阀的相对流量与相对开度之间的关系。电动调节阀的理想流量特性可分为直线性、等百分比型、抛物线型、快开型等。不同阀芯曲面可得到不同的理想流量特性。

直线型流量特性的电动调节阀在小开度时调节作用强,在大开度时调节作用比较缓慢。等百分比流量特性的电动调节阀在小开度时调节平缓,大开度时调节灵敏。抛物线型流量特性的电动调节阀介于直线型和等百分比型之间。快开型流量特性的电动调节阀小开度时流量变化比较大,随着相对开度的增加,流量迅速增大接近最大值,调节阀一打开,流量就比较大,适合双位控制、顺序控制等。

Ⅱ. 工作流量特性

电动调节阀的工作流量特性是指在电动调节阀两端压差变化时,通过电动调节阀的相对流量与相对开度之间的关系。在实际生产中,电动调节阀以串联或并联方式与管道相连接,管道系统的总压力由泵或风机提供,并随管道系统总流量的变化而变化。在不同流量下,管路系统的阻力不一样,分配给电动调节阀的压降也不同,因此电动调节阀两端的压差总是变化的。工作流量特性不仅取决于本身的结构参数,也与配管情况有关。

当电动调节阀与管道串联时,电动调节阀在管道系统中承担的压力比例称为权度。阀权度又称为阀门能力,表明了电动调节阀的工作流量特性与理想流量特性的偏离程度。

当管道系统阻力为零时,阀权度 $S_V = 1$,系统总压力全部分配在电动调节阀上,并保持不变,这时电动调节阀的工作流量特性为理想流量特性。当管道系统存在阻力,并随流量而变化,阀权度 $S_V < 1$,理想流量特性发生畸变,形成一系列向上拱的曲线,直线型趋向快开型,等百分比型趋向直线型,阀权度 S_V 越大,电动调节阀的控制能力越好;阀权度 S_V 越小,电动调节阀的控制能力越差;阀权度 $S_V = 1$ 时,电动调节阀具有最好的控制能力。

3. 电动风量调节阀

1)电动风量调节阀的原理结构

在空调通风系统中,安装在风道中的电动风量调节阀是用来调节风的流量的。电动风量调节阀主要由阀体、叶片、传动机构、执行机构等部分组成,按控制方式可分为开关式控制、比例调节式控制、浮点式控制等。开关式控制输出开和关两种状态,对电动风量调节阀仅起到开关作用。比例式控制对电动风量调节阀具有连续调节与定位作用。浮点式控制对电动风量调节阀具有定时运行、不准确定位作用。

电动风量调节阀基本工作原理为:当叶片转动时,改变了风量调节的阻力系数,风道里的风量也就相应改变了。调节型电动风量调节阀有单叶型和多叶型。单叶型电动风量调节阀仅有一个叶片,结构简单,密封性好。多叶型电动风量调节阀分为平行叶片、对开叶片、菱形叶片,通过转动叶片的转角大小来调节风量。叶片的形状将决定调节的流量特性。

2)电动风量调节执行机构

电动风阀执行器是一种专门用于驱动风门的执行机构。电动风量调节阀的执行机构主要由阀门定位器和电动机执行器两个部件组成。电动定位器接收控制器传输过来的DC 0~10 V 连续电压控制信号,对执行器的位置进行定位控制,使电动风量调节阀的位置与控制信号呈线性关系。当电动风量调节阀开度随输入电压增加而加大时为正作用,反之为反作用。

电动风量调节阀执行器分为开关式和连续式,旋转角度为 90° 或 95°,电源为AC 220 V、AC 24 V、DC 24 V,控制信号为 DC 2~10 V。

12.1.3　直接数字控制器

直接数字控制器(Direct Digital Control,DDC)以微处理器为核心,通过模拟量输入通道(Analog Input,AI)和开关量输入通道(Digital Input,DI)实时采集现场传感器、变送器的信号数据,按照一定的规律进行计算,经过逻辑比较后,发出控制信号,通过模拟量输出通道(Analog Output,AO)和开关量输出通道(Digital Output,DO),直接驱动执行器,控制生产过程。

直接数字控制器可以直接完成对现场传感器和执行器的控制任务,能够与现场多个直接数字控制器及上一级的监控级或管理级计算机组成集散型控制系统,形成建筑设备自动化系统。

1. 直接数字控制器的组成

直接数字控制器安装在现场,接收传感器和变送器信息,可以根据设定的参数和程序进行各种算法运算,输出控制指令,控制执行器工作,实现控制功能。直接数字控制器可接收上位机输送的控制指令,并将本地的信息传送到上位机。

1) 直接数字控制器的基本组成

直接数字控制器由硬件和软件组成。通过程序控制,直接数字控制器能够单独运行进行数据采集与控制。

Ⅰ. 直接数字控制器的硬件基本组成

直接数字控制器的硬件通常由微处理器、存储器、输入通道、输出通道、接口电路、电源电路等组成。

Ⅱ. 微处理器模块

直接数字控制器中微处理器模块采用高性能的 16 位、32 位或 64 位微处理器,还配置浮点运算处理器,数据处理能力很强,工作周期短,可以执行 PID、自整定、顺序、预测、模糊、神经元等多种控制算法。

Ⅲ. 存储器模块

存储器模块为程序运行提供存储实时数据与中间变量的空间。直接数字控制器在正常工作运行中将系统的启动、自检、基本的输入/输出(Input/Output,I/O)驱动程序等一套固定的程序固化在只读存储器(Read-Only Memory,ROM)中。有的系统将用户组态的应用程序也固化在 ROM 中,通电后能够实现对现场被控对象的正常控制。

Ⅳ. 电源模块

直接数字控制器通常配备后备电池,系统调点后,可自动保持数据和程序。直接数字控制器的电源模块能够提供 24 V 直流稳压电源,内置使用寿命长的锂电池。

Ⅴ. 模拟量输出通道模块

直接数字控制器的模拟量输出通道模块能将微处理器模块输出的数字信号经过数字/模拟(Digital to Analog,D/A)信号转换器转换成标准的模拟电信号,驱动执行机构,控制调整现场被控设备进行工作运行,如控制电动调节的开度等。模拟量输出通道模块通常由 D/A 转换器、输出端子板和内电缆等组成。

Ⅵ. 数字量输出通道模块

直接数字控制器的数字量输出通道模块用于控制电磁、指示灯、继电器、声光报警器等,仅存在开、关两种状态的开关类设备。数字量输出通道模块由数字量输出板、端子板和内电缆等组成。

Ⅶ. 模拟量输入通道模块

直接数字控制器的模拟量输入通道模块一般由端子板、信号调理器、A/D 转换器构成。现场传感器将被控对象的各种连续变化的温度、压力、压差、位移、浓度、电流、电压等参数,转化为标准的电信号,通过模拟量输入通道送入微处理器模块进行计算处理。

Ⅷ. 数字量输入通道模块

直接数字控制器的数字量输入通道模块用来输入限位开关、继电器、电磁阀等各种开关量信号。数字量输入通道模块通常由端子板、数字量输入板等组成。各种开关量输入信号在数字量输入板内经过电平转换、光电隔离、滤波处理后,放入存储器里,微处理器可周期性的读取存储器中的数据进行处理。当外部开关量信号状态发生改变时,通过中断申请电路向微处理器提请及时处理。

Ⅸ. 脉冲量输入模块

脉冲量输入模块接收处理现场仪表中转速器、涡街流量计、脉冲电量表等脉冲信号。输入的脉冲信号经幅度变换、整形、隔离后,输入计数器进行累计。

Ⅹ. 其他模块

直接数字控制器的通信模块用于与上位机的联络。直接数字控制器可直接接收中央管理计算机(上位机)的操作指令,控制现场设备运行状态。直接数字控制器之间可以通信联络。可以通过现场编程器对直接数字控制器进行编程并修改设定参数。直接数字控制器的显示模块可以显示运行状态、历史数据图表显示等。

2)直接数字控制器的软件基本组成

直接数字控制器的软件通常包括基础软件、自检软件和应用软件等。基础软件作为固定程序固化在模块的通用软件中,通常由直接数字控制器生产厂家直接写在微处理器芯片上,不需要由其他人员进行修改。

12.2　空调系统监控

12.2.1　新风机组监控

1. 送风参数控制

1)送风温度

新风机组的送风温度控制是通过加热盘管或表冷器实现的。从室外吸进的新风,经过加热或冷却处理后,出风口处新风的温度即为送风温度。送风温度的控制目标是以保持恒定值为基本原则的。由于冬、夏季室内环境温度要求不同,因此冬、夏季新风机组的送风温度目标值不同。

2)相对湿度

新风机组的相对湿度控制是通过各类加湿器实现的。采用蒸汽加湿器时根据被控湿度的要求,自动调整蒸汽加湿量。

3)新风量

新风机组的新风量控制是通过风量调节阀,手动或自动改变阀门的开启度大小来实现的。新风的作用不仅是满足建筑物内长期逗留人员身体健康需要的氧气量,还有置换污浊空气,维持室内正负压平衡关系,以及满足洁净度和舒适度等方面的需求。

2. 新风机组的监控原理

1）新风机组的控制原理

新风机组主要由风阀、过滤器、加热器、表冷器、加湿器、送风机等组成。其工作原理为从室外抽取新鲜的空气经过过滤除尘、升温或降温、加湿或减湿等处理后,利用送风机和送风道输送到各个空调区域,置换室内浑浊空气,为室内提供新鲜空气。

2）新风机组的控制单元

Ⅰ. 送风温度控制单元

新风机组的主要控制对象为送风温度。送风温度控制单元由温度传感器、加热器或表冷器及水路上的电动调节阀等组成。温度传感器检测出模拟量输入送风温度信号,输入直接数字控制器中,与设定值进行比较,通常经过 PID 控制算法处理后,输出一个模拟量输出信号,调节热水或冷水管路上的电动调节阀的阀门开度,控制流过加热器的热水流量或表冷器的冷水流量,实现对空气的升温或降温处理,控制调节送风温度趋近并最终稳定在设定值范围内。

Ⅱ. 送风湿度控制单元

新风机组的送风湿度控制单元主要由湿度传感器、加（减）湿器及蒸汽电动调节阀等组成。冬季气温低,空气干,需要进行加湿处理。夏季气温高,空气湿,需要进行减湿处理。在冬季,送风湿度的控制主要依靠直接数字控制器通过调节加湿器的电动调节阀的阀门开度实现。直接数字控制器依据湿度传感器检测出的模拟输入送风湿度信号,与送风湿度目标设定值比较,采用 PID 调节法处理后,输出模拟量信号,调节加湿器的电动调节开度,控制调节送风湿度稳定在设定值。通常民用建筑中新风机组采用喷蒸汽的方式进行加湿,工业空调系统中的新风机组采用喷水方式进行加湿。

Ⅲ. 新风量控制单元

直接数字控制器根据新风的温度和湿度以及空调房间对空气质量的要求,控制新风电动调节阀的阀门开度实现按比例调节控制新风量,也可以通过室内 CO_2 传感器监测数据与给定值比较后,调节新风电动调节阀的阀门开度,增大或减小新风量。

Ⅳ. 送风机运行状态控制单元

通过风机的配电箱中的各种辅助触点,直接数字控制器可以对恒速风机进行启停、运行状态、故障报警、手/自动转换等控制。

3）新风机组的监测功能

Ⅰ. 监测送风机运行状态与显示

通过送风机两侧压差开关的数字量输入信号来监测送风机工作时的气流状态。当送风机启动后,风道内产生风压,气流使送风机两侧压差增大,压差开关闭合,表示送风机运行正常。当送风机运行时,如果压差信号小于设定值,说明气流状态不正常,则产生报警信号,以提示送风机出现故障,并进行停机控制。送风机停转后压差开关断开,显示送风机停止运行。

Ⅱ. 监测送风温度和湿度

通过设置在送风口处的温度传感器和湿度传感器,对送风温度和湿度进行实时监测,了解新风机组是否将新风处理到设定值范围。温度传感器和湿度传感器的模拟量输入信号,可以是 4~20 mA 电流信号,也可以是 0~10 V 电压信号,并输入直接数字控制器中。

Ⅲ.监测过滤网堵塞情况

过滤网两侧的差压开关能够监测过滤网是否需要清洗更换。过滤网黏附的灰尘越多,过滤网两侧的压差值越大,达到压差设定值时,压差开关吸合,产生报警信号,提示需要进行清洗或更换。

Ⅳ.监测新风温度和湿度

通过新风机组进风口处的温度传感器和湿度传感器的模拟量输入信号,可以监测室外气候变化状况,进行室外温度补偿控制以及冬、夏季工况转换控制。

Ⅴ.设备启停联锁

为保护新风机组,新风机组启动顺序通常为先打开热水调节阀,再打开新风阀,最后打开送风机。新风机组的停止顺序通常为先关闭送风机,再关闭新风阀,最后关闭热水调节阀。各种设备启停的时间间隔以设备平稳运行或关闭为准。

Ⅵ.火灾消防联动控制

按照有关规定,新风系统的送风管上必须设置防火阀,其熔断温度为70 ℃。当新风阀熔断时,直接数字控制器必须关闭送风机,并向火灾监控中心报警。

由于火灾报警系统通常为单独的监控系统,因此在建筑设备监控系统中一般不另设防火监测功能,送风管道上的防火监测功能由单独的消防系统承担。

12.2.2　定风量空调系统的监控

1.定风量空调系统的监控原理

定风量空调系统属于全空气空调系统。全空气送风方式的特点是水管不进入空调房间,室内温度和湿度均由送风的温度和湿度进行调节。根据能量平衡方程,向室内送入的热量或冷量可由下式计算:

$$Q = \frac{c\rho q(t_n - t_s)}{3\ 600} \tag{12-3}$$

式中　Q——送入室内的冷量或热量,kW;

　　　c——空气的定压比热容,kJ/(kg·℃);

　　　ρ——空气密度,kg/m³;

　　　q——送风量,m³/h;

　　　t_n——室内温度,℃;

　　　t_s——送风温度,℃。

从式(12-3)可以看出,当送风量 q 一定时,通过改变送风温度 t_s 就可以改变送入房间的冷量或热量 Q,满足房间冷或热负荷的需求。

定风量空调系统的监控原理为送风量不变,通过改变送风温度、湿度以满足室内热湿负荷的变化,保持室内舒适的环境要求。

在定风量空调系统中,采用送风机的恒定转速来保证送风量的恒定,采用送风温度的变化来调节室内的热量需求。

2. 定风量空调系统的监控功能

1)定风量空调系统运行参数监测

Ⅰ. 空调机组风温和湿度显示

在新风口处的温、湿度传感器实时监测新风温、湿度;在送风口处的温、湿度传感器实时监测送风温、湿度;在回风口处的温、湿度传感器实时监测回风温、湿度。将这些参数在直接数字控制器上显示出来,以便了解空调机组的运行状态,进行必要的参数修改与设定。

Ⅱ. 送风机、回风机运行状态显示与故障报警

送风机和回风机的工作运行状态是通过两端的差压开关进行监测。风机正常运行时,差压开关闭合;风机故障时,压差开关断开,并发出报警信号。此外,还有风机中的电动机过载显示报警、手/自动转换显示等。

Ⅲ. 过滤网压差报警显示

当过滤网脏堵严重,两端压差增大超限时,压差开关闭合报警,提醒维护人员,及时清洗或更换过滤网。

Ⅳ. CO_2 浓度监测显示

通过回风口处的 CO_2 传感器,监测空调室内的空气质量。当 CO_2 浓度增大到限定值时,报警显示,并通过直接数字控制器调节新风比例,改善室内空气质量。

Ⅴ. 防冻报警显示与运行防冻保护

采用防冻开关进行停运防冻保护时,当加热器后面的风温低于 5 ℃时,防冻开关动作,并报警显示,联动停止空调机组运行,并限制热盘管电动阀的开度,以保证盘管内水不结冰的流量。

采用热水供暖空调新风防冻机组进行运行防冻保护时,可以适应任何情况的寒冷天气温度变化,通过调节水力工况,满足供暖平衡,防止加热盘管冻结,保证新风机组或空调机组于处于运行防冻状态。

2)定风量空调系统运行控制

定风量空调系统运行控制主要是对回风温度和湿度的控制,对新风量、回风量、排风量的比例调节控制,以及对风机的联锁控制等。

12.2.3　风机盘管系统的控制

1. 风机盘管系统的控制原理

1)风机控制系统

风机的启停通过自动控制或手动控制实现。冬季时,室温低于设定值时自动启动风机,室温高于设定值时自动停止风机。

风机一般由高、中、低三种挡位,送风量通过这三种不同的挡位进行控制,三种挡位通过手动控制选择。

2)室温控制系统

室温控制系统由温度控制器、回风道上的温度传感器、水路上的电动调节阀等部分组成。回风管道上的温度传感器能比较真实地反映实际房间温度,当其监测温度低于温度设定值时,通过温度控制器输出控制指令,打开水路上的电动调节阀调节热水或冷水的流量,

控制室内温度在设定值范围内。

3）夏季和冬季模式转换

风机盘管系统工作在夏季模式时，空调水管供应冷冻水。风机盘管系统工作在冬季时，空调水管供应热水。冬夏季转换，可以手动转换，也可以自动转换。

2. 风机盘管加新风系统

风机盘管加新风系统将集中处理的全部新风以恒定的温度和湿度送到各房间入口，经过风机盘管再次升温或降温处理之后送入各房间。

新风系统承担着向室内提供新风的任务，主要用于满足人们对室外新风的需求，并稀释室内的污染。通常新风系统不承担室内负荷或承担部分室内负荷。新风的处理设备通常采用组合式空调机组或整体式新风机组，一般具有过滤、冷却、加热、加湿等功能。

风机盘管中的风机转数和盘管回水路上的电动调节均由空调房间内的温度控制器控制，可方便调节各房间温度。

12.2.4 变风量空调系统的监控

1. 变风量空调系统的组成

1）变风量空调系统的基本组成

根据式（12-3）可知，当送风量温度一定时，通过改变送风量 q，可以改变送入房间的热量或冷量 Q，满足房间冷热负荷的需求。

变风量空调系统是以送风温度不变，通过改变空调房间的送风量来实现对室内温度调节的全空气系统。由于变风量空调系统的风机输送的风量是随室内负荷大小而不断变化的，输送空气所消耗的能量比定风量系统少，因此节能效果好。通常采用变频调节送风机的转速来改变总的送风量。

2）变风量空调系统的监控原理

变风量空调机组负责处理送风温度和湿度，通过变频送风机，经过送风通道和变风量末端装置，将处理后的空气送到空调房间。末端控制器根据空调房间温度的变化，调节变风量末端装置中电动风阀的开度，调节被控区域的送风量，维持室内温度平衡稳定。多个空调房间的变风量末端装置所改变的风量会引起空调机组送风管道内静压的变化，通过送风管静压传感器发出信号，改变送风机的送风量。送风量的变化将导致送回风量差值的减少，直接数字控制器会相应减少回风量以维持室内风压稳定。风道压力的变化还将导致新风量和排风量的变化，直接数字控制器将相应调节新风、回风和排风阀开度，并保持必要的新风量和排风量。

2. 变风量空调系统的监控功能

1）变风量空调系统的运行参数监测

（1）监测显示回风管道的温度和湿度。根据回风温度参数，调整加热器或表冷器水路上的电动调节阀开度。根据回风湿度，控制加湿器电动调节阀开度。

（2）监测显示送风管道的温度和湿度。通过对送风管道上的温度和湿度参数与回风管道上温度和湿度参数相比较，可以了解空调房间冷负荷或热负荷的变化情况。

（3）监测显示新风口处的温度和湿度。通过新风口处的温度和湿度参数，能够了解室外气温变化,控制新风、回风阀开度。

（4）监测送风主干风道某点静压。监测送风主干风道某点静压参数变化,通过变频器调节送风机转速来调节送风量。

（5）测量新风口处的风速,控制变风量系统保持所需要的最小新风量。

（6）显示新风、回风、排风、水路电动调节阀,加湿器电动调节阀的开度,了解其工作状态。

（7）送风机和回风机的运行状态显示,故障报警。

（8）调整空调机组送风温度、送风量等送风参数设定值。

2）变风量空调系统控制

变风量空调系统需要对空调机组和变风量末端装置进行控制。对空调机组的控制内容有总送风量、送风温度和湿度、回风量、新风量等调节控制。

12.2.5　多联机空调系统监控

1. 多联机空调系统普通控制

在多联机空调系统中,每一台室外机组可以带多台室内机组,室外机组和室内机组接上电源之后,可以根据用户的个人需求,通过有线或无线控制器,根据需求任意设定房间温度,按挡位调节出风量,灵活控制室内机组运行状态。可以采用一个控制器对应一台室内机进行控制,也可以采用一个控制器对应一组室内机控制。

2. 多联机空调系统智能集中控制

多联机空调系统智能集中控制可以根据情况组成集中控制管理系统（Building Management System,BMS）。在楼宇中,多联机集中控制管理系统能够实现室温监控、空调权限管理、故障自动报警、运行记录显示、检测空调运行状态、节能控制、空调维护等多种功能。

多联机控制系统还可以通过智能控制器扩展控制功能,通过楼宇自动化与控制网络（Building Automation and Control networks,BACnet）系统,可以与以太网和 BMS 联网,与电梯、泵、照明等供电设施和防火设施进行联锁控制。

多联机控制系统主要监控功能有:

（1）单独或集中进行开关、温度上下限设定、模式转换等控制;

（2）空调系统运行状态监视与权限管理;

（3）运行记录显示,故障报警;

（4）连锁控制门锁、供电设施、消防设施等;

（5）对所有空调室内机的用电量情况进行专业管理;

（6）远程控制与监视;

（7）系统强制控制;

（8）空调节能管理控制等。

12.2.6　通风与防排烟系统监控

1. 一般通风系统的监控

一般的通风系统通常是指民用建筑中除防火排烟控制系统之外的通风系统。主要监控对象是送风机或排风机,采用手动控制的方法也可以满足控制要求。

1)对过滤网进行差压监控

当过滤网两端压差超过设定值时,输入数字量信号,控制器发出报警信号,提示工作人员进行维修更换。

2)联锁送风机的启停控制

对送风机进行运行监控、故障报警、高/低速控制、启停控制。监视防火开启或关闭的工作状态。防火平时呈开启状态,当送风温度达到 70 ℃时,自动关闭,并联锁送风机停止运行。

对排风机进行运行监控、故障报警、高/低速控制、启停控制。监视排烟防火开启或关闭的工作状态。排烟防火阀平时呈开启状态,当送风温度达到 280 ℃时,自动关闭,并联锁送风机停止运行。

排烟机的启停控制还可以通过监测室内 CO 和 CO_2 浓度进行控制。

2. 防排烟系统的监控

在确定火灾后,由消防控制中心输出控制指令,关闭空调系统中的送风机和排风机以及一般通风系统中的通风机;启动正压送风机,同时打开火灾层和相邻层前室送风口;打开火灾层对应防烟分区内所有的排烟口,并同时启动排烟风机。当烟气扩散到其他防烟分区后,通过感烟探测器报警,消防控制中心远程打开对应放烟区内所有的排烟口。

防排烟系统设备状态的监测内容主要有正压送风机和排烟风机的工作状态与故障报警。防火阀、排烟防火阀、排烟口的开闭状态等。

12.3　冷热源机组监控

12.3.1　空调冷水机组监控

对压缩式制冷系统的监控目的是使冷水机组中的蒸发器和冷凝器通过稳定的水量,向空调冷冻水系统供给足够的冷冻水量,尽可能提高供回水温差,实现系统的运行。

1. 主要监测内容

1)监测参数

(1)监测蒸发器制冷剂进出口温度,冷凝器制冷剂进出口温度,压缩机进气与排气的压力和温度,冷凝器和蒸发器水流开关指示状态。

(2)监测冷冻水系统供回水温度、压力、压差、流量等运行参数。

(3)监测冷却水系统进出口温度、压力、压差、流量等运行参数。

(4)监测冷却塔风扇的工作状态、调节、故障报警等。

2)监控功能

(1)监控冷水机组启停控制、运行状态显示、过载报警等,冷水机组及冷冻水循环泵、冷却水循环泵的台数控制。

(2)监控冷冻水泵的启停状态、故障报警、水流指示等。冷冻水循环系统旁通阀的压差、流量测控。

（3）监控冷却水泵的启停状态、故障、水流指示。

（4）监控冷却塔风扇的工作状态、调节、故障报警等。

3）启停控制及要求

（1）制冷机系统的启动顺序为：润滑油系统→冷却水系统→冷冻水系统→压缩机。停止顺序与上述过程相反。

（2）循环水系统的启动顺序为：冷却塔风机→冷却水阀→冷却水泵→冷冻水阀→冷冻水泵→冷水机组。停止顺序与上述过程相反。

（3）制冷系统控制的一般要求如下。

①各机组设备的运行累计小时数及启动次数尽可能相同，以延长机组使用寿命。

②在满足用户负荷的前提下，尽可能提高制冷机出口水温以提高制冷机的能效比（Coefficient of Performance，COP）值。

③根据冷负荷状态决定制冷机运行台数。

④在制冷机运行所允许条件下，在不增加冷却泵和冷却塔的运行电耗的条件下，尽可能降低冷却水温度。

2. 制冷系统的直接数字控制

制冷系统的监控功能见表 12-2。制冷系统的主要监控内容如下：

（1）冷水机组的运行、故障、手自动状态及保护措施；

（2）冷冻水循环系统管道的温度、流量、压力、压差；

（3）冷冻水循环水泵的运行、故障、手自动状态，分水器、集水器之间旁通的压差；

（4）冷却水循环系统管道的温度，冷却水泵和冷却塔风机的运行、故障、手自动状态。

（5）冷冻水、冷却水管道电动阀门的开关状态。

（6）制冷系统的能耗参数等。

通过调控机组运行状态，降低机组电耗和循环泵、风机电耗来达到节能的目的。

表 12-2　制冷系统的监控功能

序号	监控功能	备注
1	冷冻水供、回侧温度监测	水管式温度传感器，感温元件应插入水管中心线。保护套管应符合耐压要求
2	冷冻水供水流量监测	可选用电磁流量计
3	冷却水供、回水温度监测	水管式温度传感器，感温元件应插入水管中心线。保护套管应符合耐压要求
4	膨胀水箱水位监测	用于补水控制
5	冷负荷计算	根据冷冻水供、回水温度差和流量自动计算和计量
6	冷水机组启/停台数控制	根据实际负荷自动确定冷水机组运行的台数，并使冷水机组优化运行
7	冷冻水供、回水压差自动调节	根据集水器和分水器的供、回水压差，自动调节冷冻水旁通调节阀，以维持供回水压力为设定值，并实现优化运行
8	冷却水温度监测和控制	自动控制冷却塔排风机的运行，使冷却水温度低于设定值，以提高冷水机组的运行效率
9	冷水机组保护控制	检测冷冻水、冷却水系统的流量开关状态，如果异常，则自动停止冷水机组，并报警和自动进行故障记录

序号	监控功能	备注
10	冷水系统顺序控制	1. 启动顺序:开启冷却塔蝶阀→开启冷却水蝶阀→启动冷却水泵→启动冷却塔排风机→开启冷冻水蝶阀→启动冷冻水泵→冷却水和冷冻水的水流开关同时检测到水流信号后,启动冷水机组 2. 停止顺序:基本上与启动顺序相反
11	自动统计与管理	自动统计各设备的运行累计时间,按一定的策略使各设备得到优化启停控制,并对定期修理的设备进行提示
12	机组通信	用于楼宇自动化系统集成

对空调冷水机组系统实施自动监控,可以从整体上整合空调系统,使之运行在最佳的状态。有多台冷水机组、冷却水泵、冷冻水泵、冷却塔的冷水机组系统,可以按先后顺序启动运行,通过执行优化运行程序和时间控制程序节能降耗,减少人手操作可能带来的误差,并简化冷源系统的运行。

集中监视能够及时发现设备的问题,进行预防性维修,降低维修费用,以减少停机时间和设备的损耗。另外冷水机组系统还可以根据被调量变动的情况,适当为系统增减冷量,从而降低能耗,节省能源。

12.3.2　锅炉监控系统

1. 锅炉监控系统的主要功能

锅炉控制系统,一般由以下几部分组成,即由锅炉本体、一次仪表、控制系统、上位机、手自动切换操作、执行机构及阀、电动机等部分组成。一次仪表将锅炉的温度、压力、流量、氧量、转速量转换成电压、电流等流入。控制系统包括手动和自动操作部分,手动控制时由操作人员手动控制,用控制器控制变频器、滑差电动机及电动阀等,发出控制信号经执行部分进行自动操作,对整个锅炉的运行进行监测、报警、控制以保证锅炉正常、可靠的运行。

此外为保证锅炉运行的安全,在进行系统设计时,对锅炉水位、锅炉汽包压力等重要参数应设置常规仪表及报警装置,以保证水位和汽包压力有双重甚至三重报警装置,以免锅炉发生重大事故。

(1)集中显示锅炉各运行参数。能提供快速计算所需数据,能同时显示锅炉运行的水位、压力、炉膛负压、烟气含量、测点温度、燃煤量等运行参量的瞬时值、累计值及给定值,并能按需要在锅炉的结构示意画面的相应位置上显示出参数值。

(2)提供随时打印或定时打印,能对运行状况进行准确的记录,便于事故追查和分析,防止事故的瞒报漏报现象。

(3)运行中可以随时修改各种运行参数的控制值,并修改系统的控制参数。

(4)用程序软件来代替许多复杂的仪表单元,减少投资和故障率,提高锅炉的热效率。

(5)对系统中的鼓风机、引风机、给水泵等大功率非经常满负荷运行的电动机,进行变频控制进行节能。

（6）对锅炉的多输入、多输出、非线性动态对象进行智能控制,对锅炉性能进行网络化控制。

（7）保证锅炉的安全、稳定、经济运行,减轻操作人员的劳动强度,杜绝由于人为疏忽造成的重大事故。

2. 锅炉水系统的监控原理

锅炉的供水（出水）口设温度传感器、压力传感器、流量传感器等参数检测元件,监控用户侧热水的质量。回水侧设有温度传感器和压力传感器,对用户回水进行监测。同时,回水侧压力传感器的值还可用于控制补水泵启停。补水泵的另一个控制方式是补水箱的液位,用于监控补水泵的工作状态。压力传感器用于监测锅炉回水的压力,并控制电动阀的开度。旁通阀用于控制供回水之间的压差。

3. 电热水锅炉的控制实例

1）供暖热水锅炉的监控内容

Ⅰ. 锅炉热水出水压力、温度、流量的监测

温度传感器测量锅炉出口水温,流量计测量锅炉出口热水流量,压力变送器测量热水出口压力。上述测量结果作为模拟量输入信号,送给 DDC 用于控制、显示、超限报警。

Ⅱ. 锅炉补水泵的控制

压力变送器测量系统回水压力,取得模拟量输入信号送给 DDC。当回水压力小于设定值时,启动补水泵进行补水。当回水压力大于设定值时,补水泵停止运行。

Ⅲ. 锅炉给水泵的顺序启停及状态显示

启动顺序为先启动循环水泵,后启动电锅炉。停止顺序为先关闭电锅炉,再停止循环水泵。

水流开关用于检测循环水泵的运行状态,用锅炉主电路接触器辅助触头检测电锅炉运行状态。

Ⅳ. 汽包水位的自动控制

液位计检测汽包水位发送给 DDC。若水位超上限,报警并关小进水阀。若水位低于下限,报警并开大进水阀。

Ⅴ. 故障报警

故障报警包括循环水泵、补水泵发生过载故障报警,电锅炉故障报警,锅炉水位超限报警。

Ⅵ. 锅炉供水系统的节能控制

用分水器供水温度、集水器回水温度和供回水流量计算空调房间所需负荷、自动启停锅炉和循环水泵的台数。

Ⅶ. 安全保护

循环水泵停止、循环水量太小或锅炉内水温太高时, DDC 收到温度上升信号,调用事故处理程序,及时恢复水循环（如启动备用泵）。如果水循环恢复不了,则停止运行锅炉,启动排空阀,排出锅内蒸汽,降低蒸汽压力,并进行报警。

以上控制系统也可以用 PLC 或其他硬件系统完成控制。

2）中央站计算机主要完成的功能

（1）实时准确检测锅炉运行参数。

（2）综合分析及时发出控制指令。

（3）诊断故障与报警管理。

（4）历史记录运行参数。

（5）计算运行参数。

12.4　空调水系统监控

12.4.1　空调冷冻水系统监控

冷冻水系统主要是制冷机组的蒸发器换热器、冷冻水循环泵、分水器、集水器、膨胀水箱、补水泵、水处理装置以及相应的阀门、管路构成的闭式系统。

1. 冷冻水循环系统的监控内容和注意事项

1）冷水机组的监控内容

（1）冷水机组的启停台数、运行状态，并进行故障报警。

（2）冷水机组手、自动状态。

（3）冷水机组的冷冻出水和冷却出水的水流状态。

（4）冷水机组的冷冻水进出水温度，并与冷冻水总管供回水温度进行比较，计算用户负荷，进行台数控制等。

2）冷冻水循环系统的监控内容

（1）冷冻水循环泵的启停及状态监视，故障报警，手、自动控制状态。

（2）一级泵和二级泵冷冻水循环流量、温度、压力、压差等。

（3）旁通管流量、阀门位置、压差等。

（4）冷冻水循环管道上电动蝶阀的启停、阀门阀位、水流状态等。

2. 一级泵系统冷水系统的监控

1）冷水机组启动顺序

根据每台机组的负荷、单台机组水流量及冷冻水出水温度来控制冷水机组加减机，对冷水机组台数进行控制。

Ⅰ. 启动联锁顺序

开启冷却塔蝶阀→启动冷却塔→开启冷却水碟阀→启动冷却水泵→开启回水蝶阀→启动循环水泵→检测机组水流状态→开启冷冻水蝶阀→启动冷冻水一级泵→启动冷冻水二级泵→检测机组水流状态→启动冷水机组。

Ⅱ. 后续机组开机控制

满足以下条件时，增加一台机组来满足负荷需求。

（1）所有运行机组均达到满负荷或预先设定的负荷设定值（如负荷的95%）。

（2）冷冻水总供水温度超过设定值。

（3）达到规定的延迟时间。

（4）所有处于停止状态的机组中，累计运行时间最短的机组，将被自动设置为下一台开机机组。

2)冷水机组停止顺序

Ⅰ.非末台机组停止顺序

停止冷水机组→关闭冷冻水蝶阀→停止冷冻水一级泵→关闭冷却水蝶阀→停止冷却水泵→关闭热水蝶阀→停止热水泵→停止冷却塔→关闭冷却塔蝶阀。

Ⅱ.减机控制

当冷冻水的温度过低时,控制系统会启动减机控制。此时需同时满足以下三个条件:

(1)正在运行的机组台数超过 1 台;

(2)预关闭机组的实际负荷值偏低;

(3)达到预定的延迟时间。

Ⅲ.末台机组停止顺序

停止冷水机组→停止冷冻水一级泵→停止冷冻水二级泵→关闭冷冻水蝶阀→停止冷却水泵→关闭冷却水蝶阀→停止热水泵→关闭热水蝶阀→关闭冷却塔蝶阀。

3.二级泵冷冻水系统的监控

在二级泵系统的一次环路中,设置旁通管来保证冷水机组定流量运行。定流量控制与一级泵系统的控制相类似。

一级泵用于克服冷水机组中的蒸发器及周围管件的阻力。当用户流量与通过蒸发器的流量一致时,旁通管内无流量,通过旁通管间的压差就几乎为零。

二级泵用于克服用户侧管道阻力。一级泵随冷水机组联锁启停,二级泵则根据用户侧需水量进行台数启停控制。当二级泵组总供水量与一级泵组总供水量有差异时,相差的部分从旁通管中流过。这样就可解决冷水机组与用户侧水量控制不同步的问题。用户侧供水量的调节通过二级泵的运行台数及压差旁通来控制。

冷水机组运行台数的控制常采用冷量负荷控制法。可以通过用户侧的供回水管路上的温度传感器,以及回水管路上的流量传感器 F,得到用户所需要的冷量 Q_0。若已知两台冷水机组的制冷量 Q_1 和 Q_2,则冷水机组的供冷量和用户的用冷量应相互平衡。

当系统满负荷运行时,冷水机组的供冷量为 Q,则 $Q = Q_1 + Q_2 = Q_0$。若用户侧冷负荷减少,需要制冷量为 Q_1 的冷水机组提供供冷量就能维持系统运行,则关闭制冷量为 Q_2 的冷水机组;或者,需要制冷量为 Q_2 冷水机组提供冷量,则关闭制冷量为 Q_1 的冷水机组。反之,增加冷水机组台数。

4.二级泵系统运行的 DDC 控制监控

水泵(循环泵、补水泵等)的监控参数有水泵的启停状态、运行状态(过载等)、水流指示等,冷水机组的启停状态、流量温度、压力(压差),调节阀的阀门开度,管道压力(压差)、温度、流量等。

12.4.2　冷却水系统监控

1.冷却水系统的主要监控内容

1)冷却塔的监控

(1)冷却塔冷却风机的启停控制及状态监视。

(2)冷却塔水位监测(设置在冷却塔盛水盘)、设备故障(风机及门)及手自动状态监视。

（3）冷却塔水管路电动蝶阀的控制和供回水温度、流量的监测。

2）冷却水泵的监控

（1）冷却水泵的启停控制及状态监测,故障及手自动状态监测。

（2）冷却水泵进水口和出水口的蝶阀控制及水流状态监控。

（3）冷却水供、回水管道的温度、压力、流量的监测。

（4）冷却水和冷水机组的联锁运行控制。

2.冷却水系统的监控方法

1）冷却水系统监控点的设置

在冷却水循环的进、出水管道上设置温度、流量、压力测量点。监测水温和流量可以确定冷却水系统和冷却塔的工作情况。检测压力监测点可以保证系统的安全运行。

在每台冷却塔进出水管道上安装电动阀,根据各台冷却塔出水温差,可以对各台的流量进行调节,以便均匀分配负荷,保证各冷却塔都达到最大出力。

接于各冷却塔进水管上的电动蝶阀用于当冷却塔停止运行时切断水路,防止分流。由于电动蝶阀的主要功能是开通和关断,对调节要求并不很高,因此选用一般的电动蝶阀可以减小体积,降低成本。为避免部分冷却塔工作时,接水盘溢水,应在冷却塔进、出水管上同时安装电动蝶阀。

2）冷却塔启停控制

当需要启动冷水机组时,一般首先启动冷却塔,然后启动冷却水循环系统,最后是启动冷冻水循环系统。当确定冷冻水、冷却水循环系统均已启动后方可启动冷水机组。当需要停止冷水机组时,停止的顺序与启动顺序正好相反,一般首先停止冷水机组,然后停止冷冻水循环系统和冷却水循环系统,最后是停止冷却塔。

3）冷却塔的联锁控制

冷却塔与冷水机组通常进行电气联锁控制。当冷水机组运行前,冷却塔必须投入运行,但冷却塔风机需要根据回水温度等参数确定运行与否。

冷却塔的启停台数根据冷水机组的开启台数、室外温湿度、冷却水回水温度、冷却水泵开启台数来确定。

利用冷却回水温度来控制相应的风机运行台数或对风机进行变速控制,当冷却回水温度不符合系统要求（如大于32 ℃）时,启动相关冷却塔的风机。

冷却水循环的供回水管道之间可设置带调节功能的旁通管道,当冷却水温度低于冷凝器要求的最低温度（如小于32 ℃）时,为了防止冷凝器压力过低,则打开旁通电动调节阀、直接让冷凝器出水与从冷却塔回来的水混合,以调整进入冷凝器的水温。当能够通过启停冷却塔台数、改变冷却塔风机转速等措施调整冷却水温度时,应尽量优先采用这些措施。用混水调整只能是最终的补救措施。

根据冷凝器出口温度确定冷凝器的工作状况。当冷凝器出口温度过高时,表明冷却水流量减小,需要进行报警。

用水流开关（或水流传感器）监测循环泵的流量状态,当循环水量偏小时,进行报警。

4）冷却水泵的运行控制

冷却水泵通过温度传感器检测出水和回水温度并进行控制。如果温差大,那么说明主机需求散热量大,则根据温差计算主机需要的散热量,按比例调节冷却水泵增加循环流量;如果温差小,那么说明机组需要的散热量小,则按比例减少冷却循环水量,以节约电能。

冷却水泵两端设置压差传感器(或压差开关),检测循环水泵的故障状态。

12.4.3　冷冻站监控系统

冷冻站主机房中的中央站(中央控制计算机),按预先确定的时间程序来控制制冷机组的启停,并检测各设备的工作状态,显示各设备运行参数。

1. 中央站的主要功能

中央站的主要监控设备有冷水机组、冷却水循环泵、冷冻水循环泵、冷却塔及风机、自动补水泵、电动蝶阀等。

主要监测内容有冷冻水供、回水温度,流量,压力等;冷冻水、冷却水供回水管流量及压差信号;冷冻水供、回水压差信号及回水信号流量;冷水机组启动、运行、故障及远程、本地控制的转换状态;冷却水泵、冷冻水泵、冷却塔风机启动、运行、故障及手自动状态。

2. 冷冻站监控

冷冻站 DDC 主要监控内容如下。

(1)根据排定的工作程序表,按时启停机组。

(2)通过对各设备运行时间的积累,实现同组设备的均衡运行。当其中某台设备出现故障时,备用设备会自动投入运行,同时提示检修。

(3)对冷却水泵、冷冻水泵、冷却塔风机的启停控制时间应与冷水机组的要求一致。

(4)水泵启动后,水流开关检测水流状态,发生断水故障,自动停机。

(5)设置时间延时和冷量控制上下限范围,防止机组的频繁启动。

(6)根据水位传感器的信号启停补水泵,需要时可增设水流开关来保护水泵。自动记录水泵运行时间,方便选择运行水泵,实现设备运行时间和使用寿命的平衡。

12.5　供暖系统监控

12.5.1　换热站监控

1. 蒸汽-水换热站的监控

(1)换热器一次热网蒸汽热媒运行参数的监测。通过压力变送器、温度变送器、流量变送器监测凝结水温度参数。

(2)换热器一次热网凝结水温度的监测。通过温度变送器监测凝结水温度参数。

(3)换热器二次热网供水热媒运行参数的监测。通过压力变送器、温度变送器、流量变送器实时监测二次热网供水的压力、温度、流量等参数。

(4)换热器二次热网回水热媒运行参数的监测。通过压力变送器、温度变送器、流量变送器实时监测二次热网回水的压力、温度、流量等参数。

(5)室外空气温度的监测。通过温度变送器监测室外气温,为供、回水温度设定值调整提供依据。

（6）水泵运行状态显示与故障报警。采用流量开关监测循环泵和补水泵运行状态。采用泵的主电路中的热继电器辅助触点的状态作为故障报警信号。

2. 水-水换热站的监控

1）监控功能

（1）换热站一次热网供水参数的监测。通过压力变送器、温度变送器、流量变送器实时监测一次热媒供水的压力、温度、流量等参数。

（2）换热站一次热网回水参数的监测。通过温度变送器和压力变送器监测一次回水温度和压力参数。

（3）换热站二次热网供水运行参数的监测。通过压力变送器、温度变送器、流量变送器、分水器温度变送器监测二次热网供水参数。

（4）换热站二次热网回水热媒运行参数的监测。通过压力变送器、温度变送器监测二次热网回水参数。

（5）室外空气温度的监测。通过温度变送器监测室外温度，为供回水温度设定值调整提供依据。

（6）循环水泵运行状态显示与故障报警。采用流量开关监测循环泵和补水泵运行状态。采用泵的主电路中的热继电器辅助触点的状态作为故障报警信号。

2. 水-水换热站监控功能与外部接线

水-水换热站的监控功能与DDC外部外线见表12-3。

表 12-3　水-水换热站的监控功能与DDC外部接线

序号	监控点	监控功能	状态	导线根数
1	B、E	一次网供、回水温度监测	AI	4
2	A、D	一次网供、回水压力监测	AI	4
3	C	一次网供水流量监控	AI	2
4	M	一次网电动调节阀监控	AO	4
5	F、U	二次网供、回水压力监测	AI	4
6	G、V	二次网供、回水温度监测	AI	4
7	H	二次网循环泵运行状态显示	DI	2
8	N	1# 循环水泵启停控制	DO	2
9	O	2# 循环水泵启停控制	DO	2
10	P、Q、R	1# 循环水泵工作状态显示、故障状态控制、手/自动转换控制信号	DI	6
11	S、T、U	2# 循环水泵工作状态显示、故障状态控制、手/自动转换控制信号	DI	6
12	Z	换热器二次网供回水旁路电动调节阀	AO	2
13	X	换热器供、回水压差信号	AI	2
14	I、K	分水器、集水器温度监测	AI	4
15	J、K	二次网供、回水流量监控	AI	4
16	L	室外温度监测	AI	2

12.5.2 循环水泵的控制调节

循环水泵常使用鼠笼式三相异步电动机拖动,采用的启动方法有直接(全压)启动、降压启动、软启动、变频启动等。根据电动机的容量,使用的电源电压有 220 V 或 380 V 工频交流电。

1. 直接启动

直接启动异步电动机的主要特点为启动设备简单,操作方便,启动转矩大,投资少。但启动电流大,对配电系统引起的电压降大,会影响同一电路上其他设备的正常运行。

鼠笼式三相异步电动机都能够允许全压启动,当直接启动不影响其他负荷正常运行时,应尽可能采取直接启动方式。

由城市低压网络直接供电的场所,电动机允许全压启动的容量应与地区供电部门的规定协调。如果没有明确规定,由公共低压配电网供电时,电动机容量在 11 kW 以下可采用全压启动。由居民小区自配变压器低压供电时,电动机容量在 15 kW 以下可采用全压启动。

2. 降压启动

当采用直接启动对电网上其他负荷的正常工作有影响时,可以采用降压启动,以降低启动电压,减小启动电流对电网的冲击影响。常用的降压启动方法有星-三角降压启动和自耦变压器降压启动。

采用星-三角降压启动的条件为电动机正常运行为三角形连接,启动时使用星形连接。这种降压启动方式,在启动时能使电动机每相绕组电压降低到 1/3,启动电流降到 1/3。星-三角降压启动的启动电流小,启动转矩也小,使用方便,可靠性不高。

3. 软启动

软启动器是一种集电动机软启动、软停车、轻载节能和多种保护功能于一体的电动机控制装置。软启动器采用晶闸管技术调节电动机启动电压,实现平滑启动,降低启动电流。启动结束后恢复全压工作状态。软停车过程可达到无级调节,能实现平滑减速、逐渐停机的软停机功能,可靠性高。

4. 变频启动

变频器是应用变频技术与微电子技术,通过改变电动机工作电源频率的方式来控制交流异步电动机转速的设备。变频器不仅可以保证电动机的软启动、软停车,还能在运行过程中实现变频无级调速。

12.6 给排水系统监控

12.6.1 室内给水系统监控

1. 高位水箱给水系统监控

因为外网水压经常不足,所供水量也不能满足设计流量的需求,因此,一般在多层建筑中,常采用高位水箱给水系统的供水方式。这种供水方式常分为两种,一种是水泵直接从外网抽水升压给水箱;另一种是通过调节池吸水升压给水箱。城市供水进入地下室的低位水箱,再经水泵送入高位水箱,通过高位水箱向楼宇内各用户供水。

高位水箱给水系统监控功能如下。

1)水箱的监控

高位水箱设有超过水位、高水位、低水位和超低水位监测,利用液位传感器检测水位信号,并以数字信号形式输入 DDC 中。当水位达到低水位时, DDC 通过控制箱联锁启泵,向高位水箱内注水。当水位达到高水位时,DDC 通过控制箱联锁停泵,停止向水箱内注水。

低位水箱设有溢流水位、停泵水位、缺水水位监测,利用液位传感器检测水位信号,并以数字信号形式输入 DDC 中。当水位达到溢流水位时,发出报警信号,停止城市供水管网供水。当水位达到停泵水位时,停止向高位水箱抽水,并开启城市供水装置,向低位水箱内注水。当水位达到缺水水位时,消火泵停止运行,并发出报警信号。

2)水泵的监控

水泵的启停运行状态由高位水箱和低位水箱中的液位信号自动控制,并通过 DDC 进行监控与报警。当工作泵发生故障时,备用泵自动投入运行。水泵的运行状态和手动/自动切换状态也都是送入 DDC 的数字量信号 。

水泵的启停信号以及水泵电动机过载信号将反馈给 DDC 。当水泵电动机过载时,水泵联锁停机,控制系统发出报警信号。

3)监测与报警

当高位水箱液面超出超高水位,或低位水箱液面高于溢流水位时,DDC 将自动报警。

当高位水箱液面低于最低报警水位的超低水位时,自动报警。当发生火灾时,消防泵启动,如果低位水箱液面降低到消防泵缺水水位,那么系统向消防中心报警。当水泵发生故障时,自动报警。

4)其他

高位水箱给水系统监控功能还有设备运行时间累计和用电量累计等。

2. 高层建筑分区给水系统监控

根据给排水技术措施要求,一般情况下,建筑高度高于 100 m 的高层建筑,通常采用水箱水泵联合供水的分区串联供水方式。这种供水方式中的泵数量较多,泵房面积较大,对自动控制要求高。

分区给水系统是高层建筑中常采用的供水方式。一方面下区由城市供水管网直接供水或者由室外供水,有效地利用了室外管网的压力;另一方面上区由水泵和水箱联合供水,可以弥补城市管网的供水压力对于上部的不足。

3. 气压罐给水系统监控

室外管网压力经常不足,且不宜设置高位水箱的建筑可采用气压给水系统的供水方式。气压给水系统一般由空气压缩机、气压罐、压力传感器、液位检测器、水泵、控制器等组成。气压给水设备是给水系统中利用空气的压力,使气压罐中的储水得到位能的增压设备,可设置在建筑物的高处或低处。气压给水设备一般宜采用变压给水系统。当供水压力有恒定要求时,采用定压式气压给水。一般宜采用立式气压罐,条件不允许时也可采用卧式气压罐。气压给水设备的水泵宜一用一备,自动切换。多台水泵运行时,工作泵台数不宜多于三台,并应递次交替和并联运行。

4. 变频恒压给水方式的监控

1）变频恒压给水系统的原理

变频恒压给水系统的基本原理为变频器根据给定压力信号来改变水泵电动机的供电电源频率，控制电动机的转速，使水泵的出口流量和压力得到调节，自动控制水泵的供水量，以保证在用水量变化时，供水量能随之变化，从而维持水系统管网中水压恒定。

2）变频恒压给水系统的主要监控内容

Ⅰ. 变频水泵监控

将变频器的一端接在 50 Hz 工频三相交流电源上，另一端便能产生频率可变的三相变频电，将其接入异步电动机，因电动机的转速与电源频率成正比，故可实现水泵的变频调速。

通常在水泵出水干管上设置压力传感器，由 AI 通道送入 DDC 中，与设定值比较，其差值经过 PID 等控制算法后，输出控制模拟信号对变频器进行频率变化控制。当水泵控制箱中的辅助触点信号接通时，对水泵实行变频控制。当供水管网用水量增加时，管网水压下降，变频器输出频率提高，水泵转速提高，供水量增大，维持水压基本平衡。当供水管网用水量减少时，管网水压增大，变频器输出频率降低，水泵转速降低，供水量降低，维持水压基本平衡。

Ⅱ. 监测及报警

压力传感器安装在水泵干管出口处，应选择具有代表性、有稳定压力的点，实时监测压力信号。压力传感器检测信号为模拟信号。如果水泵发生故障，则自动报警。

以上几种给水系统在实际应用中应视具体工程的要求、用水量的大小、建筑物结构等综合考虑，在供水安全可靠性、先进性和经济性等方面合理选择。

12.6.2　建筑消防给水系统监控

1. 消防泵的监控要求

临时高压消防给水系统的消防泵应采用一用一备，或多用一备，但工作泵不应大于三台。备用消防泵的工作能力不应小于其中最大一台消防工作泵的供水能力。当为多用一备时，应考虑多台消防泵并联时，流量叠加对消防泵出口压力的影响。

选择消防泵时，其水泵性能曲线应平滑无驼峰，消防泵零流量时的压力不应超过系统设计额定压力的 140%。当消防泵流量为额定流量的 150% 时，消防泵的压力不应低于额定压力的 65%。

消防泵应采用自灌式吸水，吸水管上应装设闸或带自锁装置的蝶阀。消防泵的出水管上应设止回阀、闸阀或蝶阀。消防泵出水管的止回阀前应装设试验和检查用压力表和 DN65 的放水阀门，或在消防泵房内应统一设置检测消防泵供水能力的压力表和流量计。压力表的量程宜为消防泵额定压力的 3 倍，流量计的最大量程应不小于消防泵额定流量的 1.75 倍。

2. 消防泵的控制

消防泵应保证在火警后 5 min 内开始工作。自动启动的消防泵宜在 1.5 min 内正常工作，并在火场断电时使用应急电源仍能正常运转。若采用双电源或双回路供电有困难，可采用柴油发电机组等内燃机作可备用电源。

自动喷水、喷雾等自动灭火系统的消防泵宜由室内给水管网上设置低压压力开关和报警压力开关两种自动直接启动功能。消防泵房应有强制启停泵按钮。消防控制中心应有手动启泵按钮。消防水池最低水位报警,但不得自动停泵。任何消防主泵不宜设置自动停泵的控制。消防泵组宜设置定时自检装置。

3. 稳压泵的监控

稳压泵的设计流量不应小于消防给水系统管网的正常泄漏量或系统自动启动流量。当没有管网泄漏量具体数据时,稳压泵的设计流量宜按消防给水系统设计流量的 1%~3% 计,但不小于 1 L/s。

稳压泵设计工作压力应足够维持系统正常的工作压力以满足系统自动启动和充满水的要求。

在消防给水系统管网或气压罐上设置稳压泵自动启停压力开关或压力变送器,消防主泵工作时稳压泵应停止工作。

消防泵和稳压泵的监控内容主要有流量与出口压力监测,消防泵和稳压泵启停控制与联锁控制等。

应特别强调,消防给水系统的监控是由消防控制系统来完成, BAS 只进行监测,不进行控制。

12.6.3 建筑排水系统监控

建筑排水系统监控对象主要为污水处理池、集水井和排水泵。

1. 建筑排水系统报警

(1)集水池、集水井、污水池中的高、低液位显示及越限报警。

(2)水泵运行状态显示,并监测水泵的启停及压力、流量等有关参数。

(3)水泵过载报警。当水泵出现过载时,停机并发出报警信号。

2. 建筑排水系统的监控内容

(1)根据集水池或污水池的水位控制排水泵的启停状态。当集水池或污水池中的水位达到高水位时,联锁启动相应的排水泵,将污水排到室外排水系统。当水位高于超高水位时,联锁启动相应的备用泵,直到水位降至低水位时联锁停止备用泵。

(2)监测排水泵运行状态、故障报警、手/自动转换状态,发生故障时自动报警。

12.7 电气系统监控

12.7.1 高压配电系统监控

1. 高压线路电压及电流的监控

在建筑物变配电站的高压进线侧 10 kV 线路上,利用互感器和变送器得到线路电压、电流值,并转变成 0~5 V 或 4~20 mA 直流信号送至 DDC 中。

2. 对供电质量的监控

供电质量是保证用电设备正常工作的前提条件。供电质量的评价指标通常包含电源的供电频率、波形等。

（1）电压质量。通常包含电压偏移、电压波动和电压三相不平衡度等情况,其中电压偏移对电压质量的影响较大。电压偏移是指用电设备的端电压偏离额定电压的程度。当电压偏离过多时,将影响用电设备的正常工作运行情况,监控系统应报警,同时应采取相应的保护措施。

（2）频率质量。我国电力工业的标准频率为 50 Hz,电气设备上都标有额定工作频率。当电源频率与电气设备上的额定频率偏差过大时,电气设备将不能正常运行工作。因此,国家规定电力系统对用户的供电频率偏差范围为 ±0.5%。

3. 高压配变电系统的监控内容

10 kV 高压配变电系统的主要监控内容如下。

（1）监控两路高压电源进线电气参数及工作状态。通过电压互感器和变送器可测量高压电源进线处的三相电压参数。监视隔离开关闭合与断开的工作状态。

（2）监控主进线断路器的电气参数与故障状态。通过断路器的电子式继电保护器和电流互感器可以测量进线断路器处的电压、电流参数,监视断路器过电流故障信号和过流接地故障信号,提供电气主接线开关状态画面,在发生故障时自动报警,并显示故障位置、相关电压和电流数值等。

（3）监控计量信号。在高压计量柜处主要测量电压、电流、有功功率、无功功率、功率因数、电源频率等参数,为正常运行时的计量管理和发生事故时对故障原因的分析提供数据。

（4）监控出线和母联处断路器工作状态,出现过电流故障信号和过流接地故障信号时,自动报警,并显示相关参数。

（5）对电气设备运行时间进行统计、记录、存储,为自动管理、故障分析、历史数据查询提供充足的信息资源。

12.7.2　低压配电系统监控

在建筑供配电系统中,常用干式变压器将 10 kV 高压电能转换为 380/220 V 低压电能。电力变压器的故障对供电可靠性和整个系统正常运行会带来严重影响。干式电力变压器在发生超时过载、短路、内部异常等现象时,通常会表现出中性线上零序电流和内部温度等参数变化较大,通过监控这些参数变化,保证变压器正常运行,提高建筑供配电系统运行可靠性。

在建筑物中,低压用电设备种类多,对供电的可靠性要求较高,耗电量大。低压配电系统监控的主要任务是为低压配电系统正常工作,异常情况自动报警,提供数据显示、记录、远传等功能。

12.7.3　照明系统监控

1. 照明监控系统原理

照明监控系统由集中控制器、主干线和信息接口等元件构成,是对各区域实施相同的控制和信号采样的子系统网络。其子系统由各类调光模块、控制面板、照度动态检测器及动静探测器等元件构成,是对各区域分别实施不同具体控制的网络,主系统和子系统之间通过信息接口等元件来连接,实现数据的传输。

2. 照明监控系统的主要控制内容

(1)时钟控制。通过时钟管理器等电气元件,实现对各区域内用于正常工作状态的照明灯具在时间上的不同控制。

(2)照度自动调节控制。通过每个调光模块和照度动态检测器等电气元件,实现在正常状态下对各区域内用于正常工作状态的照明灯具的自动调光控制,使该区域内的照度不会随日照等外界因素的变化而改变,始终保持在照度预设值左右。

(3)区域场景控制。通过每个调光模块和控制面板等电气元件,实现在正常状态下对各区域内用于正常工作状态的照明灯具的场景切换控制。

(4)动静探测控制。通过每个调光模块和动静探测器等电气元件,实现在正常状态下对各区域内用于正常工作状态的照明灯具的自动开关控制。

(5)应急状态减量控制。通过每个正常照明控制的调光模块等电气元件,实现在应急状态下对各区域内用于正常工作状态的照明灯具的减免数量和放弃调光等控制。

(6)手动遥控器。通过红外线遥控器,实现在正常状态下对各区域内用于正常工作状态的照明灯具的手动控制和区域场景控制。

(7)应急照明的控制。这里的控制主要是指智能照明控制系统对特殊区域内的应急照明所执行的控制。

(8)正常状态下的自动调节照度和区域场景控制。其控制方式同调节正常工作状态的照明灯具的控制方式相同。

(9)应急状态下的自动解除调光控制。实现在应急状态下对各区域内用于应急工作状态的照明灯具放弃调光等控制,使处于事故状态的应急照明达到100%。

12.7.4　电梯系统监控

通常 BAS 系统不对电梯系统内部信息进行处理,只是从外部对电梯的运行状态进行监视,接收报警信号进行处理。DDC 从电梯控制箱取出状态信号和控制信号就可实现监控功能。

(1)按时间程序设定的运行时间表启停电梯、监视电梯运行状态。运行状态监视包括启停状态、运行方向、所处楼层位置等,通过自动检测并将结果送入 DDC,动态地显示各台电梯的实时状态。

(2)故障及紧急状况报警。故障检测包括电动机、电磁制动器等各种装置出现故障后,自动报警,并显示故障电梯的地点、发生故障的时间、故障状态等。紧急状况检测通常包括火灾、地震状况检测,发生故障时是否关人等,一旦发现,立即报警。

(3)多台电梯群控管理。电梯监控系统在不同人流时期,自动进行调度控制,既能达到减少候梯时间,最大限度利用现有交通能力的目的,又能避免数台电梯同时响应同一召唤造成空载运行和浪费电力的现象。这就需要不断对各厅的召唤信号和轿厢内选层信号进行循环扫描,根据轿厢所在位置、上下方向停站数、轿内人数等因素来实时分析客流变化情况,自动选择最适合于客流情况的输送方式。多台电梯群控系统能对运行区域进行自动分配,自动调配电梯为各个不同区段服务。

（4）消防联动控制。当发生火灾时，按消防规定要求，普通电梯直驶首层，打开轿厢门后，切断电源，停止运行。消防电梯由应急电源供电，在首层待命，保持运行状态。

12.7.5　火灾自动报警与消防联动控制系统

1. 灭火系统监控

在发生火灾时，现场烟雾温度急剧升高，使闭式喷头动作，水从喷头喷出灭火。此时连接喷头管网中的水开始流动，水流指示器动作，将信号传送至消防联动控制器，并显示该区域自动喷水系统的动作信息。由于持续喷水泄压，造成湿式报警阀的上部水压低于下部水压，在压力作用下，湿式报警阀由关闭状态变为开启状态，水通过湿式报警阀流向着火区域的喷头。报警阀压力开关动作后，发送启动信号至消防联动控制器，联锁启动喷淋泵，持续加压供水喷淋灭火。自动喷水灭火后，人工停泵，关闭控制阀。

水流指示器和压力开关作为系统的联动触发信号。当水管内的水压下降到一定值时，压力开关也产生报警信号。火灾报警控制器接收到水流指示器和压力开关的报警信号后，一方面发出火灾声光警报，并记录报警地址和时间；另一方面同时将报警信号传递给消防联动控制器，启动喷淋泵，以保证压力，水会持续喷出，达到灭火的目的。

2. 火灾隔离装置监控

当发生火灾时，需要采取隔离措施，以防止火势蔓延扩散，最大限度减少火灾损失。常用的隔离物有防火墙、防火钢筋混凝土楼板、防火卷帘门、防火门、防火阀等。其中防火墙、防火钢筋混凝土楼板是不需要控制的。消防联动控制器可以控制防火卷帘门、防火门等。

防火卷帘门用于建筑内部较大空间的防火隔离。防火卷帘门两侧宜设感烟式和感温式火灾探测器及其报警控制装置或输入/输出模块，且两侧应设置手动控制按钮及人工升降装置。防火卷帘门设在疏散通道上时，在火灾确认后，防火卷帘门在烟感报警情况下，卷帘下降至楼面 1.8 m 处，保持疏散畅通；在温感报警情况下，卷帘下降到底，关闭疏散通道。防火卷帘门仅作为防火隔离时，探测器报警后，卷帘门直接下降到底。

3. 防排烟系统监控

防排烟系统的作用是阻止烟气进入疏散和消防通道，保证非消防人员安全疏散，为消防人员创造灭火条件。防排烟系统通常分为正压送风系统和排烟系统。正压送风系统由送风机和送风口组成。排烟系统通常分为单独排烟系统和合用通风系统，单独排烟系统由排烟风口、排烟管道、防火和排烟风机组成。

当发生火灾时，由防火分区内的感温探测器、感烟探测器、手动报警按钮将火情信号送给火灾自动报警控制器及消防联动控制器，一方面消防联动控制器开启正压送风口，启动正压送风机向火灾区域送风，并将送风口和送风机的运行状态信号反馈给消防联动控制器；另一方面消防联动控制器开启排烟口或排烟，启动排烟风机，及时排除火灾时产生的烟气，同时通过防火阀切断向该防火分区送风和排风，停止空气调节系统运行。

防火按照熔断温度可分为 70 ℃和 280 ℃两种。70 ℃防火用于空调送风系统，280 ℃防火用于排烟系统。当送风温度达到或超过 70 ℃，排烟温度达到或超过 280 ℃时，防火熔片熔断，自动关闭门，并发出报警信号。

第 13 章　建筑信息模型技术

13.1　建筑信息模型技术简介

13.1.1　建筑信息模型技术简介

建筑信息模型（Building Information Modelling, BIM）的理念与应用始于美国。20 世纪 80 年代，美国乔治亚理工学院的查尔斯·伊士曼（Charles Eastman）在其著作 *Building Product Models* 一书中就提出了信息模型的原理。随后 2002 年 Autodesk 的副总裁菲尔·伯恩斯坦（Phil Bernstein）首次提出并使用 Building Information Modelling 这个术语阐述该公司建筑、工程和施工（Architecture, Engineering & Construction, AEC）相关产品的功能设计理念。AEC 行业由此走上了 BIM 快速发展的道路。BIM 概念包含一系列广泛的设计和建造变革的技术。本质而言，BIM 就是使用自身包含的信息数据库对建筑结构的几乎所有方面进行描述和展示。21 世纪以来，在计算机辅助设计（Computer Aided Design, CAD）软件的基础上不断演化发展形成了 BIM 技术。BIM 技术以多维数字为基础，通过建立三维工程信息数据模型，使得来自项目的所有不同参与方都能在建设项目的全生命周期内通过此模型进行信息数据的交换与共享，从而获得工作效率以及工程质量的大幅提升，并且大大降低错误和风险产生的概率。

13.1.2　建筑信息模型技术的特点

（1）完备性：BIM 包含了建设项目的全面信息，除了有工程对象几何信息和拓扑关系的描述外，还包括完整的工程信息描述。

（2）关联性：信息模型中的对象是互相关联的，如果某个对象发生变化，与之关联的所有对象都会随之更新。

（3）可视性：BIM 用形象的三维方式代替抽象的二维方式，使业主等非专业人员对项目需求是否得到满足的判断更为准确、高效。

（4）协调性：BIM 将不同专业人员间原本各自独立的设计成果置于统一、直观的三维协同设计环境中，避免因误解或沟通不及时造成不必要的设计错误，提高设计质量和效率。

（5）模拟性：BIM 将原本需要在真实场景中实现的建造过程与结果，用计算机技术在虚拟世界中预先实现。

因此，将 BIM 技术用于建筑项目设计、建造和运营过程，可提高建筑设计效率，优化建筑设计方案和建造过程，降低建筑建造和运营成本，减少建筑能耗和环境影响。

13.2　建筑信息模型的构建

13.2.1　建筑结构建筑信息模型的构建

在 Autodesk Revit 软件中创建模型,具体过程分为以下几步。

(1)创建标高和轴网,方便平面图和立面图设计时捕捉定位。如图 13-1 所示,模型设置了地下室、基础、地面、第一层至第三层的标高,编号 1~11 的纵轴和编号 A~G 的横轴。

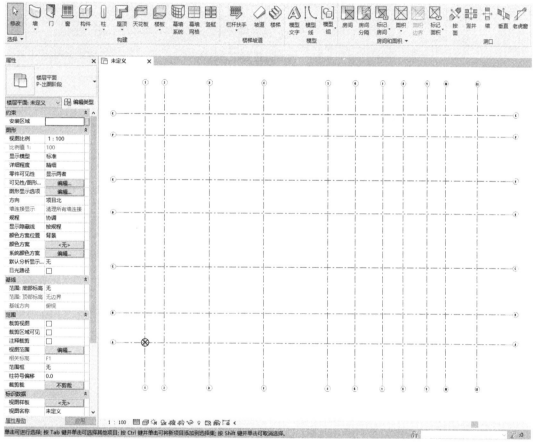

图 13-1　建筑轴网图

(2)根据设计要求从地下一层开始,分层逐步完成三维模型设计,先创建墙体,设置构造层,再调整功能与材质。本例的外墙为 460 mm 的带砌块与金属立筋龙骨复合墙,外墙属性设置如图 13-2 所示。

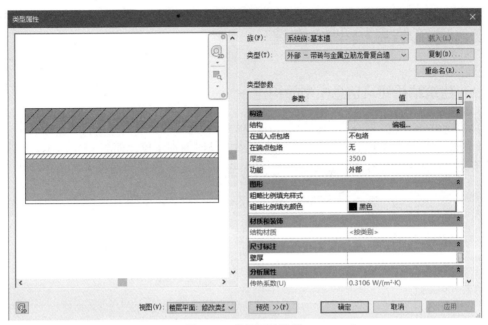

图 13-2　外墙属性设置

（3）绘制门和窗，Revit 具有巨大的门窗族库，在创建前，先单击"插入"菜单下的"载入族"按钮，载入需要的门、窗构件，如图 13-3 所示。

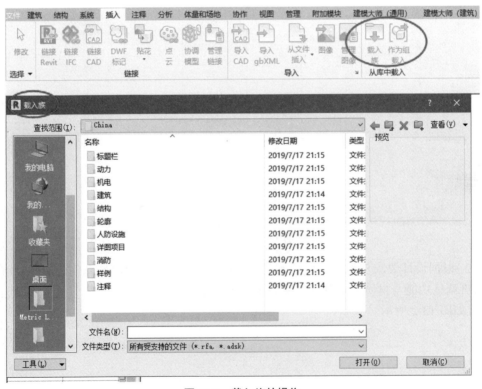

图 13-3　载入族的操作

（4）创建楼板和屋顶，Revit 提供了"自动拾取线"的功能，选定线，保证完全封闭并且无交叉，完成编辑模式，即可创建楼板与屋顶。

（5）创建柱等结构构件及建筑地坪和植物等配景构件，渲染环境。同时，Revit 也可实现任一时间、地点的日光分析，还可生成日光分析的动态视频，如图 13-4 所示。

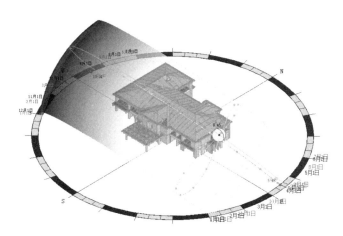

图 13-4　Revit 中的日光分析

13.2.2　建筑给水排水建筑信息模型创建

1. 设置管道设计参数

本节将着重介绍如何在 Revit 2018 中设置管道设计参数，做好绘制管道的准备工作。合理设置这些参数，可有效减少后期管道的调整工作。

1）管道尺寸设置

在 Revit 2018 中，通过"机械设置"中的"尺寸"选项设置当前项目文件中的管道尺寸信息。

打开"机械设置"对话框的方式有以下两种。

（1）单击"管理"菜单→"设置"→"MEP 设置"→"机械设置"按钮，如图 13-5 所示。

图 13-5　打开"机械设置"对话框方式一

（2）单击"系统"菜单→"机械"按钮,如图 13-6 所示。

（3）直接键入 MS（机械设置快捷键）。

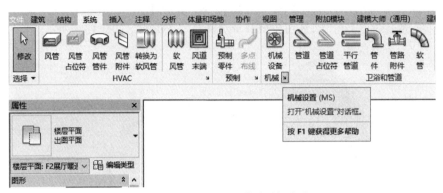

图 13-6　打开"机械设置"对话框方式二

图 13-7 显示了《给水用聚乙烯（PE）管道系统 第 2 部分:管材》（GB/T 13663.2—2018）中压力等级为 0.6 MPa 的热熔对接的 PE63 塑料管管道的公称直径、ID（管道内径）和 OD（管道外径）。

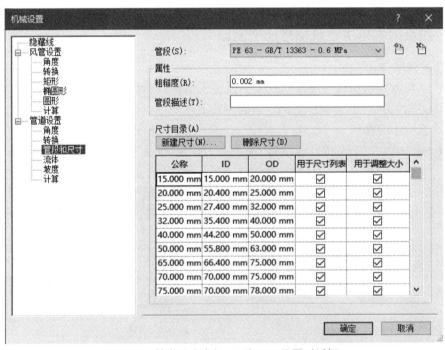

图 13-7　管道公称直径、ID 和 OD 设置对话框

单击"新建尺寸"或"删除尺寸"按钮可以添加或删除管道的尺寸。新建管道的公称直径和现有列表中管道的公称直径不允许重复。如果在绘图区域已绘制了某尺寸的管道,该尺寸在"机械设置"尺寸列表中将不能删除,需要先删除项目中的管道,才能删除"机械设置"尺寸列表中的尺寸。

尺寸可以被管道布局编辑器和"修改 | 放置 管道"中管道"直径"下拉列表调用,在

绘制管道时可以直接在选项栏的"直径"下拉列表中选择尺寸,如图 13-8 所示。如果勾选某一管道的"用于调整大小"单选框,该尺寸便可以应用于"调整风管/管道大小"功能。

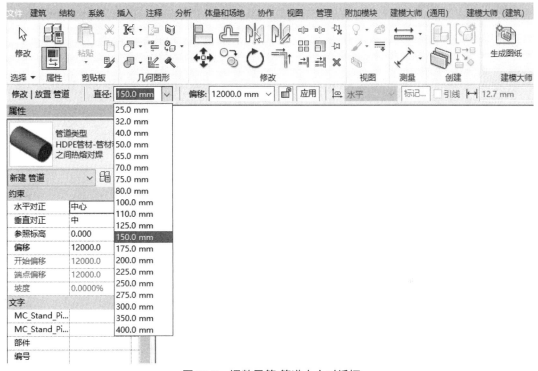

图 13-8　调整风管/管道大小对话框

2）管道类型设置

这里主要是指管道和软管的族类型。管道和软管都属于系统族,无法自行创建,但可以创建、修改和删除族类型。

通过在"管件"列表中配置各类型管件族,可以指定绘制管道时自动添加到管路中的管件。在绘制管道时可以自动添加到管道中的管件类型有弯头、T 形三通、接头、四通、过渡件、活接头和法兰。如果管件不能在列表中选取,则需要手动添加到管道系统中,如 Y 形三通、斜四通等。

3）流体设计参数

在 Revit 2018 中,除了能定义管道的各种设计参数外,还能对管道中流体的设计参数进行设置,提供管道水力计算依据。在"机械设置"对话框中,选择"流体",通过右侧面板可以对不同温度下的流体进行"动态粘度"和"密度"的设置,如图 13-9 所示。Revit 2018 输入的有水、丙二醇和乙二醇三种流体,可通过"新建温度"和"删除温度"按钮对流体设计参数进行编辑。

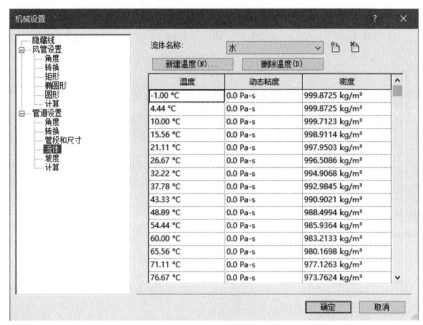

图 13-9　流体设计参数编辑

2. 管道绘制

1）管道对齐

（1）水平对正：用来指定当前视图下相邻两端管道之间的水平对齐方式。"水平对正"方式有"中心""左"和"右"三种。

（2）水平偏移：用于指定管道绘制起始点位置与实际管道绘制位置之间的偏移距离。该功能多用于指定管道和墙体等参考图元之间的水平偏移距离。比如，设置"水平偏移"值为 500 mm 后，捕捉墙体中心线绘制宽度为 100 mm 的管段，这样实际绘制位置是按照"水平偏移"值偏移墙体中心线的位置。

（3）垂直对正：用来指定当前视图下相邻两段管道之间的垂直对齐方式。"垂直对正"方式有"中""底""顶"三种。"垂直对正"的设置会影响偏移量。当默认偏移量为 100 mm 时，绘制公称直径为 100 mm 的管道，设置不同的"垂直对正"方式，绘制完成后的管道偏移量（即管中心标高）会发生变化。

2）管件的使用方法和注意事项

每个管路中都会包含大量连接管道的管件。

管件在每个视图中都可以放置使用，放置管件的方法有以下两种。

（1）自动添加管件：在绘制管道过程中自动加载的管件需要在管道"类型属性"对话框中指定。部件类型是弯头、T 形三通、接管-垂直、接管-可调、四通、过渡件、活头或法兰的管件才能被自动加载。

（2）手动添加管件：进入"修改｜放置 管件"模式的方式有以下三种。

①单击"系统"菜单→"卫浴和管道"→"管件"按钮。

②在项目浏览器中，展开"族"→"管件"项，将"管件"项下所需的族直接拖曳到绘图区域进行绘制。

③直接键入 PF（管件快捷键）。

3）管道的隔热层

Revit 2018 可以为管道管路添加相应的隔热层。进入绘制管道模式后,单击"修改 | 管道"选项卡→"管道隔热层"→"添加隔热层"按钮,输入隔热层的类型和所需的厚度,将视觉样式设置为"线框"时,则可清晰地看到隔热层,如图 13-10 所示。

图 13-10　管道隔热层的类型和厚度设置

4）管道图例

在平面视图中,可以根据管道的某一参数对管道进行着色,帮助用户分析系统。

（1）按值:按照所选参数的数值来作为管道颜色方案条目。

（2）按范围:对于所选参数设定一定的范围来作为颜色方案条目。

（3）编辑格式:可以定义范围数值的单位。

3. 管道坡度标注

在 Revit 2018 中,单击"注释"菜单→"尺寸标注"→"高程点坡度"按钮来标注管道坡度,如图 13-11 所示。

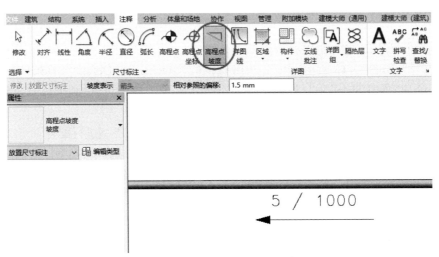

图 13-11　高程点坡度标注示意

进入"系统族:高程点坡度"选项卡可以看到控制坡度标注的一系列参数。此时有可能需要对"单位格式"进行修改,将其设置成管道标注时习惯的百分比格式。

选中任一坡度标注,会出现"修改 | 高程点坡度"选项栏,如图 13-12 所示。

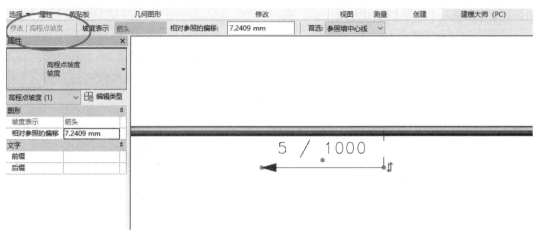

图 13-12　"修改｜高程点坡度"选项栏

13.2.3　暖通空调系统建筑信息模型创建

Revit 具有强大的管路系统三维建模功能,可以直观地反映系统布局,实现"所见即所得"的效果。在设计初期,根据设计要求对风管、管道等进行设置,可以提高设计准确性和效率。在暖通空调系统中,Revit 可以对暖通风系统和暖通水系统进行整体性协同设计,使得设计变得立体化、可视化,可以大大提高暖通空调设计方案的质量和设计效率。水管模型的建立详细见本书 13.2.2 节。

本节将详细介绍 Revit 的风管功能及其基本设置。

1. 风管参数设置

在绘制风管系统前,先设置风管设计参数:风管类型、风管尺寸及设置(添加/删除)风管尺寸、其他设置。

单击功能区中的"系统"菜单→"风管"按钮,通过绘图区域左侧的"属性"面板选择和编辑风管类型,如图 13-13 所示。Revit 2018 提供的"Mechanical-Default_CHSCHS.rte""Systems-Default_CHSCHS.rte"项目样板文件中都默认配置了矩形风管、圆形风管及椭圆形风管,默认的风管类型与风管连接方式有关。

单击"编辑类型"按钮,打开"类型属性"对话框,可对风管类型进行配置。

单击"复制"按钮,可以在已有风管类型基础模板上添加新的风管类型。

通过在"管件"列表中配置各类型风管管件族,可以指定绘制风管时自动添加到风管管路中的管件。

通过编辑"标识数据"中的参数为风管添加标识。

图 13-13　风管"属性"面板

2. 风管使用和标注

风管管路中包含大量连接风管的管件。下面介绍绘制风管时管件的使用方法和主要事项。

1）放置风管管件

（1）自动添加。绘制某一类型风管时,通过风管"类型属性"对话框中"管件"指定的风管管件,可以根据风管自动布局加载到风管管路中。目前一些类型的管件可以在"类型属性"对话框中指定弯头、T 形三通、接头、四通、过渡件（变径）、多形状过渡件矩形到圆形（天圆地方）、活接头。用户可根据需要选择相应的风管管件族。

（2）手动添加。在"类型属性"对话框的"管件"列表中无法指定的管件类型,如偏移、Y形三通、斜 T 形三通、斜四通、多个端口（对应非规则管件）,使用时需要手动插入风管中或者将管件放置到所需位置后手动绘制风管。

2. 编辑管件

在绘图区域中单击某一管件,管件周围会显示一组管件控制柄,可用于修改管件尺寸、调整管件方向和进行管件升级或降级。风管标注和水管标注的方法基本相同。

图 13-14、图 13-15 为实际案例展示。

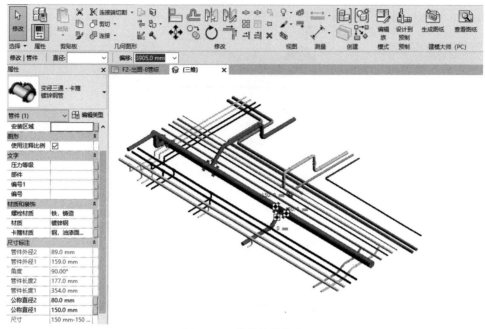

图 13-14　管道管件修改

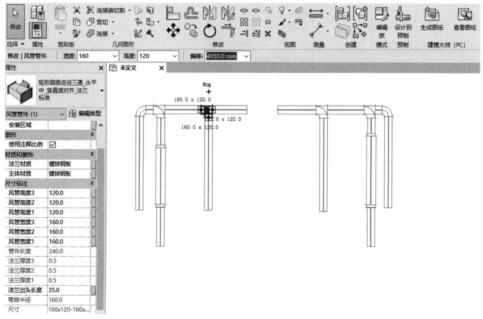

图 13-15　风管管件修改

13.2.4　电气系统建筑信息模型创建

　　电缆桥架和线管的敷设是电气布线的重要部分。Revit 2018 具有电缆桥架和线管敷设设计功能,进一步强化了管路系统三维建模,完善了电气设计功能,并且有利于全面进行机电各专业和建筑、结构设计间的碰撞检查。本节将具体介绍 Revit 2018 所提供的电缆桥架功能。

1. 电缆桥架

Revit 2018 提供了两种不同的电缆桥架形式："带配件的电缆桥架"和"无配件的电缆桥架"。"无配件的电缆桥架"适用于设计中不明显区分配件的情况。"带配件的电缆桥架"和"无配件的电缆桥架"是作为两种不同的系统族来实现的,并在这两个系统族下面添加不同的类型。Revit 2018 提供的"Electrical-Default_CHSCHS.rte"和"Systems-Default_CHSCH.rte"项目样板文件中配置了默认类型分别为"带配件的电缆桥架"和"无配件的电缆桥架",如图 13-16 所示。

图 13-16　电缆桥架"属性"面板

"带配件的电缆桥架"的默认类型有实体底部电缆桥架、梯级式电缆桥架、槽式电缆桥架。"无配件的电缆桥架"的默认类型有单轨电缆桥架、金属丝网电缆桥架。

其中,"梯级式电缆桥架"的形状为"梯形",其他类型的截面形状为"槽形"。

和风管、管道一样,项目之前要设置好电缆桥架类型,可以用以下方法查看并编辑电缆桥架类型。

(1)单击"常用"菜单→"电气"→"电缆桥架"按钮,在"修改｜放置电缆桥架"选项卡的"属性"面板中单击"类型属性"按钮。

(2)单击"常用"菜单→"电气"→"电缆桥架"按钮,在"修改｜放置电缆桥架"选项卡的"属性"面板中单击"类型属性"按钮。

在项目浏览器中,展开"族"→"电缆桥架"项,双击要编辑的类型就可以打开"类型属性"对话框。

在电缆桥架"类型属性"对话框的"管件"列表下需要定义管件配置参数。通过这些参数指定电缆桥架配件族,可以配置在管路绘制过程中自动生成的管件(或称配件)。软件自带的项目样板"Systems-Default_CHSCHS.rte"和"Electrical-Default_CHSCHS.rte"中预先配置了电缆桥架类型,并分别指定了各种类型下"管件"默认使用的电缆桥架配件族。这样在绘制桥架时,所指定的桥架配件就可以自动放置到绘图区与桥架相连接。

2. 电缆桥架的设置

在布置电缆桥架前,先按照设计要求对桥架进行设置。

在"电气设置"对话框中定义"电缆桥架设置"。单击"管理"菜单→"设置"→"MEP 设置"→"电气设置"按钮(也可单击"系统"菜单→"电气"→"电气设置"按钮),在"电气设置"对话框左侧展开"电缆桥架设置",如图 13-17 所示。

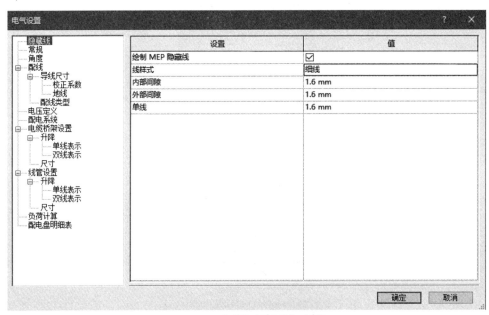

图 13-17 "电缆桥架设置"对话框

单线管件使用注释比例:用来控制电缆桥架配件在平面视图中的单线显示。如果勾选该选项,将以"电缆桥架配件注释尺寸"的参数绘制桥架和桥架附件。

电缆桥架配件注释尺寸:指定在单线视图中绘制的电缆桥架配件出图尺寸。该尺寸不以图纸比例变化而变化。

电缆桥架尺寸分隔符:该参数指定用于显示电缆桥架尺寸的符号。例如,如果使用"×",则宽为 300 mm、深度为 100 mm 的风管将显示为"300 mm×100 mm"。

电缆桥架尺寸后缀:指定附加到根据"属性"参数显示的电缆桥架尺寸后面的符号。

电缆桥架连接件分隔符:指定在使用两个不同尺寸的连接件时用来分隔信息的符号。

3. 电缆桥架的绘制

绘制电缆桥架的步骤如下。

(1)选中电缆桥架类型。在电缆桥架"属性"界面中选中所需要绘制的电缆桥架类型。

（2）选中电缆桥架尺寸。在"修改｜放置电缆桥架"选项栏的"宽度"下拉列表中选择电缆桥架尺寸，也可以直接输入欲绘制的尺寸。如果在下拉列表中没有该尺寸，系统将自动选中与输入尺寸最接近的尺寸。使用同样的方法设置"高度"。

（3）指定电缆桥架偏移。默认"偏移量"是指电缆桥架中心线相对于当前平面标高的距离。在"偏移量"下拉列表中，可以选择项目中已经用到的偏移量，也可以直接输入自定义的偏移量数值，默认单位为 mm。

（4）指定电缆桥架起点和终点。在绘图区域中单击即可指定电缆桥架起点，移动至终点位置再次单击，完成一段电缆桥架的绘制，可继续移动鼠标绘制下一段。在绘制过程中，根据绘制路线，在"类型属性"对话框中预设好的电缆桥架管件将自动添加到电缆桥架中。绘制完成后，按【Esc】键，或者单击鼠标右键，在弹出的快捷菜单中选择"取消"命令退出电缆桥架绘制。垂直电缆桥架可在立面视图或剖面视图中直接绘制，也可以在平面视图中绘制，在选项栏上改变将要绘制的下一段水平桥架的"偏移量"，就能自动连接出一段垂直桥架。

4. 电缆桥架的显示

（1）中等：默认显示电缆桥架最外面的方形轮廓（2D 时为双线，3D 时为长方体）。

（2）精细：默认显示电缆桥架实际模型。

（3）粗略：默认显示电缆桥架的单线。

在创建电缆桥架配件相关族时，应注意配合电缆桥架显示特性，确保整个电缆桥架管路显示协调一致。

13.3　建筑信息模型在建设项目各阶段的应用

建筑信息的数据主要以数字技术为依托在 BIM 中存储，以数字信息模型作为各个项目的基础，进行相关工作。采用 BIM 技术可以实现设计阶段的协同设计、施工阶段的建造全过程一体化和运营阶段对建筑物的智能化维护和设施管理，下面将对目前 BIM 在建设项目各阶段的常见应用点进行介绍。

13.3.1　可行性研究阶段

BIM 在可行性研究阶段，为建设项目在技术和经济上的可行性论证提供了帮助，提高了论证结果的准确性和可靠性。

在可行性研究阶段，建设方需要确定出建设项目方案在满足类型、质量、功能等要求下是否具有技术与经济可行性。但是，如果想得到可靠性高的论证结果，需要花费大量的时间、金钱与精力。BIM 可以为建设方提供概要模型对建设项目方案进行分析、模拟，从而使整个项目的建设成本降低、工期缩短、质量提高。

13.3.2　设计工作阶段

对于传统 CAD 时代存在于建设项目设计阶段的 2D 图纸冗繁、错误率高、变更频繁、协作沟通困难等缺点，在设计工作阶段引入 BIM 技术将具有以下优势。

（1）多专业协同，提高设计质量。对于传统建设项目设计模式，各专业包括建筑、结构、暖通、机械、电气、通信、消防等设计之间的矛盾冲突极易出现且难以解决。而 BIM 整体参数模型可以对建设项目的各系统进行空间协调,消除碰撞冲突,大大缩短了设计时间且减少了设计错误与漏洞。同时,结合运用与 BIM 建模工具具有相关性的分析软件,可以就拟建项目的结构合理性、空气流通性、光照、温度控制、隔音隔热、供水、废水处理等多个方面进行分析,并基于分析结果不断完善 BIM。

（2）助力低能耗与可持续发展设计。在设计初期,利用与 BIM 具有互用性的能耗分析软件就可以为设计注入低能耗与可持续发展的理念。传统的 2D 技术只能在设计完成之后利用独立的能耗分析工具介入,这就大大提高了满足低能耗需求的可能性。除此之外,各类与 BIM 具有互用性的其他软件都在提高建设项目整体质量上发挥了重要作用。

13.3.3 建设实施阶段

对于传统 CAD 时代存在于建设项目施工阶段的 2D 图纸可施工性低、施工质量不能保证、工期进度拖延、工作效率低等缺点,BIM 所带来的价值优势是巨大的。

1. 模型碰撞检测

在传统 CAD 时代,各系统间的冲突碰撞很难在 2D 图纸上识别,往往在施工进行到一定阶段才被发觉;而 BIM 将各系统的设计整合在了一起,利用 Navisworks 软件提前进行碰撞检测,如图 13-18 所示,在施工前进行修正躲避,减少在建筑施工阶段可能存在的错误和返工,加快施工进度,减少浪费,而且优化净空,使建筑整体达到良好的观感效果,甚至很大程度上减少了各专业人员间的纠纷情况。

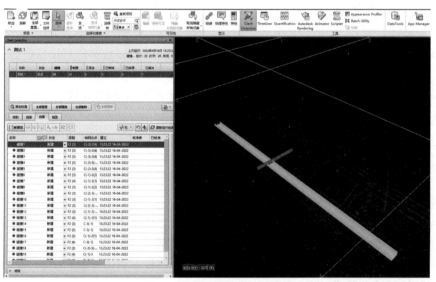

图 13-18 进行管线碰撞检测

2. 4D 施工模拟

BIM 技术将 BIM 具有互用性的 4D 软件,如 FUZOR、CINEMA 4D 等软件,项目施工进度计划,与 BIM 连接起来,以动态的 3D 模式模拟整个施工过程与施工现场,及时发现潜在问题和优化施工方案。

3. 预制构件工业化

　　细节化的构件模型可以由 BIM 设计模型生成,可用来指导预制生产与施工。由于构件是以 3D 的形式被创建的,这就便于数控机械化自动生产。当前,这种自动化的生产模式已经成功地运用在钢结构加工与制造、金属板制造等方面,从而生产预制构件、玻璃制品等。这种模式方便供应商根据设计模型对所需构件进行细节化的设计与制造,准确性高且缩减了造价与工期。

13.3.4　运营维护阶段

　　BIM 参数模型可以为业主提供建设项目中所有系统的信息,在施工阶段做出的修改将全部同步更新到 BIM 参数模型中形成最终的 BIM 竣工模型,该竣工模型作为各种设备管理的数据库为系统的维护提供依据。同时,在运营维护阶段,可以依托 BIM 加以开发,结合物联网和数字孪生等技术拓展多种应用,集成于运维平台之上。该平台能够同步提供有关建筑的基础信息、建筑设备使用情况及性能、环境监测、能源消耗量、空间利用率以及建筑财务等方面的信息,综合利用这些类型的信息可以极大提高建筑运营过程中的收益与成本管理水平,并为后续的智慧城市的实现打下坚实的基础。

参 考 文 献

[1] 高明远,岳秀萍,杜震宇. 建筑设备工程 [M]. 4 版. 北京:中国建筑工业出版社,2016.

[2] 王增长. 建筑给水排水工程 [M]. 7 版. 北京:中国建筑工业出版社,2016.

[3] 朱敦智,芦潮,刘君. 太阳能采暖技术及系统设计 [J]. 建筑热能通风空调, 2007(2): 51-54,67.

[4] 彭娇娇. 空气源热泵辅助太阳能热水系统在江淮地区应用的节能环保效益研究 [D]. 扬州:扬州大学,2010.

[5] 孙一坚,沈恒根. 工业通风 [M]. 4 版. 北京:中国建筑工业出版社,2010.

[6] 郑一鑫. 建筑智能化系统集成设计和应用 [J]. 新型工业化,2021,11(2):24-25,29.

[7] 黄恒池. 建筑智能化系统集成设计与应用 [J]. 机电信息,2019(5):63-64.

[8] 张琪. 谈建筑智能化的发展趋势 [J]. 智能建筑,2010(4):13.

[9] 深圳市建筑科学研究院股份有限公司. 公共建筑能耗远程监测系统技术规程: JGJ/T 285—2014 [S]. 北京:中国建筑工业出版社,2015.

[10] 安大伟. 暖通空调系统自动化 [M]. 北京:中国建筑工业出版社,2009.

[11] 程武山. 智能控制理论与应用 [M]. 上海:上海交通大学出版社,2006.

[12] 杜垲. 制冷空调装置控制技术 [M]. 重庆:重庆大学出版社,2007.

[13] 陈芝久,吴静怡. 制冷装置自动化 [M]. 2 版. 北京:机械工业出版社,2010.

[14] 刘静纨. 变风量空调模糊控制技术及应用 [M]. 北京:中国建筑工业出版社,2011.

[15] 高桥隆勇. 空调自动控制与节能 [M]. 北京:科学出版社,2012.

[16] 陈虹. 模型预测控制 [M]. 北京:科学出版社,2013.

[17] 李炎锋. 建筑设备自动化系统 [M]. 北京:北京工业大学出版社,2012.

[18] 江萍. 建筑设备自动化 [M]. 北京:中国建材工业出版社,2016.

[19] 徐照. BIM 技术与建筑能耗评价分析方法 [M]. 南京:东南大学出版社,2017.

[20] 徐照,徐春社,袁竞峰,等. BIM 技术与现代化建筑运维管理 [M]. 南京:东南大学出版社,2018.

[21] 鲁丽华,孙海霞. BIM 建模与应用技术 [M]. 北京:中国建筑工业出版社,2018.

[22] 益埃毕教育. 全国 BIM 技能一级考试 Revit 教程 [M]. 北京:中国电力出版社,2017.